AutoCAD 2016 中文版

电气设计 从入门到精通

实战案例版

高兰恩 等编著

机械工业出版社

CHINA MACHINE PRESS

本书将软件技术与行业应用相结合，全面系统地讲解了 AutoCAD 2016 中文版的基本操作及电力电气工程图、通信工程图、控制电气工程图、机械电气工程图、建筑电气图的理论知识、绘图流程、思路和相关技巧，可帮助读者迅速从 AutoCAD 新手成长为电气设计高手。

全书共 15 章：第 1 章讲解了电气设计的基本理论知识；第 2～10 章，讲解了 AutoCAD 二维图形绘制、编辑、精确定位、图案填充、块、文字与表格、尺寸标注、图层等 AutoCAD 其本知识及基本操作；第 11～15 章介绍了电力电气工程图、通信工程图、控制电气工程图、机械电气工程图、建筑电气图的绘制方法。在本书的后面还添加了附录，介绍了常用的电气符号与文字符号的含义、种类。

随书附赠 DVD 多媒体学习光盘，内含全书所有实例高清语音视频教学资源，以成倍提高读者的学习兴趣和效率。

本书结构清晰，讲解深入、详尽，具有较强的针对性和实用性，既可作为大中专、培训学校等相关专业的教材，也可作为广大 AutoCAD 初学者和爱好者学习 AutoCAD 的专业指导教材，对各类相关专业技术人员来说也是一本不可多得的参考手册。

图书在版编目（CIP）数据

中文版 AutoCAD 2016 电气设计从入门到精通：实战案例版/高兰恩等编著 . —2 版 . —北京：机械工业出版社，2016.4

（CAD/CAM/CAE 工程应用丛书 . AutoCAD 系列）

ISBN 978-7-111-53187-6

Ⅰ.①中… Ⅱ.①高… Ⅲ.①电气设备-计算机辅助设计-AutoCAD 软件 Ⅳ.①TM02 – 39

中国版本图书馆 CIP 数据核字（2016）第 045620 号

机械工业出版社（北京市百万庄大街 22 号 邮政编码 100037）

策划编辑：丁 伦 责任编辑：丁 伦

责任校对：张艳霞 责任印制：常天培

北京机工印刷厂印刷（三河市南杨庄国丰装订厂装订）

2016 年 6 月第 2 版 · 第 1 次印刷

185mm × 260mm · 23.25 印张 · 577 千字

0 001—3 000 册

标准书号：ISBN 978-7-111-53187-6

ISBN 978-7-89386-006-5（光盘）

定价：69.90 元（含 1DVD）

前　言

■ AutoCAD 软件简介

AutoCAD 是 Autodesk 公司开发的一款绘图软件，也是目前市场上使用率极高的辅助设计软件，被广泛应用于建筑、机械、电子、服装、化工及室内装潢等工程设计领域。它可以帮助用户轻松地实现数据设计、图形绘制等多项功能，从而极大地提高设计人员的工作效率，已成为广大工程技术人员必备的工具。

■ 本书内容安排

本书是一本 AutoCAD 2016 电气设计从入门到精通的软件教程，将软件技术与行业应用相结合，全面系统地讲解了 AutoCAD 2016 中文版的基本操作及电力电气工程图、通信工程图、控制电气工程图、机械电气工程图、建筑电气图的理论知识、绘图流程、思路和相关技巧，可帮助读者迅速从 AutoCAD 新手成长为电气设计高手。

模　块	内 容 安 排
上篇　电气基础篇 （第 1 章～第 10 章）	本篇首先介绍了电气设计的基本知识，包括电气图的简介、电气图的制图规则、电器元件的表示方法、电气图中连接线的表示方法、电气图形符号的构成和分类等内容。然后介绍了 AutoCAD 2016 的基本功能和基本操作，包括二维图形的绘制与编辑、图块与设计中心的应用、文字与表格的使用、尺寸标注等内容
下篇　综合案例篇 （第 11 章～第 15 章）	本篇分别讲解了电力电气工程图、通信工程图、控制电气工程图、机械电气设计图与建筑电气图共 5 种类型电气图的基本知识，以及相应电气图的绘制思路与方法
附录 A	提供了有关常用电气图形符号、设备图形符号，还包括电气设备常用基本文字符号和常用辅助文字符号的介绍

■ 本书写作特色

总的来说，本书具有以下特色：

零点快速起步 绘图技术全面掌握	本书从 AutoCAD 2016 的基本功能、操作界面讲起，由浅入深、循序渐进，结合软件特点和行业应用安排了大量实例，让读者在绘图实践中轻松掌握 AutoCAD 2016 的基本操作和技术精髓
案例贴身实战 技巧原理细心解说	本书每个实例都包含相应工具和功能的使用方法和技巧。在一些重点和要点处，还添加了大量的提示和技巧讲解，帮助读者理解和加深认识，从而真正掌握，以达到举一反三、灵活运用的目的
五大电气类型 电气绘图全面接触	本书涉及的绘图领域包括电力电气工程图、通信工程图、控制电气工程图、机械电气设计图、建筑电气图共 5 种常见电气绘图类型，使广大读者在学习 AutoCAD 的同时，可以从中积累相关经验，了解和熟悉不同领域的专业知识和绘图规范

（续）

100 多个实战案例 绘图技能快速提升	本书的每个案例经过作者精挑细选，具有典型性和实用性，具有重要的参考价值，读者可以边做边学，从新手快速成长为 AutoCAD 绘图高手
高清视频讲解 学习效率轻松翻倍	本书配套光盘收录全书实例的高清语音视频教学文件，可以让读者在家享受专家课堂式的讲解，成倍提高学习兴趣和效率

■ 本书创建团队

本书由多位从事一线 CAD 辅助设计的专家、教授和设计师共同策划编写，他们对于 CAD、CAE、CAM 领域具有相当深厚的技术功底和理论研究。其中第 1 章到第 15 章由河北工程技术高等专科学校的高兰恩负责主要编写工作，共约 70 万字。相关章节的内容编写、案例测试工作以及附录整理由张小雪、何辉、邹国庆、姚义琴、江涛、李雨旦、邬清华、向慧芳、袁圣超、陈萍、张范、李佳颖、邱凡铭、谢帆、周娟娟、张静玲、王晓飞、张智、席海燕、宋丽娟、黄玉香、董栋、董智斌、刘静、王疆、杨枭、李梦瑶、黄聪聪、毕绘婷、李红术等人完成。全书由高兰恩负责统稿并审读。

由于编者水平有限，书中疏漏与不妥之处在所难免，欢迎广大读者批评指正、相互交流。

目　　录

上篇
电气基础篇

第 1 章

电气制图规则及其表示方式

本章要点

- 电气图简介
- 电气图的制图规则
- 电气元器件的表示方法
- 电气图中连接线的表示方法
- 电气图形符号的构成和分类

各种不同的图纸都有相应的制图规则及表示方式，本章介绍在绘制电气图纸时所需要遵守的一些规则，以及图形的表示方法。希望通过本章的阅读，读者能对电气图纸及电气制图有一个基本的了解，以方便学习后面章节的内容。

1.1　电气图简介

电气图大致分为两种类型，即电气图和电气简图。电气图主要是通过按比例表示项目及它们之间相互位置的图示形式来表达信息的，例如位置图、平面图、断面图、剖面图、示意图及视图等。

电气简图主要是通过图形符号表示项目及它们之间关系的图示形式来表达信息的，如概略图、功能图、电路图、接线图等。

1.1.1　电气图的分类

大致可以将电气图分为 5 大类别，如功能类图、位置类图、接线类图、项目表及其他技术文件，其归纳如表 1-1 所示。

表 1-1　电气图的分类

序号	类别	名称	基本含义	备注
1	功能类图	概略图	表示系统、分系统、装置、部件、设备、软件中各项目之间的主要关系和连接的相对简单的简图	
		功能表图	使用步骤来换描述控制系统的功能和状态	
		端子功能图	表示接口连接的任一端子和内部功能概述的一种功能简图。它们可以借助简化的电路图、功能简图、功能表图、顺序表图或文字来表达	
		程序图（表格/清单）	详细表示程序、模块及其互连关系的一种简图（表格/清单），其布置应能详细地识别其相互关系	
2	位置类图	总平面图	表示建筑工程相对于测定点的位置、服务网络、道路工程、地表资料、进入方式和工区总体布局的平面图	
		安装图（图样）	表示各元件安装位置的图	
		安装简图	表示各项目之间连接的安装图	
		装配图	通常按比例表示一组装配部件的空间位置和形状的图	
		布置图	经简化或补充以给出某种特定目的所需要的信息的装配图	
3	接线类图	单元接线图（表）	使用图形或表格来表示一个结构内的连接关系（表）	单元内部物理连接图
		互连图（表）	表示不同结构之间连接关系的接线图（表）	单元外部物理连接图
		端子接线图（表）	表示一个结构的端子和该端子上的内部和（或）外部连接的接线图（表）	到一个单元外部物理连接图
		电缆图（表、清单）	提供有关电缆，诸如导线的识别、两端位置，以及特性、路径和功能等信息的简图（表、清单）	
4	项目表	零件表	表示构成一个组件（或部分组件）的项目（零件、元件、软件、设备等）和参考文件规格的表格	
		备用零件表	表示用于预防和正确维修的项目（零件、元件、软件、散装材料等）规格的表格	
5	其他技术文件	安装说明文件	对一个系统、装置、设备或元件的安装条件，以及供货、交付、卸货、安装和测试给予说明或信息的文件	
		试运转说明文件	在调试前对试运转和启动、模拟方式、推荐的设定值，以及对为了实现一个系统、装置对设备或元件的开发和适当的功能要求所采取的措施给予说明或信息的文件	
		使用说明文件	对一个系统、装置、设备或元件的使用给出说明或信息的文件	
		维修使用说明文件	对一个系统、装置、设备或元件的维修程序，例如在维修和保养细则方面给出说明或信息的文件	
		可靠性和可维修性说明文件	给出关于一个系统、装置、设备或元件的可靠性和可维修性方面的信息的文件	
		其他文件	可能需要的其他文件。如手册、指南、样本、图样和文件清单	

1.1.2　电气图的特点

电气图与建筑施工图、室内设计图、给排水施工图、暖通施工图等相比，既有相同点也有不同点。相同点是都可以使用 AutoCAD 软件来绘制，都表达了一定的设计意图并都为施工或检修提供指导；不同点是不同类型的图纸所表达的对象不同，并有自己本身的特点，本节介绍电气图的特点。

1. 简图是电气图的主要表达方式

电气图的主要作用是阐述电气设备及设施的工作原理，描述产品的构成和功能，提供装接和使用信息的重要工具和手段，所以电气图的种类很多。

假如仅是为了表示某电气设备的构成及其连接关系，可以绘制简图，如图 1-1 所示的电动机控制电路图就是其中的一种类型。

绝大部分电气图都是简图，如概略图、电路图、功能图、逻辑图、程序图等均属于此。即使是安装接线图，也仅仅表示了各设备间的相对位置和连接关系，也属于简图，因此简图是电气图的主要表达方式。

值得注意的是，简图不是简略的图，而是一种专业术语。采用这一种术语是为了与图纸进行区别，如建筑图中的各种平面图、立面图，机械制图中的前视图、左视图等。

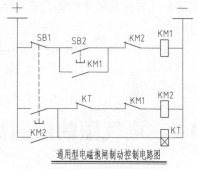

图 1-1　控制电路图

概括来说，简图的特点有以下几点：

➢ 各种电气设备和导线用图形符号来表示，而不使用具体的外形结构表示。
➢ 各设备符号旁标注了代表该种设备的文字符号。
➢ 按功能和电流流向表示各电气设备的连接关系和相互位置。
➢ 没有标注尺寸。

2. 电气图的主要表达内容

一个电路通常由电源、开关设备、用电设备和连接线 4 个部分组成，假如将电源、开关设备和用电设备看成元件，则电路由元件与连接线组成，或者说各类元件按照一定的次序用连接线连接起来就构成了一个电路。所以，元件和连接线是电路图的主要描述对象，也就是电气图所要表达的主要内容。

电气图之所以呈现出多样性，是由于采用了不同的方式和手段对元件和连接线进行描述。例如，在电路图中，元件通常使用一般符号来表示，而在系统图、框图和接线图中通常使用简化的外形符号，即圆、正方形、三角形等来表示。

元件和连接线的表示方法如下：

➢ 元件用于电路图中时，有集中表示法、分开表示法和半集中表示法。
➢ 元件用于布局图中时，有位置布局法和功能布局法。
➢ 连接线用于电路图中时，有单线表示法和多线表示法。
➢ 连接线用于接线图及其他图中时，有连续表示法和中断线表示法。

3. 电气图的布局方法

电气图有两种布局方法，一种是功能布局法，另一种是位置布局法。

功能布局法是指电气图中元件符号的布置，只考虑方便看出它们所表示的元件之间的功能关系，而不考虑实际位置的一种布局方法。电气图中的系统图、电路图都采用这种布局方法。例如，各元件按供电顺序（电源—负荷）排列，或者各元件按动作原理排列，至于这些元件的实际位置怎样布置则不予以表示。这种图都属于按功能布局法绘制的图。

位置布局法是指电气图中元件符号的布置对应于该元件实际位置的布局方法。电气图中的接线图、位置图、平面布置图通常采用这种布局方法。

4. 电气图的基本要素

一个电气系统、设备或装置通常由许多部件、组件、功能单元等组成。这些部件、组件、功能单元等被称为项目。在主要以简图形式表示的电气图中，为了描述和区分这些项目的名称、功能、状态、特征及相互关系、安装位置、电气连接等，没有必要也不可能一一绘制各种元器件的外形结构，通常情况下都是使用一种简单的符号来表示，这些符号就是图形符号。

如图 1-1 所示的电动机控制电路图中就使用了各类图形符号来表示开关、熔断器、灯等电气设备，假如将这些电气设备的外形逐一绘制，不仅是没有必要的，也会耗费很大的人力、物力。

1.2 电气图的制图规则

电气工程图作为技术语言，其绘制格式及各种表达方式都必须遵守相关的规定。在阅读或者是绘制电气工程图纸之前，都应该了解电气图纸的制图规则。

本节介绍电气图的制图规则。

1.2.1 幅面尺寸

图样的幅面一般为 A0、A1、A2、A3 和 A4 五种标准图幅，其规格如表 1-2 所示。

表 1-2 幅面和图框尺寸（mm）

幅面代号 尺寸代号	A0	A1	A2	A3	A4
	841×1189	594×841	420×594	297×420	210×297
c	10			5	
a	25				

注：b——幅面短边尺寸；

L——幅面长边尺寸；

c——图框线与幅面线之间宽度；

a——图框线与装订边之间的宽度。

1.2.2 图幅分区

图纸通常由图框线、标题栏、幅面线、装订线和对中标志组成，分别如图 1-2、图 1-3、图 1-4、图 1-5 所示。

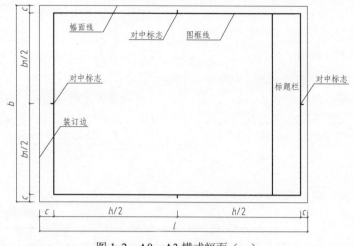

图 1-2　A0～A3 横式幅面（一）

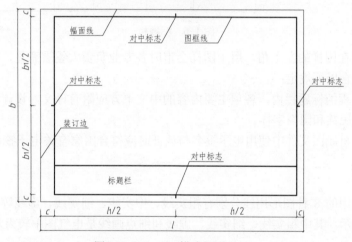

图 1-3　A0～A3 横式幅面（二）

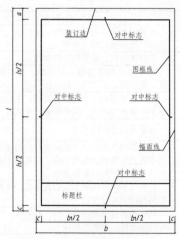

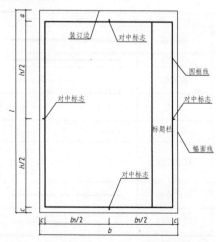

图 1-4　A0～A4 横式幅面（一）　　　　图 1-5　A0～A4 横式幅面（二）

　　标题栏一般放在图纸的右下角，如图 1-6 所示，标题栏中的文字方向为看图方向，即图中的说明和符号应以标题栏为准。

图 1-6　标题栏

会签栏设置在图样的左上角，用于图样会审时各专业负责人签署意见，应包括实名列和签名列，并应符合以下规定：

（1）涉外工程的标题栏内，各项主要内容的中文下方应附有译文，设计单位的上方或左方应加"中华人民共和国"字样。

（2）在计算机制图文件中使用电子签名与认证时应符合国家有关电子签名法的规定。

1.2.3　图线

国家规定使用的 8 种图形用线分别有粗实线、中实线、细实线、虚线等，图线的形式及应用如表 1-3 所示，其中粗实线、细实线、虚线和细点画线是电气图中较为常用的图线。

表 1-3　图线的形式与应用

序号	名　称	形　式	宽　度	应用举例
1	粗实线		b	可见过渡线，可见轮廓线，电气图中主要内容用线，图框线，可见导线
2	中实线		约 $b/2$	土建图上门、窗等的外轮廓线
3	细实线		约 $b/3$	尺寸线、尺寸界线、引出线、剖面线，分界线、范围线、指引线、辅助线
4	虚线	– – – – – –	约 $b/3$	不可见轮廓线、不可见过渡线、不可见导线、计划扩展内容用线、地下管道、屏蔽线
5	双折线		约 $b/3$	被断开部分的边界线
6	双点画线	– ·· – ·· – ·· –	约 $b/3$	运动零件在极限或中间位置时的轮廓线，辅助用零件的轮廓线及其剖面线，剖视图中被剖去的前面部分的假想投影轮廓线
7	粗点画线		b	有特殊要求的线或表面的表示线，平面图中大型构件的轴线位置线
8	细点画线	– · – · – · –	约 $b/3$	物体或者建筑物的中心线、对称线、分界线、结构围框线、功能围框线

图线的宽度一般为 0.25mm、0.35mm、0.5mm、0.7mm、1.0mm、1.4mm。以粗实线 b 为准，在同一张图纸中只选用 2～3 种宽度的图线。其中粗线的宽度是细线的 2～3 倍。平行线的最小间隔不小于粗线宽度的两倍，而且不小于 0.7mm。

1.2.4 字体

图纸上所需书写的文字、数字或符号等，均应笔画清晰、字体端正、排列整齐，标点符号应清楚正确。图样中本专业的汉字标注字高不宜小于 3.5mm，主导专业工艺、功能用房的汉字标注字高不宜小于3.0mm，字母或数字标注字高不应小于2.5mm。

电气图中字体最小高度的参照值如表1-4所示。

表1-4 电气图中字体最小高度

图纸幅面代号	A0	A1	A2	A3	A4
字体最小高度/mm	5	3.5	2.5	2.5	2.5

1.2.5 电气图的布局方法

本节介绍功能布局法和位置布局法的表示方法。

1. 功能布局方法

功能布局法指电气简图中元件符号的布置，只考虑方便看出它们所表达的元件功能关系，而不考虑实际位置的一种布局方法。在这种布局方法中，将表示对象划分为若干功能组，按照因果关系、动作顺序、功能联系等从左到右或从上到下布置。为了强调并方便看清其中的功能关系，每个功能组的元件应集中布置在一起，并尽可能按工作顺序排列。大部分电气图，例如系统图、电路图、功能表图和逻辑图等都采用这种布局方法。

功能布局方法应遵循的原则如下：

① 布局顺序应该从左到右或从上到下，例如，接收机的输入应该在左边，而输出应该在右边。

② 如果信息流或能量流是从右到左或从上到下，以及流向对看图者不明显时，应在连接线上画箭头。开口箭头不应与其他符号（例如限定符号）相邻近，以免混淆。

③ 在闭合电路中，前向通路上的信息流方向应该是从左到右或从上到下，反馈通路的方向则正好相反。

在如图1-7所示的控制系统中，按照速度设定、速度控制、电流控制等功能单元布局，从右到左或从下到上的信息流（如电流、速度变化量）用了箭头来表示。

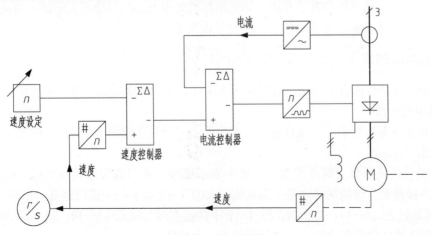

图1-7 功能布局法

2. 位置布局法

位置布局法是指简图中元件符号的位置对应于该元件实际位置的布局方法。接线图、电缆配置图采用的都是这种方法，这样可以清楚地看出元件的相对位置和导线的走向。

如图 1-8 和 1-9 所示是+A 和+B 两位置之间的导线互连接线图，虽然图 1-8 为水平布置，图 1-9 为垂直布置，即图线的布置方向，但是+A 和+B 的相对位置是不能改变的。

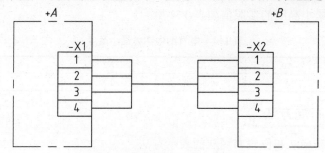

图 1-8　位置布局法（水平布置）

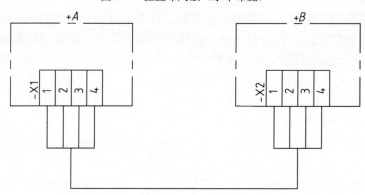

图 1-9　位置布局法（垂直布置）

1.3　电气元器件的表示方法

本节介绍电气元器件的表示方法，如元器件的集中表示法和分开表示法、可动元器件状态/触点位置和技术数据的表示方法、元器件接线端子的表示方法。

1.3.1　元器件的集中表示法及分开表示法

本节介绍元器件的表示方法，包括集中表示法、半集中表示法、分开表示法。

1. 集中表示法

把设备或成套装置中一个项目各组成部分的图形符号在简图上绘制在一起的方法，称为集中表示法。

集中表示法只适合于简单的图。在集中表示法中，各组成部分使用机械连接线（即虚线）互相连接起来。连接线必须是一条直线。如图 1-10 所示的中继电器有一个驱动线圈 A1—A2 和两对触点 13—14、23—24，图 1-11 中按钮有两对触点 13—14、21—22/24，它们分别是用机械连接线联系起来的，从而分别构成一个整体。

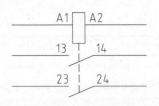

图 1-10 继电器

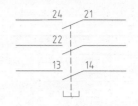

图 1-11 按钮

2. 半集中表示法

为了使设备和装置的电路布局清晰，易于识别，把一个项目中某些部分的图形符号，在电气简图上分开布置，并使用机械连接符号来表示它们之间关系的方法，称为半集中表示法。

在半集中表示法中，机械连接线可以弯折、分支和交叉。如图 1-12 所示，驱动线圈 A1—A2 和两对触点 13—14、23—24，按钮两对触点 13—14、21—22/24，它们分别属于不同的电路，分别用机械连接线联系起来，构成不同的回路或装置。

假如将这些部分都集中在一处来表示，就会造成图面上连接线产生过多的交叉，甚至完全不可能清晰展示配图。如图 1-13 中的按钮采用了集中法来表示，电路的连接线交叉增加了，图面布局也不清晰了。

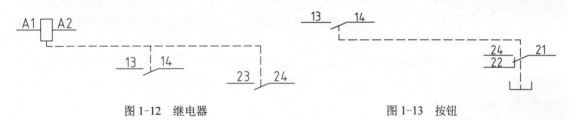

图 1-12 继电器　　　　　　　　　　　　图 1-13 按钮

3. 分开表示法

为了使设备和装置的电路布局清晰，易于识别，把一个项目中某些部分的图形符号在简图上分开布置，并使用参照代号表示它们之间关系的方法，称为分开表示法。

如图 1-14 所示，继电器和按钮的各组成部分采用分开表示方法，分别画在不同的电路图中。这些触点和线圈还可以画在不同张次的图上。由于分开表示法既没有机械连接线，又可避免或减少图线交叉，因而图面更为清晰。

图 1-14 分开表示法

a) 继电器　b) 按钮

4. 三种表示法的比较

元器件的集中表示法、半集中表示法及分开表示法各有特点，详见表 1-5。

表1-5　三种方法的特点比较

方法	表示方法	特点
集中表示法	图线符号的各组成部分在图中集中（或靠近）绘制	易于寻找项目的各个部分，适用于简单的图
半集中表示法	图线符号的某些部分在图上分开绘制，并用机械连接符号（即虚线）表示各部分的关系，机械连接线可以弯折、交叉和分支	可以减少电路连线的往返交叉，图面清晰，但是会出现穿越图面的机械连接线，适用于内部具有机械联系的元件
分开表示法	图形符号的各组成部分在图上分开绘制，不用机械连接符号而用参照代号表示各组成部分的关系，还应表示出图上的位置	既可减少电路连线的往返和交叉，又不会出现穿越图面的机械连接线，但是为了寻找被分开的各部分，需要采用插图和表格，适用于内部具有机械、磁和光的功能联系的元件

1.3.2　可动元器件状态、触点位置和技术数据的表示方法

1. 可动的元器件工作状态的表示方法

元器件和设备的可动部分通常应表示在非激励或者不工作的状态或位置。具体表示方法如下：

➤ 继电器和接触器在非激励状态。

➤ 断路器、负荷开关和隔离开关在断开位置。

➤ 带零位的手动控制开关在零位位置，不带零位的手动控制开关在图中规定的位置。

➤ 机械操作开关，如行程开关，在非工作的状态或位置，即搁置时的情况。机械操作工作开关的工作状态与工作位置的对应关系，一般应表示在其触点符号的附件，或者另附说明。

事故、备用、报警等开关应该表示在设备正常使用的位置。当在特定的位置时，则图上应有说明。多重开闭器件的各组成部分必须表示在相互一致的位置上，而不管电路的工作状态如何。

2. 触点位置的表示方法及功能说明

许多电气元件、器件及设备都带有一定数量的触点。按其操作方式不同，可将触点分为两大类，一类是靠电磁力或人工操作的触点，如接触器、电继电器、开关、按钮等的触点；另一类是非电和非人工操作的触点，如非电继电器、行程开关等的触点。这两类触点在电气图上有不同的表示方法。

（1）对于接触器、电气继电器、开关、按钮等项目的触点符号，在同一电路中，若加电和受力，各触点符号的动作方向应该取向一致，当触点具有保持、闭锁和延时功能的情况下更应该如此。但是，在分开表示法表示的电路中，当触点排列复杂而没有保持等功能的情况下，为了避免电路连接线的交叉，使图面布局清晰，在加电和受力后，触点符号的动作方向可以不强调一致。

（2）对非电和非人工操作的触点，必须在其触点符号附件表明运行方式，为此可采取以下表示方法：

① 用图表示。

② 用操作器件的符号表示。

③ 用注释、标记和表格表示。

下面以如图1-15所示的某行程开关触点位置表示方法为例，介绍行程开关触点位置的表示方法。

行程开关的触点在转轮自 0°开始，转到 60°～180°之间闭合，转到 240°～330°之间也闭合，在其他位置均断开。这一行程开关的触点的运行方式，可以使用图 1-15a 来表示。其中，垂直轴上以"0"表示触点断开，而"1"表示触点闭合。假如采用操作器件的符号表示，则用图 1-15b 或图 1-15c 来表示。

在图 1-15b 中，凸轮推动圆球，触点便闭合，其余为断开。在图 1-15c 中，凸轮被画成展开式，箭头表示凸轮行进的方向。假如采用表格来表示，可参考表 1-6 所示。

这 3 种表示方式完全等效，可以根据图的特点和图面的布置，来决定采取哪一种方式，这类触点的表示方式是读图的难点，需要准确地分析及理解。

表 1-6 行程开关触点运行方式

角度/(°)	0～60	60～180	180～240	240～330	330～360
触点状态	0	1	0	1	0

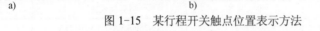

图 1-15 某行程开关触点位置表示方法

a) 用图形　b) 用操作器件符号　c) 用操作器件符号

当元器件的某些内容不方便使用图示形式表达清楚时，可以采用注释的方式来表示。注释有两种方式，一种是直接在对象附件绘制说明文字，另一种是将注释文字放置在图中的其他位置。

如图 1-16 所示是采用注释补充开关功能的示例。在图中可以看到，由电动机驱动的开关与转速有关。其相应关系为，当 n=0 时，11—12 闭合；当 100r/min<n<200r/min 时，23—24 闭合；当 n<1400r/min 时，21—32 闭合。可以将注释文字标注在元件附件，也可在图中的其他区域绘制注释说明文字。

图 1-16 采用注释补充开关功能的表示方法

3. 技术数据的标注方法

电气元器件的技术数据，如型号、规格、整定值等，一般都标注在图形符号的近旁。图 1-17a 所示的变压器，参照代号为—TM，标注的主要技术数据为：型号为 S9，电压比为35kV/10.5kV，容量为2500kAV，联结组标号为Yd11。

当将连接线水平布置时，技术数据尽可能标注在图形符号的下方；当将连接线垂直布置时，技术数据则应该标注在参照代号的左方。图1-17b所示的电容器C1、C2，其电容量均为0.1μF，分别标注在下方和左方。

也可将技术数据标注在继电器线圈、仪表、集成块等元件的框形符号或简化外形符号内。图1-17c所示的电流继电器，参照代号为—KA，继电器的额定电流为5A。

另外，技术数据也可以通过使用表格的形式来标注，表格中主要包含序号、代号、型号、规格、数量、备注等内容。图1-17中所示的几个元件，假如其均为同一图上的元件，则在图上仅需标注参照代号，而有关的技术数据则可标注在表1-7中。

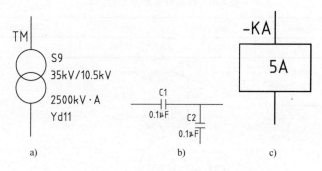

图1-17　技术数据的表示方法

表1-7　元件数据列表

序　号	代　号	名　称	型号技术数据	数　量
1	TM	变压器	S9-2500kVA-35kV/10.5kV	1
2	C1、C2	电容器	0.1μF	2
3	KA	电流继电器	DL11-5A	1

1.3.3　元器件接线端子的表示方法

本节介绍元器件接线端子的表示方法，可以使用图形符号、字母数字、端子代号来表示。

1. 端子的图形符号

电气元件中用来连接外部导线的导电元件，称为端子。端子分为固定端子及可拆卸端子两种，其图形符号的表示方式如下：

● 固定端子："O"或者"·"。

● 可拆卸端子："ϕ"。

端子板是装有多个互相绝缘并通常与地绝缘的端子的板、块或条，其图形符号如图1-18所示。

图1-18　五个端子

2. 以字母数字符号标注接线端子

电气元件接线端子标记由拉丁字母和阿拉伯数字组成，如U1、1U1，假如不需要字母U，可以简化成1、1.1或11。

下面介绍接线端子的符号标注方式。

（1）单个元件

单个元件的两个端点用连续的两个数字表示，如图 1-19a 所示的电阻器的两个接线端子使用 1、2 来表示。

单个元件的中间各端子通常情况下使用自然递增数序的数字来表示，如图 1-19b 所示的电阻器的中间端子用 3 和 4 来表示。

（2）相同元件组

假如几个相同的元件组合成一个组，各个元件的接线端子可以按照以下方式来标注：

1）在数字以前冠以字母，如图 1-20a 所示的标注三相交流系统的字母 U1、V1、W3 等。

2）在不需要区别对待时，可使用数字 1.1、2.1、3.1 标注，如图 1-20b 所示。

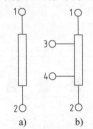

图 1-19　单个元件接线端子标注

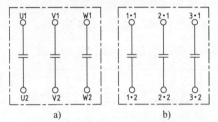

图 1-20　相同元件组接线端子标注

（3）同类的元件组

同类元件组使用相同的字母标志时，可以在字母前冠以数字来区别，如图 1-21 中的两组三相电感的接线端子用 1U1、2U1 等来标志。

（4）与特定导线相连的电器接线端子的标志

与特定导线（如三相电源线 L1、L2、L3，中性线 N，接地线 PE 等）相连的电器接线端子的标志如图 1-22 所示。

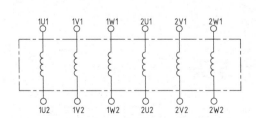

图 1-21　同类的元件组装接线端子标志

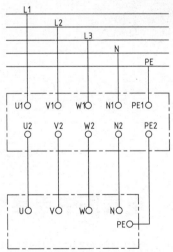

图 1-22　与特定导线相连的电器接线端子的标志

3. 端子代号的标注

在电气图上电气元器件和设备不但要标注参照代号，还应该标注端子代号。端子代号可以在以下 3 种情况下标注：

（1）电阻器、继电器、模拟和数字硬件的端子代号应标注在图形符号的轮廓线外面。符号轮廓线内的空隙用于标注有关元件的功能和注解，如关联符、加权系数等。标注示例如图1-23所示。

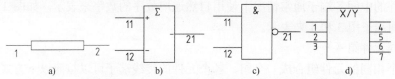

图1-23　模拟和数字硬件的端子代号标注示例

a) 电阻器符号　b) 求和模拟单元的符号　c) 与非功能模拟单元符号　d) 编码器符号

（2）对用于现场连接、实验和故障查找的连接器件（如端子、插头和插座等）的每一连接点都应该标注端子代号，如图1-24所示。

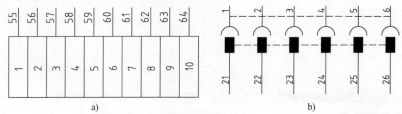

图1-24　连接器件的端子代号标注示例

a) 端子板　b) 多极插头插板

（3）在画有围框的功能单元或结构单元中，端子代号必须标注在围框内，以免产生误解。如图1-25所示，图中所示的A5围框引出7根线，则应标注出7个端子代号。

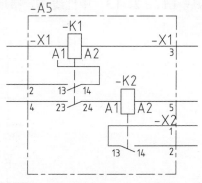

图1-25　围框端子代号标志示例

1.4　电气图中连接线的表示方法

本节介绍在电气图中连接线的表示方法，包括一般表示法、连续表示法、中断表示法等。

1.4.1　连接线的一般表示法

1. 导线的一般符号

导线的一般符号如图1-26a所示，可以用于一根导线、导线组、电线、电缆、电路、传输电路、线路、母线、总线等。这一符号可以根据具体情况加粗、延长、缩小。

2. 导线根数的表示方法

当使用单线表示一组导线时，假如需要表示出导线的根数，可以加小段斜线来表示。根数少时（如 4 根以下），其短斜线数量代表导线根数；根数较多时，可加数字表示，如图 1-26b、图 1-26c 所示，其中 n 代表正整数。

3. 导线特征的标注方法

导线的特征通常采用符号标注，标注方式如下：

① 在横线上标注电流种类、配电系统、频率和电压等。

② 在横线下方标注电路的导线数乘以每根导线的截面积（mm^2），假如导线的截面积不同，可以使用"+"将其分开。

导线材料可以使用化学元素符号来表示，标注方式如下：

如图 1-26d 所示，该电路有 3 根导线，一根中性线（N），交流 50Hz，380V，导线截面积为 $70mm^2$（3 根），$35mm^2$（1 根），导线材料为铝（A1）。

假如需要在图上表示导线的型号、截面积、安装方法等，可采用图 1-26e）的标注方式。示例的含义为，导线的型号为 KVV（铜芯塑料绝缘控制电缆）；截面积为 $8×1.0mm^2$；安装方法为：传入塑料管（P），塑料管管径为 $\phi20mm$，沿墙暗敷（WC）。

4. 导线换位及其他表示方法

有时候需要表示电路相许的变更、极性的反向、导线的交换等，则可采用图 1-26j 所示的方式来表示，示例的含义是 L1 相与 L3 相的换位。未提到的几种导线方法也是常见的，请读者对照参阅即可。

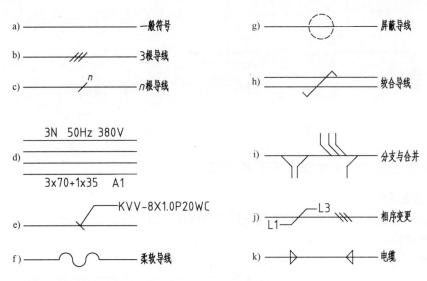

图 1-26　导线表示方法示例

1.4.2　连接线的分组和标记

母线、总线、配电线束、多芯电线电缆等都可视为平行连接线。为了便于看图，应按照功能对多条平行连接线分组。不能按功能分组的，可以任意分组，每组不多于 3 条。组间距离应大于线间距离。

图 1-27a 所示的 8 条平行连接线具有两种功能，其中交流 360V 导线 6 条，分为两组，直流 110V 两条，分为一组。

为了表示连接线的功能或去向，可以在连接线上加注信号名称或者其他标记，标记一般置于连接线的上方，也可以置于连接线的中断处，必要的时候还可以在连接线上标注信号特性的信息，例如波形、传输速度等，使得图形的内容更利于理解。

在如图 1-27b 所示的标注方法中，表示功能 "TV"、电流 "I"、传输波形为矩形波等。

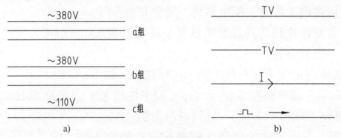

图 1-27　连接线分组和标记示例

a) 连接线分组　b) 连接线标记

1.4.3 可供选择的几种连接方式的表示法

当连接线有可供选择的多种接线方式时，应分别使用序号来表示，应将序号标注在连接线的中断处。如图 1-28 所示的微安（μA）表电路，一般情况下按方式 1 接线，微安表不接入电路，测量时按方式 2 接线，微安表接入。

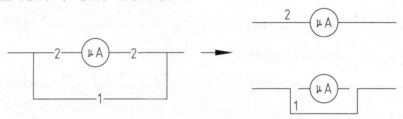

图 1-28　可供选择的接线方式表示方法

1.4.4 连接线的连续表示法及中断表示法

1. 连续表示法

连续表示法连续表示法是将连接线头尾用导线连通的方法。在表现形式上分为平行连接线和线束两种情况。

（1）平行线

假如为平行连接线，可以使用多线表示，也可以使用单线来表示。为了避免线条太多，对于多条去向相同的连接线常采用单线表示法，以保持图面的清晰。

图 1-29 是平行连接线的 4 种表示方法示例。图 1-29a 表示了 5 根平行线，图 1-29b 采用了圆点标记出平行线端部的第一根连接线，图 1-29c、图 1-29d 采用标记 A、B、C、D、E 的方式表示出了连接线的连接顺序。

（2）线束

电气图中的多根去向相同的线可采用一根图线来表示，这根图线实际代表着一个连接线组，称为线束。线束的表示方法如图 1-30 所示。

图 1-30a 所示的每根线汇入线束时，与线束倾斜相接，并加上标记 A—A、B—B、C—C、D—D。这种方法通常需要在每根连接线的末端注上相同的标记符号。汇接处使用的斜线，其方向应使看图者易于识别连接线进入或离开线束的方向。

图 1-30b、图 1-30c 给出了线束所代表的连接线数目。

图 1-30d 给出了连接线的标记和被连接项目的参照代号—D1、—D2、—D3。

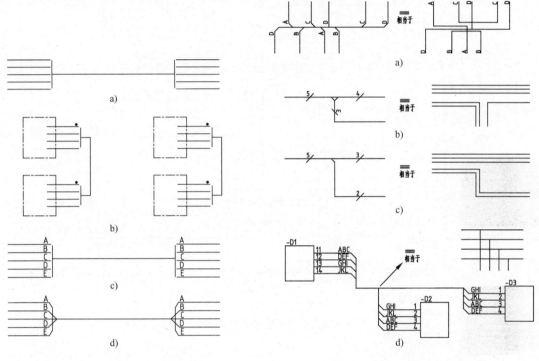

图 1-29 平行连接线表示方法示例　　　　图 1-30 线束表示法示例

2. 中断表示法

中断表示法是将连接线在中间中断，再用符号表示导线的去向。

连接线在下列情况可以中断：在同一张图中，连接线需要大部分幅面或穿越符号稠密布局区域；或连接点之间的接线布置比较曲折复杂时；两张或多张图内的项目之间有连接关系时。

中断线标记可由下列一种或多种符号组成：

➢ 连接线的信号代号，或其他文字标记。

➢ 与地、机壳或其他共用点的符号。

➢ 位置标记。

➢ 插表。

➢ 其他方法。

如图 1-31 所示，其中表示的是在同一张简图中采用信号代号或代号（X、Y）及采用位置代号标记（A5、B1）来表示中断线关系的示例。

如图 1-32 所示为多张图之间有连接关系的中断线及其标记的示例。图中的一条图线需要连接到另外的图上去，必须采用中断线表示。如图中=A1 第 5 张图内的两根线 EP 和 JK

分别接至=P1 的 B3 位置=P2 第 2 张图的 A4 位置（JK 未表示）。

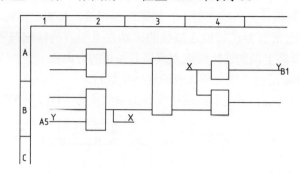

图 1-31　在同一张图上连接线中断标注信号和位置标记示例

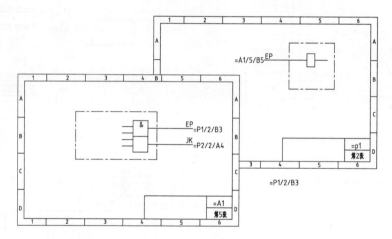

图 1-32　在多张图之间有连接关系的中断线及其标记示例

1.5　电气图形符号的构成和分类

　　本节介绍电气图线符号的相关知识，如电气图线符号的含义和构成、应用方式等。

1.5.1　电气图形符号的含义和构成

　　电气图形符号是构成电气图的基本单元，正确、熟练地理解、绘制及识别各种电气图用图形符号是电气制图与识图的前提条件。

　　图形符号由一般符号、符号要素和限定符号等组成。

1. 一般符号和符号要素

　　一般符号是用来表示一类产品或此类产品特征的一种通常很简单的符号。一种具有确定意义的简单图形，必须同其他图形组合以构成一个设备或概念的完整符号，称为符号要素。

　　如图 1-33a 所示是构成电子管的几个符号要素，管壳、阴极（灯丝）和栅极。这些符号要素有确定的含义，但是不能单独使用，但是这些符号要素以不同的形式进行组合，可以构成多种不同的图形符号，如图 1-33b、图 1-33c、图 1-33d 所示的是直热式阴极二极管、三极管和四极管。

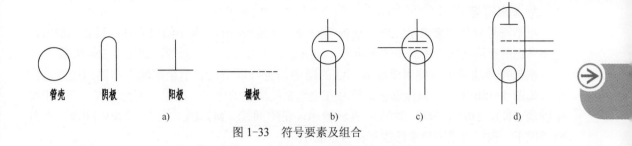

图 1-33 符号要素及组合

a) 符号要素 b) 二极管 c) 三极管 d) 四极管

2. 限定符号

限定符号是指用来提供附加信息的一种加在其他符号上的符号。限定符号一般不能单独使用，但是一般符号有时可以用做限定符号，如电容器的一般符号加到扬声器符号上即构成电容式扬声器的符号。

限定符号的类型有以下几种：

➢ 电流和电压的种类。例如交流电、直流电，交流电中频率的范围，直流电正、负极，中性线，中间线等。

➢ 可变性。可变性分为内在的和非内在的。内在的可变性，指可变量决定于元器件自身的性质，如压敏电阻的阻值随着电压而变化。非内在的可变性，指可变量是由外部器件控制的，如滑线变阻器的阻值是借外部手段来调节的。

➢ 力和运动方向。用实心箭头符号表示力和运动的方向。

➢ 流动方向。用开口箭头符号表示能量、信号的流动方向。

➢ 特性量的动作相关性。特性量的动作相关性是指设备、元件与整定值或正常值等相比较的动作特性，通常的限定符号是 ">"、"<"、"=" 等。

➢ 材料的类型。材料的类型可用化学元素符号或图形作为限定符号。

➢ 效应或相关性。效应或相关性是指热效应、电磁效应、磁致伸缩效应、磁场效应、延时和延迟性等。分别采用不同的附加符号加在元器件的一般符号上，表示被加符号的功能和特性。

另外，还有辐射、信号波形、印刷凿孔和传真等限定符号。

由于限定符号的应用，使图形符号更具多样性。如在电阻器一般符号的基础上，分别加上不同的限定符号，则可得到可变电阻器、滑线变阻器、压敏（U）电阻器、热敏（θ）电阻器、光敏电阻器、碳堆电阻器和功率为 1W 的电阻器。

限定符号的应用示例如图 1-34 所示。

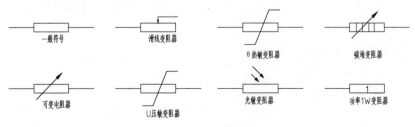

图 1-34 限定符号应用示例

3. 框形符号

框形符号只是用来表示元件、设备等的组合及其功能的，既不给出元件、设备的细节，也不考虑所有连接的一种简单图形符号，如圆形、正方形、长方形等，如图1-35a所示。

框形符号通常用在使用单线表示法的图中，也可以用在表示全部输入和输出接线的图中。如图1-35b所示是整流器框形符号在电气系统图中的应用，图中交流侧输入，三相中带中性线（N），50Hz、380V/220V；直流输出，带中间线（M）的三线制，220V/110V。在某些情况下，也可以采用简单的框形符号来表示。

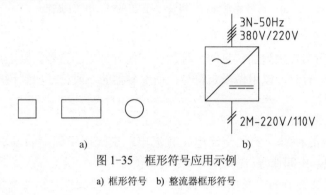

图1-35　框形符号应用示例

a) 框形符号　b) 整流器框形符号

1.5.2 图形符号的分类

电气图形符号的种类有以下几种：

➢ 导线和连接器件：包括各种导线、接线端子、端子和导线的连接、连接器件、电缆附件等。

➢ 无源元件：包括电阻器、电容器、电感器等。

➢ 半导体管和电子管：包括二极管、晶体管、晶闸管、电子管等。

➢ 电能的发生和转换：包括发电机、电动机、变压器、变流器等。

➢ 开关、控制和保护装置：包括触点（触头）、开关、开关装置、控制装置、电动机启动器、继电器、熔断器、过电压保护间隙、避雷器等。

➢ 测量仪表、灯和信号器件：包括指示、积算和记录仪表、传感器、照明灯、指示灯、扬声器和电铃等。

➢ 电信交换和外围设备：包括交换系统、电话机、数据处理设备、传真机、换能器、记录和播放器等。

➢ 传输线路和设备：包括通信电路、天线、无线电台及各种电信传输设备。

➢ 电力、照明和电信布置：包括发电站、变电站、网络、音响和电视的电缆配电系统，开关、插座引出线，电灯引出线，安装符号等。

➢ 二进制逻辑单元和模拟单元等。

第 2 章

AutoCAD 2016 入门

本章要点

- 了解 AutoCAD 2016
- AutoCAD 2016 的绘图环境
- AutoCAD 2016 图形文件管

AutoCAD 软件的功能十分强大，可以用于绘制二维图形和基本的三维图形，在全球的应用范围极其广泛，可以用于土木建筑、装饰装潢、工业制图、电子工业、服装加工等领域。

目前，Autodesk 公司推出了 2016 版本的 AutoCAD，该版本在 2015 版本的基础上进行了改进，在某些功能的使用上更多地考虑了用户的需求。

本书以 AutoCAD 2016 为例，介绍各类电气工程图的绘制方法。

2.1 了解 AutoCAD 2016

AutoCAD 2016 版本与 2015 版本相比，差别并不是很大，包括工作界面颜色、各功能区的布置等。本节介绍 AutoCAD 2016 的基础知识，如安装与启动软件、工作界面的组成要素。

2.1.1 启动与退出 AutoCAD 2016

启动 AutoCAD2016 的方式如下：

➤ 双击计算机桌面上的软件图标。

➤ 在软件图标上单击鼠标右键，在弹出的快捷菜单中选择"打开"命令。

➤ 双击格式为".dwg"的 AutoCAD 图形文件。

➤ 单击"开始"按钮，选择"所有程序" | "Autodesk" | "AutoCAD2016"命令。

执行上述任意一项操作，均可启动 AutoCAD 2016。

退出 AutoCAD2016 的方式如下：

➤ 单击软件界面右上角的"关闭"按钮 X 。

➤ 单击左上角的菜单浏览器按钮，在弹出的菜单中选择"关闭" | "当前图形"或"所有图形"命令。

➤ 在命令行中输入 EXIT 或者 QUIT 命令，按下〈Enter〉键可退出命令。

➤ 按下〈Alt+F4〉组合键或者〈Ctrl+Q〉组合键。

执行上述任意一项操作，均可退出 AutoCAD2016。

2.1.2 AutoCAD 2016 工作界面

AutoCAD 2016 默认启用"草图与注释"工作空间，工作空间的界面由快速访问工具栏、功能区、绘图区、十字光标、坐标、命令行、状态栏等组成，如图 2-1 所示。

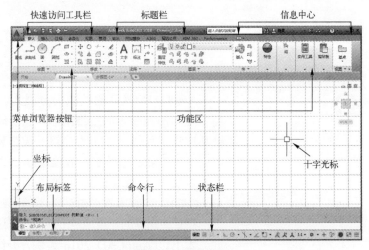

图 2-1　工作界面

1. 菜单浏览器按钮

菜单浏览器按钮 ▲ 位于界面左上角。单击该按钮，系统弹出用于管理 AutoCAD 图形文件的命令菜单，包括"新建""打开""保存""另存为""输出"及"打印"等命令，如图2-2所示。

单击菜单浏览器按钮，利用弹出的菜单除了可以调用如上所述的常规命令外，调整其显示为"小图像"或"大图像"，然后将鼠标置于菜单右侧排列的"最近使用的文档"名称上，可以快速预览打开过的图像文件，如图2-3所示。

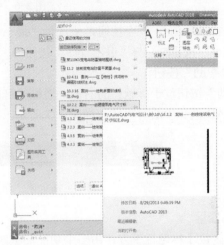

图2-2 命令菜单   图2-3 预览图形

2. 快速访问工具栏

快速访问工具栏位于菜单浏览器按钮右侧，其中包含最常用的快捷按钮，如图2-4所示。

快速访问工具栏左侧包含 7 个快捷按钮，分别为"新建"按钮■、"打开"按钮■、"保存"按钮■、"另存为"按钮■、"放弃"按钮■、"重做"按钮■和"打印"按钮■，单击相应按钮可以调用相应的命令。

单击"重做"按钮■右侧的向下箭头■，弹出如图 2-5 所示的下拉菜单，下拉菜单中被选中的选项会显示在快速访问工具栏上，用户可以在这里自定义快速访问工具栏上各命令按钮的显示与隐藏。

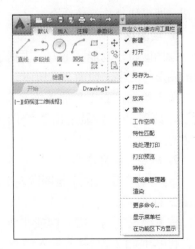

图2-4 快速访问工具栏   图2-5 下拉菜单

3. 标题栏

标题栏位于界面的最上方，如图 2-6 所示，用于显示当前正在运行的程序名及文件名等信息，如果是 AutoCAD 默认图形文件，其名称为 Drawing*N*.dwg（*N* 为数字）。

图 2-6　标题栏

标题栏最右侧有 3 个按钮，依次为"最小化"按钮、"窗口最大化"按钮（或"恢复窗口大小"按钮）与"退出程序"按钮。

4. "帮助"按钮

"帮助"按钮位于标题栏的右侧，通过其可以进行 AutoCAD 功能的搜寻，注册以及连接到 AutoCAD 通讯中心等功能，如图 2-7 所示。

图 2-7　"帮助"按钮

5. 功能区

功能区位于标题栏下方，由多个功能面板组成，这些面板被组织到依任务进行标记的选项卡中，如图 2-8 所示。

图 2-8　功能区

在默认的"草图和注释"空间中，功能区有 12 个选项卡：默认、插入、注释、参数化、视图、管理、输出、附加模块、A360、精选应用、BIM360 和 Performance。每个选项卡中包含若干个面板，每个面板中又包含许多由图标表示的命令按钮，用户单击面板中的命令按钮，即可快速执行该命令。

6. 绘图区

绘图区位于功能区下方，占据了 AutoCAD 整个界面的大部分区域，用于显示绘制及编辑的图形与文字，如图 2-9 所示。

单击绘图区右上角的"恢复窗口大小"按钮，可将绘图区进行单独显示，如图 2-10 所示，此时的窗口显示出了绘图区标题栏、窗口控制按钮、坐标系图标、十字光标等元素。

7. 命令行和文本窗口

"命令行"窗口位于绘图区左下方，用于接收输入的命令，并显示 AutoCAD 提示信息，如图 2-11 所示。

按下键盘上的〈F2〉键或在命令行中输入 TEXTSCR，将弹出 AutoCAD 文本窗口，此时将利用独立的窗口接收输入的命令，并显示 AutoCAD 提示信息，如图 2-12 所示。

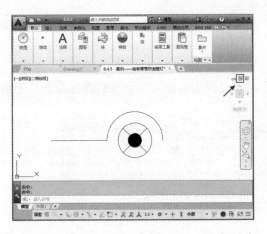

图 2-9 单击右上角的"恢复窗口大小"按钮□

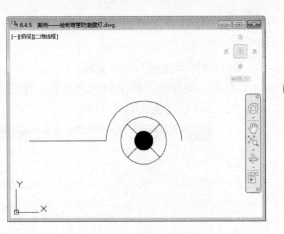

图 2-10 还原绘图窗口

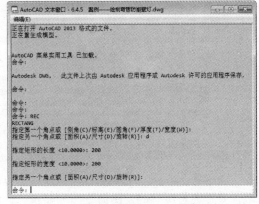

图 2-11 命令行

图 2-12 AutoCAD 文本窗口

8. 状态栏

状态栏位于命令行窗口下方，显示 AutoCAD 2016 的布局选项卡、绘图辅助按钮及注释工具等按钮，如图 2-13 所示。

图 2-13 状态栏

2.2 AutoCAD 2016 的绘图环境

本节介绍 AutoCAD 2016 绘图环境的设置方法。绘图环境的构成要素有工作空间、图形界限和绘图单位等，绘图者应该熟悉这些构成要素的设置方式。

2.2.1 工作空间概述

与以往的版本相比，AutoCAD 2016 改进了工作空间，删除了"AutoCAD 经典"工作空

间，保留其他 3 个工作空间，如"草图与注释"工作空间、"三维建模"工作空间、"三维基础"工作空间。

1. "草图与注释"工作空间

"草图与注释"工作空间用来绘制二维图形，通过调用面板上的命令或者在命令行中输入命令，可以创建或者编辑二维图形，如图 2-14 所示。

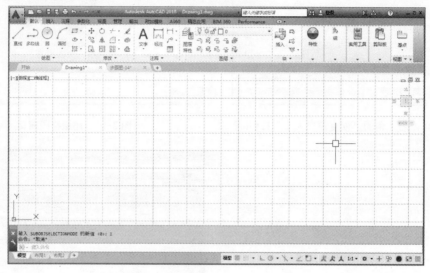

图 2-14 "草图与注释"工作空间

在面板上分区域显示了各类命令按钮，如在"默认"选项卡的"绘图"面板中，"直线"、"多段线"、"圆"等命令以图文并茂的方式显示，方便初学者识别。但是由于面板空间有限，并不能将所有的绘图命令一一显示。此时单击命令图标下的向下箭头，在弹出的列表中可以显示其他绘图命令。如单击"圆"命令按钮，在列表中显示其他绘制圆的方式，如"圆心、半径""圆心、直径"等，如图 2-15 所示。

单击"绘图"面板下方的向下实心箭头，可以展开命令列表，单击列表左下角的图标，在其转换为时，可以固定命令列表，如图 2-16 所示。

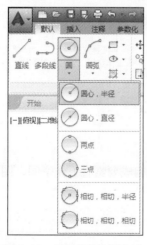

图 2-15 显示其他绘图方式

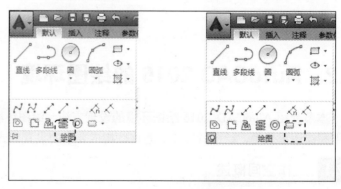

图 2-16 命令列表

2. "三维基础"工作空间

"三维基础"工作空间的界面如图 2-17 所示。

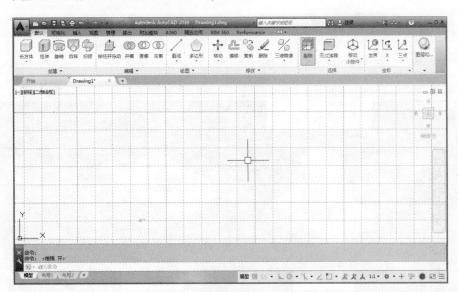

图 2-17　"三维基础"工作空间

在"三维基础"工作空间中可以创建基本的三维图形，如图 2-18 所示为单击展开的"创建"面板中的"长方体"命令按钮的列表，在其中显示了各类绘制命令，如"圆柱体""圆锥体""球体"等，单击相应命令可以创建相应的三维图形。

此外，在"创建"面板的弹出列表中还提供了绘制网格立体模型的命令，如"网格圆柱体"命令、"网格棱锥体"命令和"网格长方体"命令等，绘制模型的结果如图 2-19 所示。

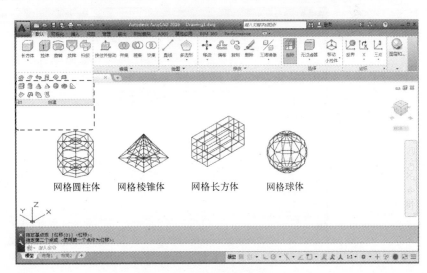

图 2-18　"长方体"命令列表　　　　　图 2-19　绘制网格立体模型

在"编辑"面板中提供了各类编辑三维模型的命令，如"并集""差集""交集"等，通过调用各类命令来对模型执行编辑操作，如图 2-20 所示为对两个模型执行差集操作的结果。

除此之外，在"三维基础"工作空间中也可以绘制二维图形，如在"绘图"面板中就提供了绘制直线及圆的命令。调用"修改"面板中的编辑命令可以分别对二维图形与三维图形执行编辑修改操作，如移动、三维镜像等。

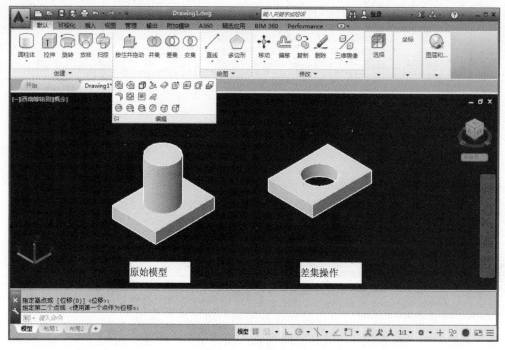

图 2-20　编辑模型

3. "三维建模"工作空间

"三维建模"工作空间的工作界面如图 2-21 所示。

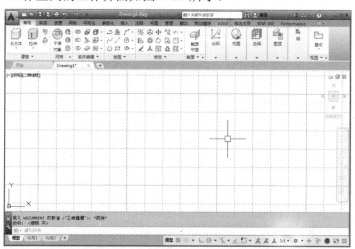

图 2-21　"三维建模"工作空间

该工作空间与"三维基础"工作空间相同的地方是都可以创建并编辑二维图形、三维图形，不同的是"三维建模"工作空间的命令增多了。

如在"绘图"面板中，与"三维基础"工作空间相比，增加了不少命令，如"射线"命令、"构造线"命令、"多点"命令等，而在"三维基础"工作空间中仅有绘制直线、多边形及圆的命令。

"修改"区域与三维基础空间相比，增加了"三维旋转""三维缩放""反转"等命令，如图 2-22 所示。

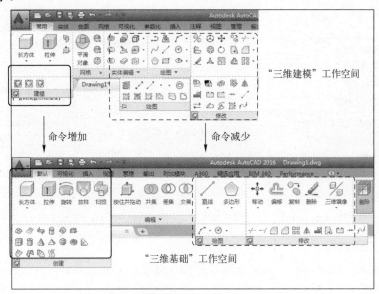

图 2-22　命令增减对比

产生以上差异是因为两个工作空间所承担的职能不同。"三维基础"工作空间主要用来创建三维模型及简单的二维图形，并对图形执行适当的修改。

而"三维建模"工作空间主要承担了模型的后期制作，如通过各种修改命令对简单的三维模型进行再编辑，以得到更为复杂的模型。

2.2.2　设置工作空间

AutoCAD 2016 仅保留了 3 个工作空间（草图与注释、三维基础、三维建模），剔除了"AutoCAD 经典"工作空间。但是有相当大部分的老用户习惯使用"AutoCAD 经典"工作空间，对新版本的 AutoCAD 2016 中没有了"AutoCAD 经典"工作空间难免会感觉不适应。

1. 工作空间的基本操作

在安装 AutoCAD 2016 之前不要着急卸载旧版本的 AutoCAD（如 AutoCAD 2014），在成功安装新版本后打开软件，软件会提示是否要将空间等信息从旧版本移植到新版本中，确定后，软件会将旧版本中的相关信息复制到新版本中并保存。

选择"将当前工作空间另存为"选项，可以在"保存工作空间"对话框中设置空间名称，如图 2-23 所示，单击"保存"按钮可以将其保存并置为当前正在使用的工作空间，如图 2-24 所示。

图 2-23　"保存工作空间"对话框

选择"工作空间设置"选项，在如图 2-25 所示的"工作空间设置"对话框中可以选择当前工作空间的类型、调整工作空间的菜单显示及顺序，以及是否在切换工作空间时保存修改设置。

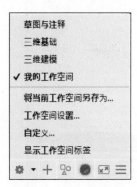

图 2-24　保存工作空间

图 2-25　"工作空间设置"对话框

2. 自定义工作空间

选择"自定义"选项，在"自定义用户界面"对话框中可以设置工作空间界面的各构成元素。假如不习惯使用"草图与注释"工作空间来绘制二维图形，可以自行设置工作界面。

下面介绍设置"AutoCAD 经典"工作空间界面的方式。

首先在对话框左上角选择"工作空间"选项并单击鼠标右键，在弹出的快捷菜单中选择"新建工作空间"命令，如图 2-26 所示。接着输入工作空间的名称，如"我的 AutoCAD 经典空间"，以与其他空间名称相区别，如图 2-27 所示。

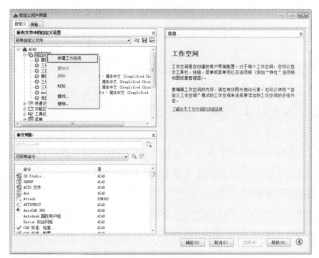

图 2-26　新建工作空间

图 2-27　命名工作空间

在右上角的"工作空间内容"选项框中单击"自定义工作空间"按钮，接着在左侧的"所有文件中的自定义设置"选项框中单击展开"工具栏"列表，选择"绘图"选项，然后单击右上角的"完成"按钮，即可将"绘图"工具栏添加至新工作空间中去，如图 2-28 所示。

图 2-28　添加工具栏

继续沿用上述操作方法，添加工具栏、快速访问工具栏及菜单栏的内容，将"特性"选项框下的"菜单栏"设置为"开"状态，如图 2-29 所示，单击"应用"按钮可以完成自定义工作界面的操作，如图 2-30 所示。

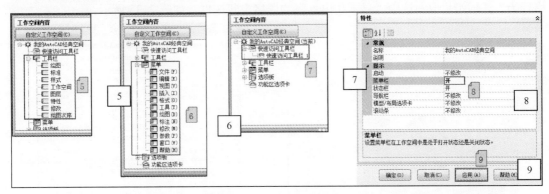

图 2-29　自定义工作界面

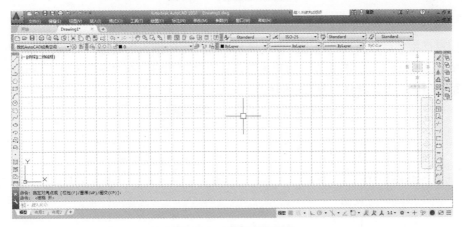

图 2-30　设置工作界面

选择"显示工作空间标签"选项，可以在状态栏上显示当前工作空间的名称，如图 2-31 所示。

图 2-31　显示工作空间标签

2.2.3 设置图形界限

AutoCAD 中的图形界限指的是绘图的区域，设置绘图界限是为了能将图形更好地打印输出。常用于打印的图纸的规格尺寸有 A0（1189mm×841mm）、A1（841mm×594mm）、A2（594mm×420mm）、A3（420mm×297mm）、A4（297mm×210mm）。此外，还有 B1、B2、B4、B5 等规格可供选用，视具体情况而定。

打印电气施工图纸时经常使用 A3（420mm×297mm）规格，其设置方式如下：

调用 LIMITS 命令，在命令行提示"指定左下角点或 [开(ON)/关(OFF)]"时，单击鼠标左键以默认左下角点为坐标原点；在命令行提示"指定右上角点"时，输入参数"420.0000，297.0000"，按下〈Enter〉键可以完成设置图形界限的操作。

在状态栏上单击"捕捉模式"按钮 ▦ ▾ 右侧的向下箭头，在弹出的列表中选择"捕捉设置"选项，如图 2-32 所示；在"草图设置"对话框中的"捕捉和栅格"选项卡下的"栅格行为"选项组里取消选中"显示超出界限的栅格"复选框，如图 2-33 所示。

图 2-32　选择"捕捉设置"选项

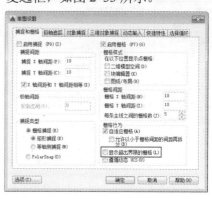

图 2-33　"草图设置"对话框

关闭对话框后可以发现在绘图区中仅显示图形界限范围内的栅格，如图 2-34 所示，栅格的长×宽即 420×297。若要显示图形界限范围以外的栅格，在"草图设置"对话框中重新选中"显示超出界限的栅格"复选框即可。

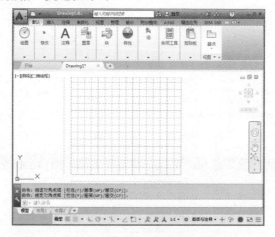

图 2-34　显示栅格

2.2.4 设置绘图单位

AutoCAD 有 5 种绘图单位，如建筑、小数、工程、分数、科学，分别对应于不同类型的图纸。系统默认选择的单位为"小数"，常用来绘制各类设计图纸，如室内设计施工图纸、电气图纸、暖通图纸、给排水图纸等。

在状态栏上单击当前图形单位右侧的下拉按钮 小数 ▼，在弹出的列表中显示了各类绘图单位，单击其中一项可以将其置为当前正在使用的绘图单位，如图 2-35 所示。

此外，在命令行中输入 UNITS/UN 后按下〈Enter〉键，可以调出如图 2-36 所示的"图形单位"对话框，在其中可以设置单位的类型、单位的精度等参数。

图 2-35 单位列表　　　　图 2-36 "图形单位"对话框

2.2.5 设置十字光标大小

十字光标用来拾取图形，其属性可以在"选项"对话框中设置。调用 OPTIONS 命令，打开"选项"对话框，通过修改"显示"选项卡下"十字光标大小"选项区域中的参数来控制十字光标的大小，如图 2-37 所示。

系统默认十字光标的大小为 5，占据绘图区部分空间，可以灵活地拾取图形，如图 2-38 所示。

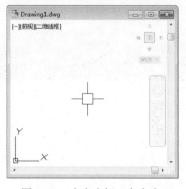

图 2-37 "选项"对话框　　　　图 2-38 十字光标（大小为 5）

将参数修改为 100，可以使十字光标充满整个屏幕，如图 2-39 所示，在绘制图纸集时经常会将光标的参数设置得较大，以方便绘制图形。

旧版本 AutoCAD 十字光标的样式为在矩形中绘制垂直、水平相互交叉的直线，并且直线超出矩形，如图 2-40 所示。而 AutoCAD 2016 改进了光标的样式，将位于矩形内的交叉线段修剪，见图 2-40。

图 2-39　十字光标（大小为 100）　　　　　图 2-40　旧版本十字光标

2.2.6　设置绘图区颜色

系统默认绘图区颜色为黑色，如图 2-41 所示。使用黑色作为绘图背景是有好处的，因为图形是由五颜六色的线条或者图案组成的，各种颜色与黑色形成强烈的对比，既方便识别图形，又保护了眼睛，防止由于长时间盯着计算机屏幕而产生视觉疲劳。

除了默认的黑色背景之外，白色的背景也较常使用，各种颜色的图形在白色的背景下能比较清晰地显示。黑色背景与白色背景是绘图员经常选用的两种背景颜色，其他的背景颜色因为不方便识别图形，所以很少使用。

在"选项"对话框中可以设置绘图区的颜色。调用 OPTIONS 命令，单击对话框中"显示"选项卡下"窗口元素"选项组里的"颜色"按钮，如图 2-42 所示，然后可以弹出"图形窗口颜色"对话框。

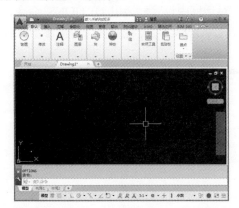 

图 2-41　黑色的绘图区　　　　　　　　图 2-42　单击"颜色"按钮

在对话框中的"界面元素"列表框中选择"统一背景"选项，接着单击右侧的"颜色"按钮，在弹出的"颜色"下拉列表中选择颜色，如图 2-43 所示，单击"应用并关闭"按钮可以完成修改背景颜色的操作，如图 2-44 所示。

在"颜色"下拉列表中选择最后一项，即"选择颜色"选项，可以打开"选择颜色"对话框，如图 2-45 所示，在其中可以自定义背景颜色的类型。

并不只是背景颜色才能被修改，"界面元素"列表框中的各选项都可以修改颜色，例如可以将十字光标的颜色修改为红色，修改结果如图 2-46 所示。

其他的界面元素如视口、栅格主线、栅格辅线等也可以修改其颜色，一般保持默认的颜色即可。

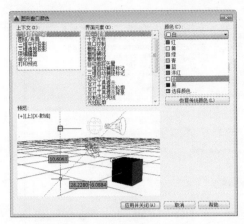

图 2-43　【图形窗口颜色】对话框

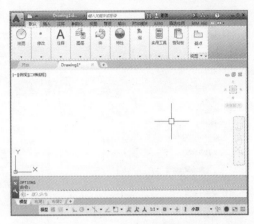

图 2-44　修改背景颜色

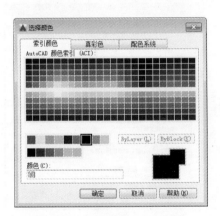

图 2-45　"选择颜色"对话框

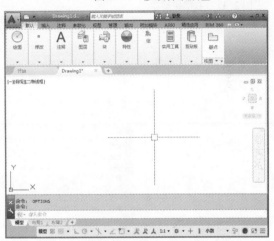

图 2-46　修改十字光标的颜色

2.2.7　设置鼠标右键功能

在绘图区中单击鼠标右键可以打开如图 2-47 所示的快捷菜单，通过选择菜单中的命令可以对图形执行各项操作。如可以重复调用上一命令、可以查询最近使用过的命令、可以隔离或者隐藏对象，还可以对视图执行平移或者缩放操作等。

选择快捷菜单的最后一个命令，即"选项"命令，在打开的"选项"对话框中选择"用户系统配置"选项卡，如图 2-48 所示。

在"Windows 标准操作"选项组下选择"双击进行编辑"复选框，在图形上双击，可以调出图形的信息选项板，其中显示了图形的各项参数信息，还可以通过修改选项板中的参数来改变图形的显示样式，如图 2-49 所示。

取消选中"双击进行编辑"复选框，则双击图形也不会调出其信息选项板。

选中"绘图区域中使用快捷菜单"复选框，在绘图区中单击鼠标右键可以调出快捷菜单，取消选中该复选框则不能调出菜单。

单击"自定义右键单击"按钮，弹出如图 2-50 所示的"自定义右键单击"对话框，在其中显示 3 种右键模式，用户可以根据自己的需要来选择。

图 2-47　右键快捷菜单

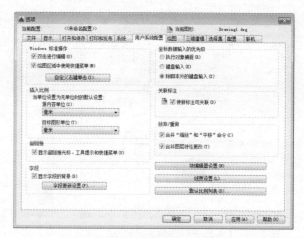

图 2-48　"选项"对话框

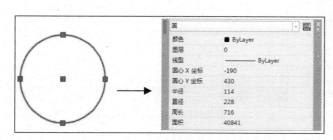

图 2-49　图形信息选项板

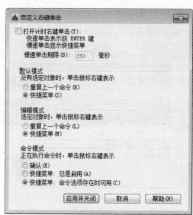

图 2-50　"自定义右键单击"对话框

2.3　AutoCAD 2016 图形文件管理

　　常见的图形文件管理方式有新建文件、保存文件、打开文件等，在使用 AutoCAD 绘制图形时需要对图形文件执行各类管理操作，本节介绍这些管理方式的操作步骤。

2.3.1　新建图形文件

新建图形文件有如下方式：

➢ 单击图形选项卡右侧的"新图形"按钮 ，如图 2-51 所示，系统直接新建空白图形。

➢ 单击软件界面左上角的菜单浏览器按钮，在弹出的菜单中选择"新建"|"图形"命令，如图 2-52 所示。

图 2-51　单击"新图形"按钮

> 单击快速访问工具栏上的"新建"按钮 。
> 按下〈Ctrl+N〉组合键。

执行第二、三、四项操作，可弹出如图 2-53 所示的"选择样板"对话框，在对话框中选择图形样板，单击"打开"按钮可以新建图形文件。

图 2-52 选择"新建"|"图形"命令

图 2-53 "选择样板"对话框

2.3.2 保存图形文件

保存图形文件有如下方式：
> 单击软件界面左上角的菜单浏览器按钮，在弹出的下拉菜单中选择"保存"命令，如图 2-54 所示。
> 单击快速访问工具栏上的"保存"按钮 。
> 按下〈Ctrl+S〉组合键。

执行上述任意一项操作，系统弹出如图 2-55 所示的"图形另存为"对话框，设置"文件名""文件类型"等参数，单击"保存"按钮，可以保存图形文件。

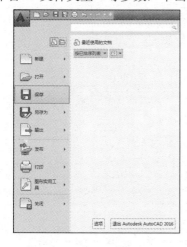

图 2-54 选择"保存"命令

图 2-55 "图形另存为"对话框

2.3.3 打开图形文件

打开图形文件的方式如下：

➤ 单击软件界面左上角的菜单浏览器按钮，在弹出的下拉菜单中选择"打开"|"图形"命令，如图 2-56 所示。

➤ 单击快速访问工具栏上的"打开"按钮 ⮌。

➤ 按下〈Ctrl+O〉组合键。

执行上述任意一项操作，在如图 2-57 所示的"选择文件"对话框中选择需要打开的图形文件，单击"打开"按钮，可以完成打开图形文件的操作。

图 2-56 选择"打开"|"图形"命令

图 2-57 "选择文件"对话框

2.3.4 关闭图形文件

关闭图形文件的方式如下：

➤ 单击软件界面左上角的菜单浏览器按钮，在弹出的下拉菜单中选择"关闭"|"当前图形（所有图形）"命令，如图 2-58 所示。

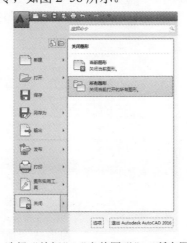

图 2-58 选择"关闭"|"当前图形"（所有图形）命令

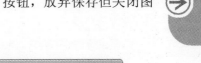

➢ 单击图形选项卡右侧的"关闭"按钮，如图 2-59 所示。

➢ 按下〈Ctrl+Q〉组合键。

在未保存图形之前执行上述任意一项操作，都会弹出如图 2-60 所示的信息提示对话框。其中，单击"是"按钮，保存并关闭当前图形；单击"否"按钮，放弃保存但关闭图形；单击"取消"按钮，放弃关闭图形的操作。

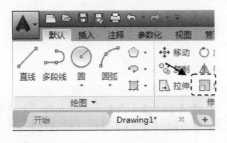

图 2-59　单击"关闭"按钮

图 2-60　信息提示对话框

第 **3** 章

绘制基本的二维图形

　　基本的二维图形包括常见的点、线段、圆及多边形，这些图形与其他图形相互组合可以表示一定的意义。本章介绍这些图形的绘制方法。

3.1 绘制点

AutoCAD 中的点一般用来定位，通过在图形上绘制点，可以为编辑图形提供参考作用。点的类型有单点、多点、定数等分点、定距等分点，用户可根据不同的绘图情况来选择绘制哪种类型的点。

3.1.1 设置点样式

点的样式有很多种，如图 3-1 所示。调用 DDPTYPE 命令，在"点样式"对话框中可以选择系统所提供的点样式，并在"点大小"文本框中设置点的大小。

系统默认点的样式为实心小圆点，大小为 5，使用该样式所绘制的点在非选中的情况不能被识别，因此需要修改点样式及其大小，以方便识别。

修改点样式后，在矩形的几何中心点绘制点，可以很直观地识别到所绘的点，从而为绘图提供帮助，如图 3-2 所示。

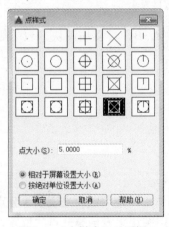

图 3-1 "点样式"对话框

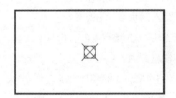

图 3-2 绘制几何中心点

3.1.2 点

本节介绍单点与多点的绘制。

调用绘制单点命令，可以在指定的位置创建点。如调用 PO（单点）命令，单击左键可以创建单点，如图 3-2 所示。

调用绘制多点命令，可以在多个位置创建点。如单击"绘图"面板上的"多点"命令按钮，通过重复地指定点的位置来创建多点，如图 3-3 所示。

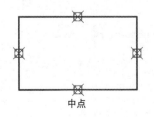

中点

象限点

几何中心点

图 3-3 绘制多点

3.1.3　等分点

等分点有两种类型，一种是定数等分点，一种是定距等分点，本节介绍这两种等分点的绘制。

1. 定数等分点

通过指定所要创建的等分点数目来创建定数等分点。

调用定数等分点命令的方式如下：

➢ 面板：单击"绘图"面板上的"定数等分"命令按钮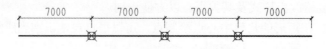

➢ 命令行：在命令行中输入 DIVIDE/DIV 并按下〈Enter〉键。

执行命令并选择等分对象后，命令行会提示"输入线段数目或 [块(B)]:"，假如指定线段数目为 4，则可以将直线等分成四段，如图 3-4 所示。

```
|←  7000  →|←  7000  →|←  7000  →|←  7000  →|
├──────────⊠──────────⊠──────────⊠──────────┤
```

图 3-4　指定线段等分数目为 4

在命令行提示"输入线段数目或 [块(B)]:"时输入 B，可以用图块来表示等分点的位置，操作如下：

命令: DIVIDE↙

选择要定数等分的对象:

输入线段数目或 [块(B)]: B↙

输入要插入的块名: 花图案

是否对齐块和对象? [是(Y)/否(N)] <Y>:

输入线段数目: 4↙

如图 3-5 所示为使用常规点样式来表示等分点的结果。使用图块来表示等分点，首先要创建图块，接着输入图块名称，指定等分数目就可以用图块来表示等分点的位置，如图 3-6 所示。

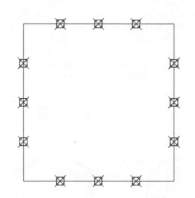

图 3-5　使用常规点样式来表示等分点

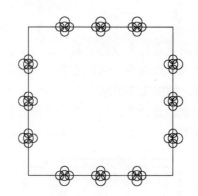

图 3-6　使用图块来表示等分点

2. 定距等分点

指定等分距离后，系统通过计算目标对象的总长度来创建等分点。

调用定距等分点命令的方式如下：

➢ 面板：单击"绘图"面板上的"定距等分"命令按钮

➢ 命令行：在命令行中输入 MEASURE/ME 并按下〈Enter〉键。

执行命令并选择等分对象后，在命令行提示"指定线段长度或 [块(B)]:"时，输入长度值，如 3000，系统可以根据所指定的参数来创建等分点，如图 3-7 所示。

在命令行中输入 B 命令，选择"块（B）"选项，也可以使用图块来表示定距等分点。

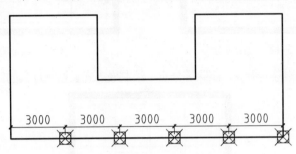

图 3-7　绘制定距等分点

3.1.4　案例——绘制嵌入式长格栅灯具

本节通过介绍嵌入式长栅格灯具的绘制，讲解在绘图过程中运用"定距等分"命令、"定数等分"命令来辅助绘图的操作方法。

步骤 1 绘制格栅灯轮廓线。调用 REC（矩形）命令，设置宽度为 50，绘制尺寸为 1200×600 的矩形，如图 3-8 所示。

步骤 2 继续调用 REC（矩形）命令，修改宽度为 0，绘制尺寸为 1062×462 的矩形，如图 3-9 所示。

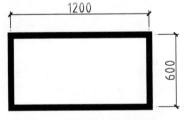

图 3-8　绘制带宽度的矩形

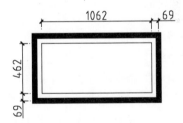

图 3-9　绘制矩形

步骤 3 调用 X（分解）命令，将尺寸为 1062×69 的矩形分解。

步骤 4 调用 DIV（定数等分）命令，设置等分数目为 3，对左侧线段执行等分操作的结果如图 3-10 所示。

步骤 5 调用 L（直线）命令，绘制的直线如图 3-11 所示。

图 3-10　定数等分

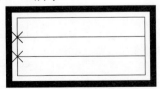

图 3-11　绘制直线

步骤 6 调用 ME（定距等分）命令，设置线段长度为 266，对矩形长边执行等分操作的结果如图 3-12 所示。

步骤 7 调用 L（直线）命令，绘制垂直线段，如图 3-13 所示。

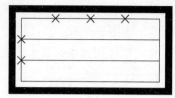
图 3-12 定距等分

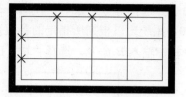
图 3-13 绘制直线

步骤 8 调用 E（删除）命令，删除等分点，绘制嵌入式长格栅灯具的结果如图 3-14 所示。

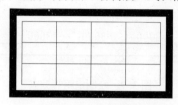
图 3-14 嵌入式长格栅灯具

3.2 绘制直线

直线不仅可以构成图形的轮廓线，还可以在绘图过程中提供定位作用，如绘制射线来为图形定位提供标准。直线类的命令有"直线"命令、"射线"命令、"构造线"命令，本节介绍这 3 种命令的调用方式。

3.2.1 直线

调用命令并分别指定起点和端点便可以绘制直线，其中端点的位置可以手动指定，也可以通过在命令行中设置位移来指定。

调用"直线"命令的方式如下：

➤ 面板：单击"绘图"面板上的"直线"命令按钮▢。

➤ 命令行：在命令行中输入 LINE/L 并按下〈Enter〉键。

执行命令后单击起点、端点可以完成直线的绘制，如图 3-15 所示，操作如下：

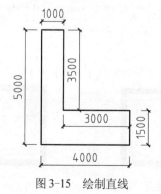
图 3-15 绘制直线

命令: LINE↙

指定第一个点: //单击指定起点;

指定下一点或 [放弃(U)]: 5000↙   //向下移动鼠标;

指定下一点或 [放弃(U)]: 4000↙   //向右移动鼠标;

指定下一点或 [闭合(C)/放弃(U)]: 1500↙   //向上移动鼠标;

指定下一点或 [闭合(C)/放弃(U)]: 3000↙   //向左移动鼠标;

指定下一点或 [闭合(C)/放弃(U)]: 3500↙   //向上移动鼠标;

指定下一点或 [闭合(C)/放弃(U)]: C↙   //向左移动鼠标，输入 C 后按下

〈Enter〉键以闭合直线（输入 1000 后按下〈Enter〉键也可以闭合直线）

3.2.2 案例——绘制接地符号

本节通过接地符号的绘制，讲解运用"直线"命令来绘制图形的操作方法。

步骤 1 调用 L（直线）命令，绘制长度为 188 的垂直线段，如图 3-16 所示。

步骤 2 按下〈Enter〉键继续调用 L（直线）命令，绘制长度为 250 的水平线段，如图 3-17 所示。

步骤 3 调用 L（直线）命令，分别绘制长度为 188、63 的水平线段，且线段之间的距离为 63，完成接地符号的绘制结果，如图 3-18 所示。

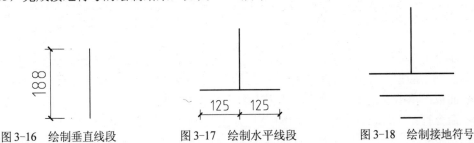

图 3-16　绘制垂直线段   图 3-17　绘制水平线段   图 3-18　绘制接地符号

3.2.3 射线

调用"射线"命令后分别指定起点及通过点可以绘制射线。起点及通过点的位置可以任意确定，但在绘图区中仅能看到起点，另一点是无限延伸的，如图 3-19 所示。

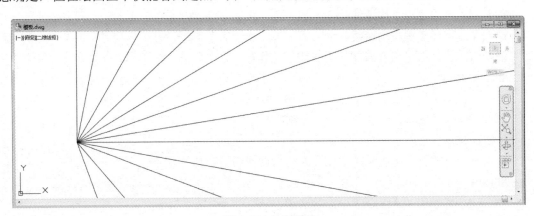

图 3-19　绘制射线

调用"射线"命令的方式如下：

➢ 面板：单击"绘图"面板上的"射线"命令按钮⬚。

➢ 命令行：在命令行中输入 RAY 并按下〈Enter〉键。

执行命令后，命令行分别提示"指定起点:""指定通过点"，单击鼠标左键分别指定起点及通过点可以创建射线。

3.2.4 构造线

调用"构造线"命令后，通过指定起点及通过点可以创建两端无限延伸的线段，即构造线，如图 3-20 所示。

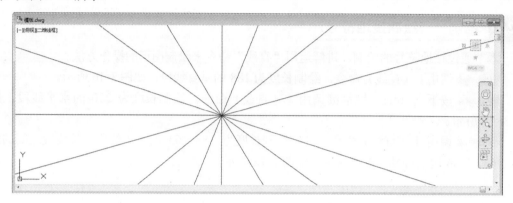

图 3-20 绘制构造线

调用"构造线"命令的方式如下：

➢ 面板：单击"绘图"面板上的"构造线"命令按钮⬚。

➢ 命令行：在命令行中输入 XLINE/XL 并按下〈Enter〉键。

调用命令后，通过选择命令行中的各选项，可以创建水平、垂直等多种样式的构造线，操作如下：

命令：XLINE↙

指定点或 [水平(H)/垂直(V)/角度(A)/二等分(B)/偏移(O)]:　　//单击鼠标左键指定构造线的起点↙

指定通过点:　　　　　　　　//移动鼠标，再次单击鼠标左键指定通过点，以完成构造线的创建↙

输入 H，可创建水平构造线。

输入 V，可创建垂直构造线。

输入 A，通过指定角度来创建构造线，操作如下：

命令:XLINE↙

指定点或 [水平(H)/垂直(V)/角度(A)/二等分(B)/偏移(O)]: A↙

输入构造线的角度 (0) 或 [参照(R)]:　　指定第二点: 45↙

指定通过点:

输入 B，通过指定构造线的中点及方向来创建线段，操作如下：

XLINE↙

指定点或 [水平(H)/垂直(V)/角度(A)/二等分(B)/偏移(O)]: B↙

指定角的顶点:　　　　　//即构造线中点的位置↙

指定角的起点:

指定角的端点: 　　　　　　　　　　　　//分别指定起点及端点来完成构造线的绘制，如图 3-21 所示

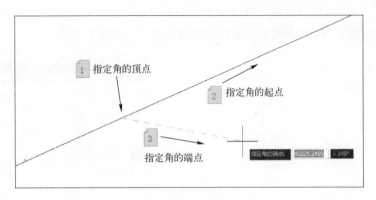

图 3-21　操作过程

输入 O，按照指定的偏移距离可以将选中的线段向指定的方向偏移，操作如下：

命令: XLINE

指定点或 [水平(H)/垂直(V)/角度(A)/二等分(B)/偏移(O)]: O

指定偏移距离或 [通过(T)] <1000>:3000

选择直线对象:

指定向哪侧偏移: 　　　　　　　　　　//偏移线段的结果如图 3-22 所示

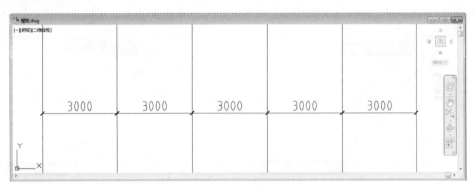

图 3-22　偏移线段

3.3　绘制圆类图形

圆类命令应用广泛，用于绘制各种图形，如圆形、圆弧、圆环、椭圆与椭圆弧等，本节介绍这些命令的调用方法。

3.3.1　圆

AutoCAD 提供了 6 种绘制圆形的方式，如通过指定"圆心、半径"来绘制（如图 3-23 所示），指定"圆心、直径"来绘制，等等，本节介绍各类绘制圆形的方式。

调用"圆"命令的方式如下：

➢ 面板：单击"绘图"面板上的"圆"命令按钮⊙。

➢ 命令行：在命令行中输入 CIRCLE/C 并按下〈Enter〉键。

调用"圆"命令后单击鼠标左键以指定圆心的位置，通过移动鼠标或者输入参数来确定圆的半径。在"绘图"面板中提供了多种绘制圆的方式，如图 3-24 所示。

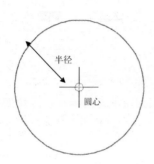

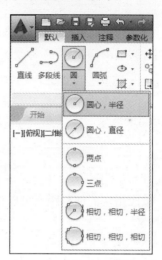

图 3-23 绘制圆　　　　　　　　　　　　图 3-24 命令列表

● "圆心、半径""圆心、直径"方式：分别指定圆心、半径/直径参数来绘制圆形。

● "两点""三点"方式：分别指定圆上的两点或者三点来创建圆形，如图 3-25、图 3-26 所示。

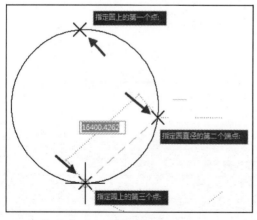

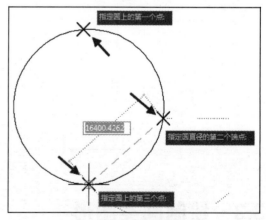

图 3-25 "两点"绘制方式　　　　　　　　图 3-26 "三点"绘制方式

● "相切、相切、半径"方式：在圆上指定两个切点的位置，输入半径值，可以创建一个新的圆形，并与源图形相切。

● "相切、相切、相切"方式：在圆上指定 3 个切点的位置，可以创建一个新圆形。

3.3.2 圆弧

调用"圆弧"命令，移动鼠标分别指定各个点的位置来创建圆弧，如图 3-27 所示。

调用"圆弧"命令的方式如下：

➢ 面板：单击"绘图"面板上的"圆弧"命令按钮⌒。

➢ 命令行：在命令行中输入 ARC/A 并按下〈Enter〉键。

调用命令后单击鼠标左键以指定圆弧的起点，命令行提示"指定圆弧的第二个点或 [圆心(C)/端点(E)]:"时移动鼠标指定第二个点，再次单击鼠标左键指定圆弧的端点可以完成圆弧的绘制。

在"绘图"面板中提供了 11 种绘制圆弧的方式，如图 3-28 所示。

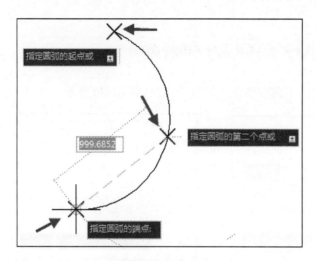

图 3-27 绘制圆弧

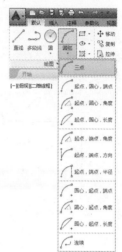

图 3-28 命令列表

- "三点"方式：最常用的绘制圆弧的方式，通过指定起点、第二点、端点来创建圆弧。
- "起点、圆心、端点"方式：使用该方式绘制圆弧的操作如下：

命令：ARC↙

指定圆弧的起点或 [圆心(C)]:

指定圆弧的第二个点或 [圆心(C)/端点(E)]: _c↙

指定圆弧的圆心：500↙

指定起点的位置，输入圆心参数值，移动鼠标指定端点的位置可完成绘制操作，如图 3-29 所示。

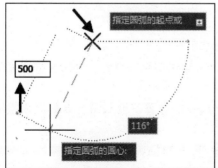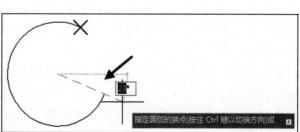

图 3-29 "起点、圆心、端点"绘制方式

- "起点、圆心、角度"方式：指定起点、圆心的位置，输入角度值按下〈Enter〉键可完成圆弧的绘制。
- "起点、圆心、长度"方式：指定起点、圆心的位置，输入弦长值按下〈Enter〉键可完成绘制操作。
- "起点、端点、角度"方式：使用该方式绘制圆弧的操作如下：

命令: ARC↙

指定圆弧的起点或 [圆心(C)]:

指定圆弧的第二个点或 [圆心(C)/端点(E)]: _e↙

指定圆弧的端点:

指定圆弧的中心点(按住 Ctrl 键以切换方向)或 [角度(A)/方向(D)/半径(R)]: _a↙

指定夹角(按住 Ctrl 键以切换方向): 300↙

分别指定起点、端点的位置，输入夹角参数值可绘制圆弧，如图3-30所示。

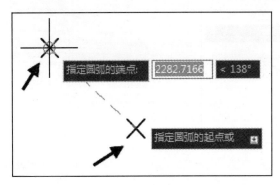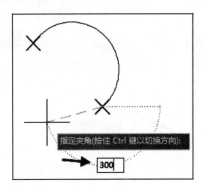

图3-30　"起点、端点、角度"绘制方式

- "起点、端点、方向"方式：指定起点、端点，移动鼠标指定圆弧起点的相切方向，单击鼠标左键可完成绘制操作。
- "起点、端点、半径"方式：指定起点、端点，输入半径值按下〈Enter〉键即可完成圆弧的绘制。
- "圆心、起点、端点"方式：使用该方式绘制圆弧的操作如下：

命令: ARC↙

指定圆弧的起点或 [圆心(C)]: _c↙

指定圆弧的圆心:

指定圆弧的起点:

指定圆弧的端点(按住 Ctrl 键以切换方向)或 [角度(A)/弦长(L)]:

单击指定圆心后移动鼠标来分别指定起点及端点，最后在端点的位置上单击左键以完成圆弧的绘制，如图3-31所示。

- "圆心、起点、角度"方式：分别指定圆心、起点的位置，输入角度参数值来绘制圆弧。
- "圆心、起点、长度"方式：通过指定圆心、起点的位置，设置弦长参数来绘制圆弧。

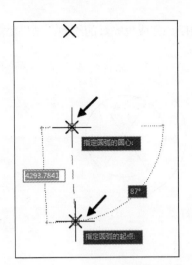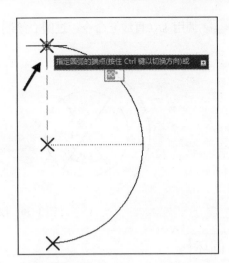

图 3-31 "圆心、起点、端点"绘制方式

3.3.3 案例——绘制投光灯

本节通过投光灯的绘制，讲解在绘图过程中，运用"圆形"命令、"圆弧"命令来绘制图形的操作方法。

步骤 1 调用 C（圆）命令，绘制半径为 175 的圆形，如图 3-32 所示。

步骤 2 调用 L（直线）命令，以圆心为起点，绘制长度为 267 的水平线段。

步骤 3 调用 RO（旋转）命令，旋转复制线段，结果如图 3-33 所示。

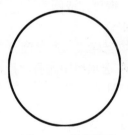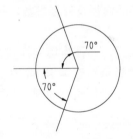

图 3-32 绘制圆形   图 3-33 绘制线段

步骤 4 在"绘图"面板上单击"圆弧"命令按钮，分别指定起点、第二点、端点来绘制圆弧，如图 3-34 所示。

步骤 5 调用 E（删除）命令，删除线段，如图 3-35 所示。

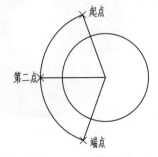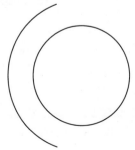

图 3-34 绘制圆弧   图 3-35 删除线段

步骤 6 调用 L（直线）命令，过圆心绘制交叉线段，完成投光灯的绘制，结果如图 3-36 所示。

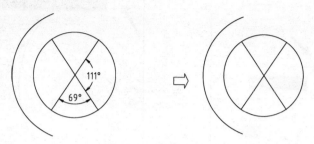

图 3-36 绘制投光灯

3.3.4 圆环

调用"圆环"命令，可以创建同心圆，如图 3-37 所示。

调用"圆环"命令的方式如下：

➤ 面板：单击"绘图"面板上的"圆环"命令按钮◎。

➤ 命令行：在命令行中输入 DONUT/DO 并按下〈Enter〉键。

调用"圆环"命令的操作过程如下：

命令: DONUT↙

指定圆环的内径 <100>: 指定第二点:

指定圆环的外径 <300>: *取消*

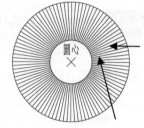

图 3-37 创建同心圆

分别设置圆环的内径及外径参数，按下〈Enter〉键可完成圆环的绘制。

圆环有两种样式，一种为填充样式，一种为非填充样式（参见图 3-37 所示）。在"选项"对话框中的"显示"选项卡下，在"显示性能"选项组中选择"应用实体填充"复选框，如图 3-38 所示，则所绘制的圆环为填充样式，如图 3-39 所示。

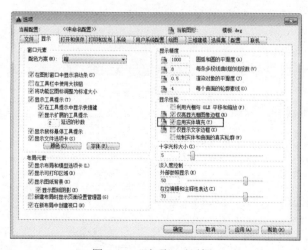

图 3-38 "选项"对话框

图 3-39 填充样式的圆环

调用 FILL 命令，命令行会提示"输入模式 [开(ON)/关(OFF)]"，选择[开(ON)]选项，可绘制填充样式的圆环（参见图3-39），选择[关(OFF)]选项，则绘制非填充样式的圆环。

3.3.5 椭圆与椭圆弧

本节介绍椭圆机椭圆弧的绘制方法。

1. 绘制椭圆

调用"椭圆"命令，通过指定两个轴端点的位置、设置半轴长度来绘制椭圆，如图 3-40 所示。

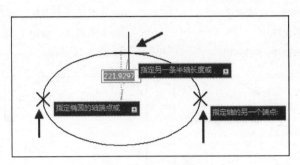

图 3-40　绘制椭圆

调用"椭圆"命令的方式如下：

➢ 面板：单击"绘图"面板上的"椭圆"命令按钮。

➢ 命令行：在命令行中输入 ELLIPSE/EL 并按下〈Enter〉键。

调用"椭圆"命令的操作过程如下：

命令: ELLIPSE↙

指定椭圆的轴端点或 [圆弧(A)/中心点(C)]:

指定轴的另一个端点:

指定另一条半轴长度或 [旋转(R)]: *取消*

单击鼠标左键指定轴端点，可以通过移动、单击鼠标来指定轴的另一端点、半轴长度，也可以通过输入距离参数来指定轴的另一端点、半轴长度。

"绘图"面板中提供了两种绘制椭圆的方式，如图 3-41 所示，前面所述为其中一种，即"轴，端点"绘制方式，另一绘制方式为"圆心"绘制方式，如图 3-42 所示。

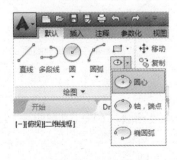

图 3-41　命令列表

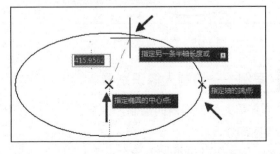

图 3-42　"圆心"绘制方式

2. 绘制椭圆弧

调用"椭圆弧"命令的方式如下：

➢ 面板：单击"绘图"面板上的"椭圆弧"命令按钮 。

➢ 命令行：在命令行中输入 ELLIPSE/EL 并按下〈Enter〉键。

椭圆弧的绘制过程与椭圆的绘制过程大致相同，命令操作如下：

命令: ELLIPSE↙

指定椭圆的轴端点或 [圆弧(A)/中心点(C)]: _a↙

指定椭圆弧的轴端点或 [中心点(C)]:

指定轴的另一个端点:

指定另一条半轴长度或 [旋转(R)]:　　　　　　　//单击指定半轴长度，如图 3-43 所示

指定起点角度或 [参数(P)]:　　　　　　　　　　//输入参数值，如图 3-44 所示

指定端点角度或 [参数(P)/夹角(I)]:　　　　　　　//如图 3-45 所示

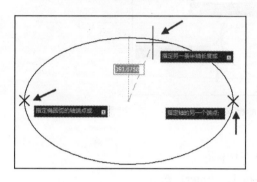

图 3-43　指定半轴长度

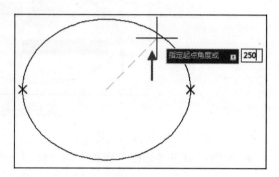

图 3-44　输入参数值

按下〈Enter〉键可完成椭圆弧的绘制，如图 3-46 所示。

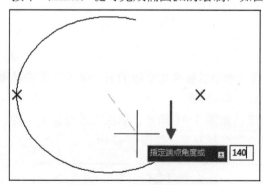

图 3-45　指定端点角度

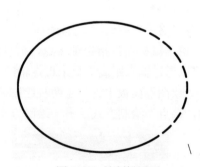

图 3-46　绘制椭圆弧

3.3.6　案例——绘制人像识别器

本节介绍人像识别器的绘制，讲解在绘图过程中运用"椭圆"命令、"椭圆弧"命令来绘制图形的操作方法。

步骤 1　调用 EL（椭圆）命令，绘制如图 3-47 所示的椭圆。

步骤 2　调用 L（直线）命令，过椭圆的圆心绘制水平线段，如图 3-48 所示。

步骤 3　在"绘图"面板上单击"椭圆"命令按钮，在调出的命令列表下选择"椭圆弧"选项；单击右侧端点作为轴端点，单击左侧端点作为椭圆弧的另一端点，向上移动鼠

标，指定另一条半轴长度，如图 3-49 所示。

步骤 4 移动鼠标，单击右侧的基点指定起点角度，如图 3-50 所示。

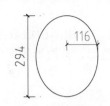

图 3-47　绘制椭圆

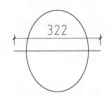

图 3-48　绘制线段

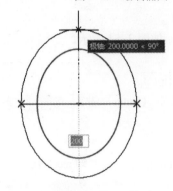

图 3-49　指定另一条半轴长度

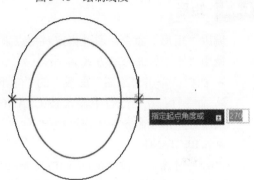

图 3-50　指定起点角度

步骤 5 移动鼠标，单击左侧的基点指定端点角度，如图 3-51 所示。

步骤 6 绘制椭圆弧的结果如图 3-52 所示。

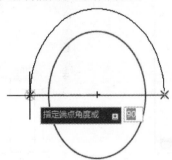

图 3-51　指定端点角度

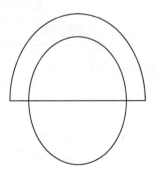

图 3-52　绘制椭圆弧

步骤 7 调用 E（删除）命令，删除线段，完成人像识别器的绘制，结果如图 3-53 所示。

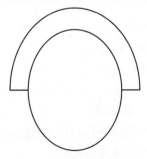

图 3-53　人像识别器

3.4 绘制多边形

多边形有两种类别，一种为矩形，一种为正多边形。矩形的边数为 4，长宽可以自定义，多边形的边数为 3～1024，如常见的五边形、六边形、八边形等即使用"多边形"命令来绘制的。

本节介绍"矩形"命令、"多边形"命令的操作方式。

3.4.1 矩形

调用"矩形"命令，通过指定对角点来创建矩形，如图 3-54 所示。

调用"矩形"命令的方式如下：

➢ 面板：单击"绘图"面板上的"矩形"命令按钮▢.

➢ 命令行：在命令行中输入 RECTANG/REC 并按下〈Enter〉键。

调用"矩形"命令的操作过程如下：

命令: RECTANG↙

指定第一个角点或 [倒角(C)/标高(E)/圆角(F)/厚度(T)/宽度(W)]:　　　//按下〈Enter〉键

指定另一个角点或 [面积(A)/尺寸(D)/旋转(R)]: D↙

指定矩形的长度 <10>: 200↙

指定矩形的宽度 <10>: 500↙

指定另一个角点或 [面积(A)/尺寸(D)/旋转(R)]:　　　　//绘制的矩形如图 3-55 所示

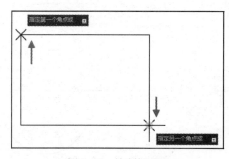

图 3-54　绘制矩形

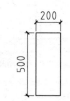

图 3-55　指定尺寸绘制矩形

● 倒角(C)：选择该选项，命令行的提示如下：

命令: RECTANG↙

指定第一个角点或 [倒角(C)/标高(E)/圆角(F)/厚度(T)/宽度(W)]: C↙

指定矩形的第一个倒角距离 <0.0000>: 50↙

指定矩形的第二个倒角距离 <50.0000>: 50↙

指定第一个角点或 [倒角(C)/标高(E)/圆角(F)/厚度(T)/宽度(W)]:

指定另一个角点或 [面积(A)/尺寸(D)/旋转(R)]:

设置倒角距离参数后分别指定矩形的对角点，创建倒角矩形的结果如图 3-56 所示。

● 标高(E)：选择该选项可以设置矩形的标高。

● 圆角(F)：选择该选项，通过设置圆角距离来创建圆角矩形，如图 3-57 所示。

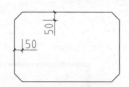

图 3-56 绘制倒角矩形

图 3-57 绘制圆角矩形

- 厚度(T)：选择该选项，通过设置厚度值来创建矩形，转换至"西南等轴测"视图，查看创建结果，如图 3-58 所示。
- 宽度(W)：选择该选项，通过设置宽度来创建矩形，如图 3-59 所示。

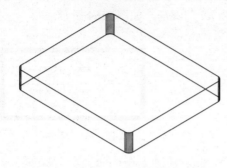

图 3-58 设定厚度

图 3-59 设定宽度

面积(A)：选择该选项，命令行的提示如下：

命令: RECTANG↙

指定第一个角点或 [倒角(C)/标高(E)/圆角(F)/厚度(T)/宽度(W)]:　　　　　　//单击鼠标左键

指定另一个角点或 [面积(A)/尺寸(D)/旋转(R)]: A↙

输入以当前单位计算的矩形面积 <640>: 6400↙

计算矩形标注时依据 [长度(L)/宽度(W)] <长度>: L↙

输入矩形长度 <80>: 80↙

分别设置矩形面积及长度参数，可以绘制与所设参数相符的矩形，如图 3-60 所示。

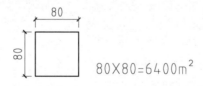

图 3-60 设置面积

- 旋转(R)：选择该选项，可以设定所绘矩形的角度。

3.4.2 案例——绘制电热水器符号

本节介绍电热水器符号的绘制，讲解在绘图过程中运用"矩形"命令、"直线"命令、"圆"命令来绘制图形的操作方法。

步骤 1 调用 REC（矩形）命令，设置宽度为 20，绘制尺寸为 625×292 的矩形，如图 3-61 所示。

步骤 2 按下〈Enter〉键继续调用 REC（矩形）命令，设置宽度为 0，绘制尺寸为 146

×286 的矩形，如图 3-62 所示。

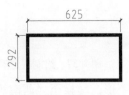

图 3-61　绘制结果

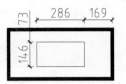

图 3-62　绘制结果

步骤 3　调用 L（直线）命令，绘制水平直线，结果如图 3-63 所示。

步骤 4　调用 C（圆）命令，绘制半径为 60 的圆形，如图 3-64 所示。

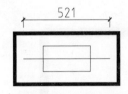

图 3-63　绘制直线

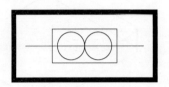

图 3-64　绘制圆形

步骤 5　调用 TR（修剪）命令，修剪图形以完成电热水器符号的绘制，结果如图 3-65 所示。

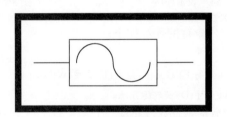

图 3-65　电热水器符号

3.4.3　正多边形

调用命令，通过设置边数及半径值来创建多边形，如图 3-66 所示。

调用"多边形"命令的方式如下：

➢ 面板：单击"绘图"面板上的"多边形"命令按钮⬠。

➢ 命令行：在命令行中输入 POLYGON 并按下〈Enter〉键。

调用"多边形"命令，操作过程如下：

命令: POLYGON↙

输入侧面数 <4>:5↙

指定正多边形的中心点或 [边(E)]:

输入选项 [内接于圆(I)/外切于圆(C)] <I>: I↙

指定圆的半径: 500↙

输入侧面数后单击指定多边形的中心点，分别设置
多边形的样式及半径值，可以完成多边形的绘制。

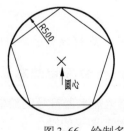

边数: 5
半径: 500
样式: 内接于圆

图 3-66　绘制多边形

● 边(E)：选择该选项后，命令行提示如下：

命令: POLYGON↙

输入侧面数 <4>:5

指定正多边形的中心点或 [边(E)]: E

指定边的第一个端点:

指定边的第二个端点:

单击指定边的第一个、第二个端点，可以完成五边形的绘制，如图 3-67 所示。

● 外切于圆(C)：选择该选项，可以创建样式为外于圆的多边形，如图 3-68 所示。

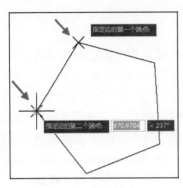

图 3-67　指定端点

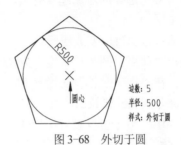

图 3-68　外切于圆

3.5　设计专栏

3.5.1　上机实训

绘制如图 3-69 所示的电气主接线图。

如图 3-69 所示的电气主接线图的类型为单母线不分段接线，这是一种最原始、最简单的接线。所有的电源及出线均接在同一母线上。单母线不分段的接线是最为简单和常见的主接线方式，它的每条引入线和引出线中都安装有隔离开关和断路器。

绘制步骤如下：

步骤 1　调用 L "直线"命令，绘制水平母线，长度为 150。

步骤 2　调用 ME "定距等分"命令，设置等分线段长度为 30，对线段执行等分操作。

步骤 3　调用 L "直线"命令，绘制垂直引入线。

步骤 4　调用 L "直线"命令，绘制开关及断路器。

步骤 5　调用 C "圆"命令，绘制电压互感器。

步骤 6　调用 POLYGON "多边形"命令，设置边数为 3，绘制"保护等电位联结"元件。

步骤 7　调用 TR "修剪"命令，修剪引入线。

步骤 8　继续绘制其他图形，可以完成接线图的绘制。

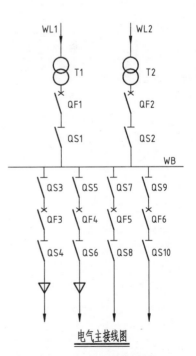

图 3-69　电气主接线图

3.5.2　绘图锦囊

在"点样式"对话框中第一行左起的第二个样式为空白样式，假如将该项指定为点的样式，则所绘制的点被作为不可见的标记来使用。值得注意的是，虽然点不可见，但是在对象捕捉设为节点状态时仍然可以被选择。

定数等分的对象不同，其等分结果也不同。假如定数等分的对象是开放图形，例如直线、圆弧等，那么等分后等分段数会比等分点数多 1。假如等分对象是闭合对象，例如圆、矩形等，那么等分点数和等分段数相同。

定距等分与选择的对象起点有关，它是从选择的起点端开始定距等分的，将不够平分的部分留在结尾处。

射线通过修剪可以变成线段。

在使用"起点、圆心、长度"方法来绘制圆弧时，所给定的弦长不得超过起点到圆心距离的两倍；在"指定弦长"的提示下，假如所输入的值为负，则该负值的绝对值将作为对应整圆圆缺部分圆弧的弧长。

调用 FILL 命令可以设置图形的显示样式，但是设置的改变不能立即显示出来，需要重生成图形才能看到设置对图形的影响。而且，FILL 命令除了可以设置圆环的显示样式之外，还可以影响到多边形的显示和使用引线命令创建的箭头等对象，但是 FILL 命令对线宽的显示不会产生影响。

第**4**章

绘制复杂的二维图形

　　复杂二维图形与基础二维图形的不同之处在于，复杂的二维图形经过自带的编辑功能修改后可以得到与源图形不一样的图形，而基础二维图形则保持和源图形相同的形状。

　　复杂的二维图形包括多段线、样条曲线、多线、图案填充，本章将介绍这些图形的绘制方法。

4.1 多段线

调用"多段线"命令可以绘制多种样式的图形，如直线、矩形、弧线等。通过对多段线执行编辑操作，可以更改图形的显示样式。本节介绍绘制与编辑多段线的方法。

4.1.1 绘制多段线

二维多段线是作为单个平面对象创建的相互连接的线段序列。调用"多段线"命令，可以创建直线段、圆弧段或者两者的组合线段。

如图 4-1 所示为通过调用"多段线"命令来创建直线段的操作过程。

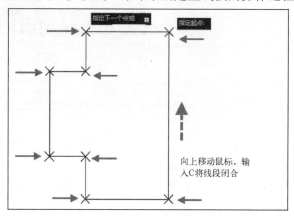

图 4-1　创建多段线

调用"多段线"命令的方式如下：

➢ 面板：单击"绘图"面板上的"多段线"命令按钮🔲。

➢ 命令行：在命令行中输入 PLINE/PL 并按下〈Enter〉键。

调用命令后，分别指定起点、下一点来创建多段线，操作过程如下：

命令: PLINE↙

指定起点:

当前线宽为 0.0000

指定下一个点或 [圆弧(A)/半宽(H)/长度(L)/放弃(U)/宽度(W)]:

指定下一点或 [圆弧(A)/闭合(C)/半宽(H)/长度(L)/放弃(U)/宽度(W)]:

● 圆弧(A)：选择该选项，命令行提示如下：

命令: PLINE↙

指定起点:

当前线宽为 0.0000

指定下一个点或 [圆弧(A)/半宽(H)/长度(L)/放弃(U)/宽度(W)]: A↙

指定圆弧的端点(按住 Ctrl 键以切换方向)或

[角度(A)/圆心(CE)/方向(D)/半宽(H)/直线(L)/半径(R)/第二个点(S)/放弃(U)/宽度(W)]: R↙

指定圆弧的半径: 180↙

指定圆弧的端点(按住 Ctrl 键以切换方向)或

[角度(A)/圆心(CE)/闭合(CL)/方向(D)/半宽(H)/直线(L)/半径(R)/第二个点(S)/放弃(U)/宽度(W)]: 360↙

指定圆弧的端点(按住 Ctrl 键以切换方向)或

[角度(A)/圆心(CE)/闭合(CL)/方向(D)/半宽(H)/直线(L)/半径(R)/第二个点(S)/放弃(U)/宽度(W)]: 360↙

……

重复指定端点距离，即在命令行中输入 360，可以绘制如图 4-2 所示的波浪线。

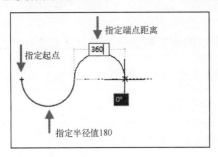

图 4-2　绘制波浪线

- 半宽(H)：选择该选项并设置半宽参数后，所绘多段线的宽度为半宽×2，如图 4-3 所示。
- 宽度(W)：选择该选项，所设置的宽度为所绘多段线的实际宽度，如图 4-4 所示。

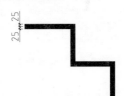

图 4-3　设置半宽为 50　　　　　　　　　　　图 4-4　设置线宽为 50

- 长度(L)：选择该选项设置多段线的长度。
- 闭合(C)：选择该项可以闭合多段线。
- 放弃(U)：在绘制多段线的过程中，输入 U 可以放弃操作返回上一步骤。

4.1.2　编辑多段线

通过编辑多段线，可以修改多段线的样式，例如修改多段线的宽度、合并选中的线段、将多段线转化为样条曲线等。编辑多段线之后，可以得到另一形态的图形，并可将其应用到实际的绘图工作中去。

本节介绍编辑多段线的各种方式，通过图片的展示可以让读者了解多段线被编辑前后的不同。

双击多段线，可以调出编辑选项列表，如图 4-5 所示。通过选择列表中的各选项来对多段线执行编辑操作。

- 闭合（C）：选择该选项，可以闭合多段线，如图 4-6 所示。
- 合并（J）：选择该选项，可将多根多段线合并为一根多段

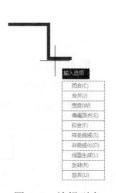

图 4-5　编辑列表

线，如图 4-7 所示。

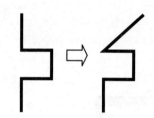

图 4-6 闭合多段线　　　　　　　　　　　　　图 4-7 闭合多段线

- 宽度（W）：修改多段线的宽度。
- 编辑顶点（E）：选择该选项，在如图 4-8 所示的编辑列表中可以对顶点执行"打断""插入""移动"等操作，如图 4-9 所示。

图 4-8 编辑列表　　　　　　　　　　　图 4-9 移动顶点

- 拟合（F）：将多段线转换为曲线，如图 4-10 所示，选中曲线显示其顶点，激活并移动顶点可以改变曲线的样式。

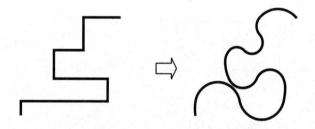

图 4-10 拟合操作

- 样条曲线（S）：将多段线转换为样条曲线，如图 4-11 所示，通过拉伸样条曲线的拟合点可改变其形态。
- 非曲线化（D）：可以将经过"拟合""样条曲线"操作后的多段线还原。

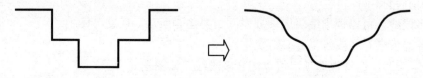

图 4-11 转换为样条曲线

4.1.3 案例——绘制连接导线

本节介绍灯具之间连接导线的绘制，讲解在绘图过程中通过设置多段线的宽度来绘制导线的操作方法。

步骤 1 调用素材文件。使用〈Ctrl+O〉组合键，打开"第 4 章\4.1.3 案例——绘制连接导线.dwg"文件，如图 4-12 所示。

步骤 2 调用 PL（多段线）命令，单击以指定起点，输入 W，设置起点宽度、端点宽度为 50，移动鼠标在格栅灯之间绘制连接导线，如图 4-13 所示。

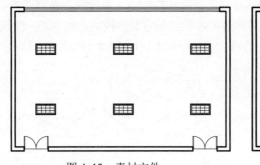

图 4-12 素材文件

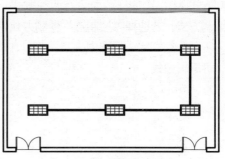

图 4-13 绘制导线

4.2 样条曲线

样条曲线通过拉伸、添加、删除拟合点可以修改其显示样式，常用来表示图形轮廓线，本节介绍绘制和编辑样条曲线的方式。

4.2.1 绘制样条曲线

调用此命令，通过指定各拟合点的位置来绘制样条曲线，如图 4-14 所示。

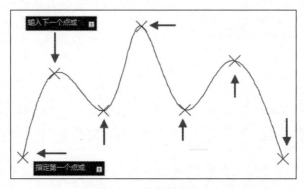

图 4-14 绘制样条曲线

调用"样条曲线"命令的方式如下：

➢ 面板：单击"绘图"面板上的"样条曲线拟合"命令按钮 ⏜。

➢ 命令行：在命令行中输入 SPLINE/SPL 并按下〈Enter〉键。

绘制样条曲线的操作过程如下：

命令：SPLINE↙

当前设置：方式=拟合　节点=弦

指定第一个点或 [方式(M)/节点(K)/对象(O)]：

输入下一个点或 [起点切向(T)/公差(L)]：

输入下一个点或 [端点相切(T)/公差(L)/放弃(U)]：

输入下一个点或 [端点相切(T)/公差(L)/放弃(U)/闭合(C)]

移动并单击鼠标以指定各个拟合点，按下〈Enter〉键可完成样条曲线的绘制。

● 方式(M)：绘制样条曲线有两种方式，分别为拟合和控制点，系统默认选择"拟合"绘制方式。若选择"控制点"绘制方式，则在绘制的过程中显示控制点的轨迹，如图 4-15 所示。绘制完成后选中夹点，可以在轨迹上显示控制点，如图 4-16 所示，移动控制点可编辑曲线。

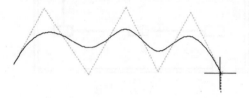

图 4-15　显示控制点的轨迹　　　　　　　　图 4-16　显示控制点

4.2.2　编辑样条曲线

选中样条曲线，可以显示其拟合点或者顶点，激活并编辑拟合点和夹点，可以修改样条曲线的样式。

以"拟合"方式来绘制样条曲线，选中后可显示其拟合点，如图 4-17 所示。将光标置于拟合点上，可以调出拟合点编辑列表，如图 4-18 所示。

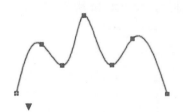

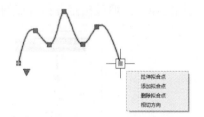

图 4-17　显示其拟合点　　　　　　　　图 4-18　拟合点编辑列表

选择"拉伸"选项，移动鼠标可以拉伸拟合点以编辑曲线样式，如图 4-19 所示。

图 4-19　拉伸拟合点

选择"添加拟合点"选项，指定新拟合点的位置可以添加点，如图 4-20 所示。

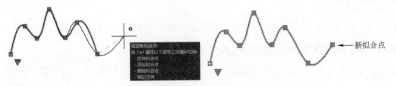

图 4-20 添加拟合点

选择"删除拟合点"选项，可将选中的拟合点删除，如图 4-21 所示。

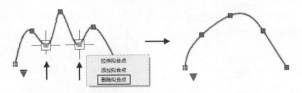

图 4-21 删除拟合点

单击左下角的三角形箭头，在选项列表中选择"控制点"选项，如图 4-22 所示，可显示曲线的控制点及其轨迹，如图 4-23 所示。

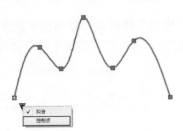

图 4-22 选择"控制点"选项

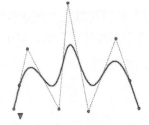

图 4-23 显示控制点轨迹

激活顶点以显示如图 4-24 所示的编辑列表，选择其中的选项可对顶点执行拉伸（如图 4-25 所示）、添加、删除 3 项操作。

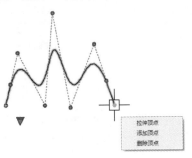

图 4-24 编辑列表

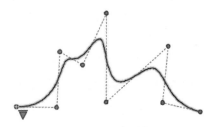

图 4-25 拉伸顶点

4.3 多线

系统默认多线样式为相隔一定距离的两根平行线，线的数目、间距、颜色等可以自定义，通常在设置多线样式时设置上述属性。本节介绍绘制及编辑多线的方法。

4.3.1 设置多线样式

调用 MLSTYLE 命令，在如图 4-26 所示的"多线样式"对话框中显示了当前已有的多线样式，STANDARD 是系统默认创建的多线样式。

单击"新建"按钮可在"创建新的多线样式"对话框中设置新样式名称，如图 4-27 所示。

图 4-26 "多线样式"对话框   图 4-27 "创建新的多线样式"对话框

单击"继续"按钮可以在"新建多线样式：电气多线样式"对话框中设置样式参数，如图 4-28 所示。在"多线样式"对话框中选择新样式，可以预览设置效果，如图 4-29 所示。

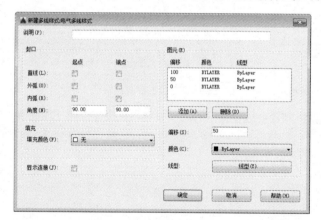

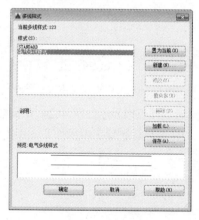

图 4-28 "新建多线样式：电气多线样式"对话框   图 4-29 预览设置效果

调用 ML（多线）命令来绘制多线，观察样式设置效果，如图 4-30 所示。

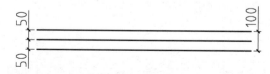

图 4-30 设置效果

系统默认多线为不封口样式，在"修改多线样式"对话框中选择"封口"选项组下的直线"起点"、直线"端点"复选框（如图 4-31 所示），可以绘制封口的多线，如图 4-32 所示。

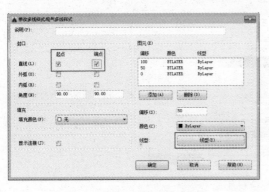

图 4-31 选择相应复选框

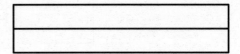

图 4-32 多线封口

此外，还可以选择"外弧""内弧"的封口样式。

在"图元"选项组下单击"线型"按钮，在如图 4-33 所示的"选择线型"对话框中选择虚线线型，可以绘制线型为虚线的多线，如图 4-34 所示。

图 4-33 "选择线型"对话框

图 4-34 更改线型

在"修改多线样式"对话框中设置封口线的倾斜角度（如图 4-35 所示），可以创建如图 4-36 所示的多线。

在"填充"选项组下的"填充颜色"列表中选择颜色的类型后，绘制的多线会被所设置的颜色填充。

图 4-35 设置倾斜角度

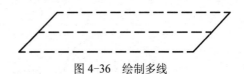

图 4-36 绘制多线

4.3.2 绘制多线

调用"多线"命令后，分别指定起点及端点可以创建多线，如图 4-37 所示。

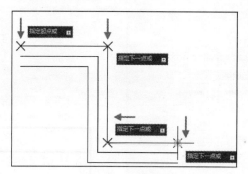

图 4-37　绘制多线

调用"多线"命令的方式如下：

➢ 命令行：在命令行中输入 MLINE/MLINE 并按下〈Enter〉键。

命令：MLINE↙

当前设置：对正=上，比例=1.00，样式=电气多线样式

指定起点或 [对正(J)/比例(S)/样式(ST)]：

指定下一点或 [闭合(C)/放弃(U)]：

指定各点后按下〈Enter〉键可完成多线的绘制。

● 对正（J）：有 3 种方式，依次为上（T）、无（Z）、下（B），如图 4-38 所示。

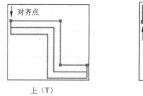

图 4-38　不同对齐方式的绘制结果

● 比例(S)：通常将比例设置为 1，在绘制多线时依据多线样式中设置的间距参数来绘制。大于 1 或者小于 1，是指通过将多线样式中的间距参数放大或缩小来绘制多线。

● 样式(ST)：在绘制过程中输入样式名称来选择所要参考的多线样式。

4.3.3　案例——绘制三极开关

本节介绍三极开关的绘制，讲解在绘图过程中通过配合使用极轴追踪功能，并调用"直线"命令、"多线"命令、"延伸"命令等来辅助绘图的方法。

步骤 1 调用 C（圆）命令，绘制半径为 100 的圆形，如图 4-39 所示。

步骤 2 在状态栏上单击"极轴追踪"按钮 右侧的向下箭头，在弹出的列表中可以选择极轴追踪角度（45°），如图 4-40 所示。

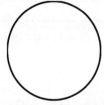

图 4-39　绘制圆形

图 4-40　选择极轴追踪角度

步骤 **3** 调用 L（直线）命令，以圆心为起点，绘制长度为 300、角度为 45 度的斜线，如图 4-41 所示。

步骤 **4** 将"电气多线样式"置为当前正在使用的多线样式。调用 ML（多线）命令，绘制长度为 100 的多线，如图 4-42 所示。

步骤 **5** 调用 EX（延伸）命令，将斜线延伸至多线上，如图 4-43 所示。

步骤 **6** 调用 TR（修剪）命令，修剪圆形内的斜线，完成三极开关的绘制，结果如图 4-44 所示。

图 4-41　绘制斜线　　图 4-42　绘制多线　　图 4-43　延伸斜线　　图 4-44　绘制三极开关

4.3.4 编辑多线

"多线编辑工具"对话框（如图 4-45 所示）中有多种可以对多线执行编辑修改的工具，如"十字闭合"工具、"T 形闭合"工具、"角点结合"工具等。

单击相应工具按钮可以选中该工具，接着依次单击多线可以对其执行编辑操作，如图 4-46 所示为使用"十字闭合"工具对多线执行编辑修改操作的结果。

图 4-45　"多线编辑工具"对话框

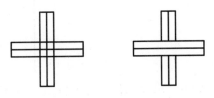

图 4-46　十字闭合

以图 4-46 中的源图形为例，对其执行"T 形闭合""十字打开""T 形打开"等编辑操作的结果如图 4-47、图 4-48 和图 4-49 所示。

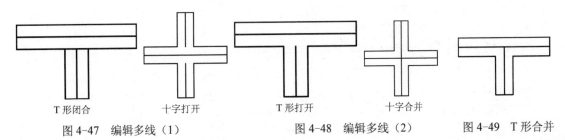

T 形闭合　　　　十字打开　　　　　T 形打开　　　　十字合并

图 4-47　编辑多线（1）　　　　图 4-48　编辑多线（2）　　　图 4-49　T 形合并

4.3.5 案例——绘制照明系统图

本节介绍照明系统图的绘制，讲解在绘图过程中使用"多线"命令、多线编辑工具来辅助绘图的操作方法。

步骤 1 调用 MLSTYLE（多线样式）命令，新建名称为"系统图样式"的新样式，参数设置如图 4-50 所示。

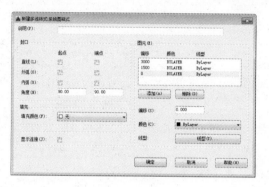

图 4-50　新建样式

步骤 2 调用 PL（多段线）命令，设置宽度为 100，绘制长度为 13500 的垂直线段，如图 4-51 所示。

步骤 3 调用 ML（多线）命令，绘制如图 4-52 所示的多线。

步骤 4 重复操作，继续绘制多线来表示照明线路，结果如图 4-53 所示。

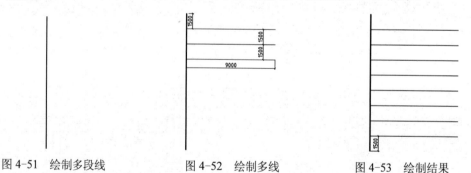

图 4-51　绘制多段线　　　　图 4-52　绘制多线　　　　图 4-53　绘制结果

步骤 5 按下〈Enter〉键继续调用 ML（多线）命令，操作过程如下：

命令: MLINE↙

当前设置: 对正＝无, 比例＝1.00, 样式＝系统图样式

指定起点或 [对正(J)/比例(S)/样式(ST)]: ST↙

输入多线样式名或 [?]: STANDARD

当前设置: 对正 = 无, 比例 = 1.00, 样式＝STANDARD

指定起点或 [对正(J)/比例(S)/样式(ST)]: S↙

输入多线比例 <1.00>: 750↙

当前设置: 对正 = 无, 比例 =750.00, 样式 =STANDARD

指定起点或 [对正(J)/比例(S)/样式(ST)]:

指定下一点： //绘制的多线如图 4-54 所示

步骤 6 双击多线，在打开的（多线编辑工具）对话框中选择"十字打开"工具按钮，依次单击水平多线与垂直多线，编辑结果如图 4-55 所示。

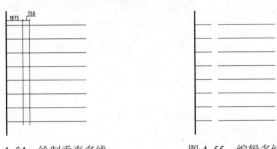

图 4-54　绘制垂直多线　　　　　图 4-55　编辑多线

步骤 7 调用 MT（多行文字）命令、L（直线）命令，继续绘制照明系统图，结果如图 4-56 所示。

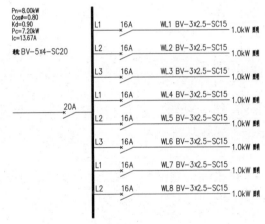

图 4-56　照明系统图

4.4　图案填充

通过在"图案填充创建"面板中选择图案样式、设置填充角度及比例，可以绘制各种样式的图案来表示不同的图形。图案填充完成以后，还可以修改样式及比例、角度等，本节介绍绘制及编辑填充图案的方法。

4.4.1　创建图案填充

调用"图案填充"命令后，在"图案填充创建"选项卡中设置各项参数，便可以对图形执行填充操作。

调用"图案填充"命令的方式如下：

➢ 面板：单击"绘图"面板上的"图案填充"命令按钮圖。

➢ 命令行：在命令行中输入 HATCH/H 并按下〈Enter〉键。

执行命令后，"图案填充创建"选项卡如图 4-57 所示，由"边界""图案""特性""原点""选项"各面板组成。

图 4-57 "图案填充创建"选项卡

1. 边界

在闭合轮廓线内部单击，按下〈Enter〉键可完成填充操作，如图 4-58 所示。

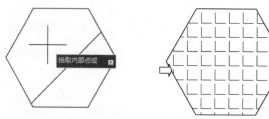

图 4-58 填充图案

● 拾取点▣：单击此按钮，在轮廓线内部单击以拾取填充区域，系统默认使用该方式来选择填充区域。

● 选择▣：单击此按钮，单击图形轮廓线以拾取其内部空间内填充区域，如图 4-59 所示。

● 删除▣：单击此按钮，可删除已选中的填充边界。

● 重新创建▣：单击此按钮后，选择填充图案，可以为其创建新的填充边界，如图 4-60 所示。

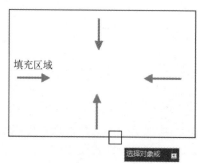

图 4-59 选择轮廓线

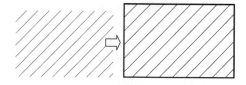

图 4-60 创建新的填充边界

2. 图案

在"图案"面板中展开图案列表，其中显示了系统所包含的各类填充图案，如图 4-61 所示，单击可以将其填充到所选的填充区域中去。

3. 特性

图案填充类型▣：可在此下拉列表中选择填充图案的类型，如图 4-62 所示。

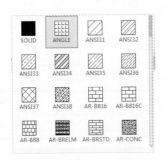

图 4-61　图案下拉列表　　　　　　　　图 4-62　填充图案的类型

图案填充颜色 ：在下拉列表中选择填充图案的颜色，如图 4-63 所示；选择"更多颜色"选项，在"选择颜色"对话框（如图 4-64 所示）中设置填充颜色。

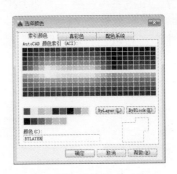

图 4-63　颜色下拉列表　　　　　　　图 4-64　"选择颜色"对话框

背景色：在下拉列表中选择填充背景的颜色，所填充的图案的背景会以这种颜色来显示。

图案填充透明度：设置填充图案的透明度值，参数值越大，图案越趋于透明。单击此按钮，可在打开的列表中选择相应选项设置图案透明度的方式，如图 4-65 所示。

填充图案角度：设置填充图案的角度，如图 4-66 所示。

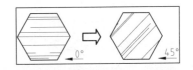

图 4-65　透明度列表　　　　　　图 4-66　设置填充图案的角度

填充图案比例：用于设置填充图案的比例，如图 4-67 所示。

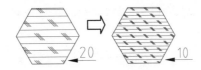

图 4-67　设置不同填充图案的比例效果对比

4. 原点

指定新原点：可在面板（如图 4-68 所示）中选择填充原点，不同填充效果如图 4-69 所示。

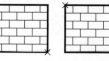

图 4-68 填充原点方式

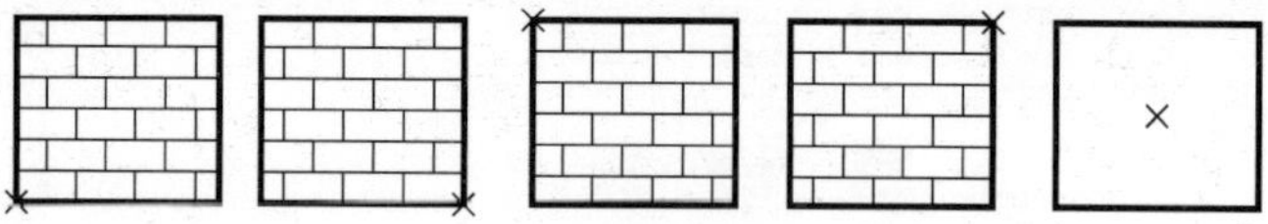

图 4-69 设置填充原点

5. 选项

单击"选项"面板右下角的，弹出如图 4-70 所示的"图案填充和渐变色"对话框，其中各选项与"图案填充创建"选项卡中的各选项相同，用户可以在其中设置填充参数，也可打开对话框来编辑参数。

继承特性：拾取已有填充图案，继承其特性对其他区域执行图案填充操作，不能继承填充原点。

图 4-70 "图案填充和渐变色"对话框

4.4.2 编辑图案填充

对图案的编辑包括编辑其图案类型、透明度、颜色、角度、比例，在"图案填充编辑器"选项卡（如图 4-71 所示）中完成，本节一一介绍其编辑方法。

图 4-71 "图案填充编辑器"选项卡

1. 图案类型

选择已填充的图案，在"图案填充编辑器"选项卡中的"图案"面板单击选择其他图案，可以完成修改图案类型的操作，如图 4-72 所示。

2. 透明度

选择图案，在"特性"面板中修改填充图案的透明度，结果如图 4-73 所示。

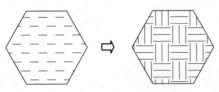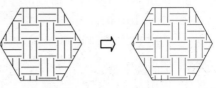

图 4-72　编辑图案类型　　　　　　图 4-73　编辑透明度

3. 颜色

选中图案，在"特性"面板中单击"图案填充颜色"按钮，在弹出的列表中选择颜色以完成修改颜色的操作。

4. 角度

选择图案，在"特性"面板中的"图案填充角度"文本框中修改填充角度，可以对所选图案的角度进行更改，参见图 4-66 所示。

5. 比例

选择图案，在"特性"面板中的"填充图案比例"文本框中修改填充比例，可以调整填充图案的显示效果，参见图 4-67 所示。

4.5　设计专栏

4.5.1　上机实训

绘制如图 4-74 所示的控制电路图。

对电动机和生产机械运行进行控制，表示其工作原理、电气接气、安装方法等的图样称为电气控制图，其中主要表示其工作原理的图称为控制电路图。

绘制步骤如下：

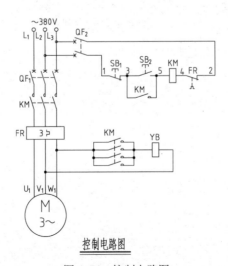

控制电路图

图 4-74　控制电路图

步骤 1 创建多线样式。调用 MLSTYLE（多线样式）命令，创建两个参数不同的多线样式，其中多线样式的偏移距离分别为 30、15、0 及 30、20、10、0。

步骤 2 调用 ML（多线）命令，分别绘制左侧的垂直线路（30，15，0）、右下角的平行线路（30，20，10，0）。

步骤 3 调用 PL（多段线）命令，绘制其他线路结构。

步骤 4 调用 L（直线）命令、C（圆）命令等绘制电气元件。

步骤 5 调用 H（图案填充）命令，为导线连接构件填充 SOLID 图案。

步骤 6 继续绘制其他图形，以完成控制电路图的绘制。

4.5.2 绘图锦囊

在执行"图案填充"命令对图形执行填充操作时，有两种选择填充对象的方式，分别是"添加：拾取点""添加：选择对象"。应该根据所填充对象的具体情况来选择拾取方式。

如图 4-75 所示，假如要填充图中阴影部分的 D 区域，则应该使用"添加：拾取点"方式，在 D 区域内的任意位置单击。假如使用"添加：选择对象"拾取方式，则只能拾取矩形或椭圆形来执行填充操作。

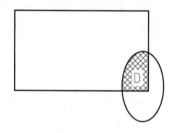

图 4-75　填充示意图

绘制样条曲线有两种方式，第一种方式是直接调用 SPLINE（样条曲线）命令来绘制，第二种是在启动命令后，输入 O 选择"对象"选项，此时命令行提示"选择样条曲线拟合多段线："，选择二维或者三维的二次或者三次样条拟合的多段线，可以将其转换为样条曲线。

假如所选的对象不符合转换条件，命令行会相应提示"只有样条曲线拟合的多段线可以转换为样条曲线""无法转换选定的对象"。

第 5 章

精确绘制图形

本章要点

- 图形精确定位
- 对象捕捉
- 对象追踪
- 设计专栏

通过使用图形精确定位模式、对象捕捉模式、对象追踪功能等，可以在绘图的过程中准确地捕捉到图形的特征点，方便绘制或编辑图形。

本章介绍运用精确绘图模式来绘制图形的操作方法。

5.1　图形精确定位

通过开启正交模式、栅格显示模式、捕捉模式，可以在绘图区中精确地定位图形的位置，本节介绍这些模式的使用方法。

5.1.1　正交模式

启用正交模式，可以固定光标的方向，使其仅在水平方向、垂直方向上移动，如图 5-1 所示。

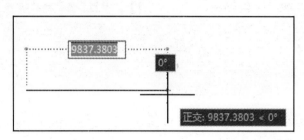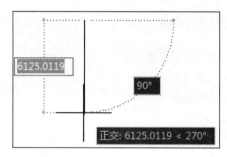

图 5-1　启用正交模式

启用正交模式的方式如下：

➢ 状态栏：单击状态栏上的"正交"按钮 ⌊ 。
➢ 快捷键：〈F8〉键。

启用正交模式后，光标会被固定在 0°、180°、90° 方向上移动，在需要绘制由水平、垂直线段组成的图形时，通过开启正交模式，可以快速地绘制图形。

5.1.2　案例——绘制电磁阀

本节介绍电磁阀的绘制，讲解在绘图过程中配合使用正交模式、极轴追踪模式、"直线"命令、"删除"命令来辅助绘图的操作方法。

步骤 1 按下〈F8〉键开启正交模式。

步骤 2 调用 L（直线）命令，单击指定直线的起点，接着向左移动鼠标，绘制水平线段，如图 5-2 所示。

步骤 3 向下移动鼠标，绘制垂直线段，如图 5-3 所示。

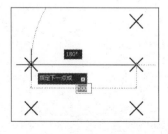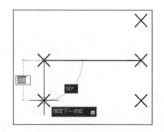

图 5-2　绘制水平线段　　　　　图 5-3　绘制垂直线段

步骤 4 向右移动鼠标，在端点处单击以绘制水平线段，如图 5-4 所示。

步骤 5 向上移动鼠标，在端点处单击以绘制垂直线段，如图 5-5 所示。

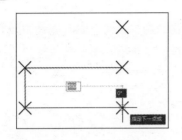
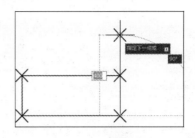

图 5-4 向右移动鼠标 　　　　图 5-5 向上移动鼠标

步骤 6 绘制电磁阀外轮廓线的结果如图 5-6 所示。

步骤 7 调用 E（删除）命令，删除定位点，调用 L（直线）命令，绘制水平线段，完成电磁阀图形的绘制结果，如图 5-7 所示。

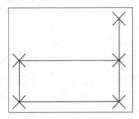
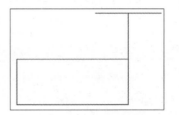

图 5-6 绘制电磁阀外轮廓线 　　　　图 5-7 绘制电磁阀

5.1.3 栅格显示

启用栅格显示模式，在绘图区中可显示纵横交错的网格，网格的大小可以自定义，如图 5-8 所示。

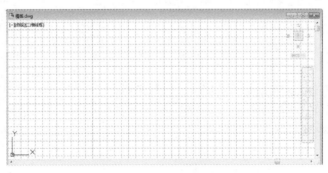

图 5-8 栅格显示效果

启用栅格模式的方式如下：

➢ 状态栏：单击状态栏上的显示图形栅格按钮▦。

➢ 快捷键：〈F7〉键。

➢ 对话框：在"草图设置"对话框中选择"启用栅格"复选框。

在"草图设置"对话框中设置栅格间距参数，栅格即会以所设置的参数来显示。如将栅格 X 轴间距设置为 1000，将 Y 轴间距设置为 500，如图 5-9 所示，则在绘制图形时可以栅格间距为参考来确定图形的尺寸，如图 5-10 所示。

提示： 在状态栏上单击"捕捉模式"按钮右侧的向下箭头，在打开的下拉列表中选择"捕捉设置"选项，如图 5-11 所示，可以弹出"草图设置"对话框。

图 5-9　"草图设置"对话框　　　图 5-10　绘制 UPS 配电屏　　图 5-11　选择"捕捉设置"选项

5.1.4 捕捉模式

捕捉模式通常与栅格模式一起使用，通过捕捉栅格点来绘制图形，操作过程分别如图 5-12、图 5-13 所示。

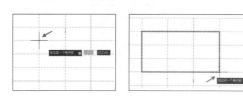

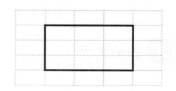

图 5-12　捕捉栅格点　　　　　　　　　　　　图 5-13　绘制矩形

启用捕捉模式的方式如下：

➢ 快捷键：〈F9〉键。

➢ 对话框：在"草图设置"对话框中选择"启用捕捉"复选框。

➢ 状态栏：单击状态栏上的"捕捉模式"按钮。

开启栅格显示并启用捕捉模式后，调用 PL（多段线）命令，拾取栅格点来指定图形的第一个点，然后移动鼠标依次拾取各栅格点来指定图形的各点即可完成图形的绘制。

在绘制电锁的过程中，需要配合使用极轴追踪模式、捕捉模式、栅格模式、"多段线"命令等来辅助绘图。

在（草图设置）对话框中设置捕捉模式及栅格模式的参数，如图 5-14 所示。调用 PL（多段线）命令，用鼠标捕捉栅格点并向下移动鼠标，绘制长度为 2000 的线段，如图 5-15 所示。

通过移动鼠标引出极轴追踪线，在栅格点上依次单击绘制各线段以组合成电锁外轮廓，绘制过程如图 5-16、图 5-17 所示。

图 5-14 "草图设置"对话框

图 5-15 绘制垂直线段

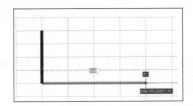

图 5-16 绘制线段

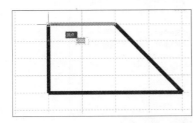 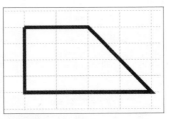

图 5-17 绘制电锁外轮廓

调用 PL（多段线）命令、A（圆弧）命令，完善图形，电锁的绘制结果如图 5-18 所示。

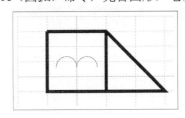

图 5-18 绘制电锁

5.2 对象捕捉

对象捕捉模式有端点、中点、圆心等，启用对象捕捉模式，通过捕捉各类特征点可以为绘制或编辑图形提供方便。本节介绍各对象捕捉模式的运用。

5.2.1 开启对象捕捉模式

开启对象捕捉模式的方式如下：

➢ 快捷键：〈F3〉键。

➢ 对话框：在"草图设置"对话框中选择"启用对象捕捉"复选框。

启用对象捕捉模式后，在执行命令时可以在图形上捕捉到相应的特征点，如图 5-19 所示。未启用对象捕捉模式则不能捕捉到特征点。

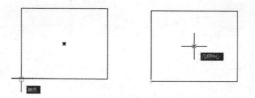

图 5-19　启用对象捕捉模式

5.2.2　对象捕捉模式设置

在"草图设置"对话框中设置对象捕捉模式。在对话框中选择"对象捕捉"选项卡，在其中显示了各种捕捉模式，如图 5-20 所示，通过选择相应复选框可以启用相应的捕捉模式。

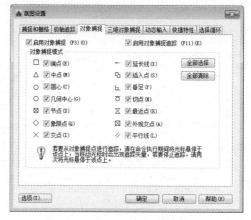

图 5-20　"草图设置"对话框

如图 5-21 所示为捕捉到对象特征点的结果。单击右侧的"全部选择"按钮，可以选择全部捕捉模式，单击"全部清除"按钮可以取消选择。

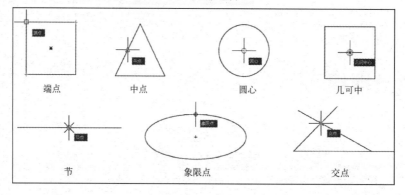

图 5-21　捕捉对象特征点

单击右下角的"选项"按钮，在"选项"对话框中的"绘图"选项卡中可以设置对象捕捉的各项参数，如图 5-22 所示。

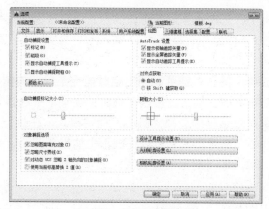

图 5-22　"选项"对话框

假如取消选中"标记"复选框，则在捕捉到对象特征点时不显示标记框，如图 5-23 所示。

图 5-23　设置"标记"选项参数

选择"显示自动捕捉工具提示"复选框，在捕捉到特征点时可以显示特征点的名称，如图 5-24 所示。

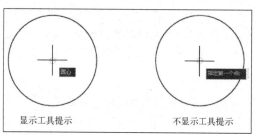

图 5-24　显示自动捕捉工具提示

选择"显示自动捕捉靶框"复选框，可以显示靶框来框选特征点，如图 5-25 所示。

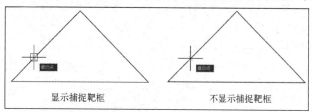

图 5-25　显示靶框

单击"颜色"按钮，在"图形窗口颜色"对话框中可以设置捕捉标记的颜色。

在"自动捕捉标记大小"选项组下调整滑块的位置可以控制捕捉标记的大小。

5.2.3 临时捕捉

按住〈Shift〉键不放单击鼠标右键可以调出临时捕捉菜单，如图 5-26 所示。未在"草图设置"对话框中选择的对象捕捉模式，可以在临时捕捉菜单中选择并使用。

假如未在"草图设置"对话框中选择"圆心"捕捉模式，在执行命令后调出临时捕捉模式菜单，在其中选择"圆心"命令，依然可以在圆形上捕捉到圆心。

选择菜单中的最后一项，即"对象捕捉设置"选项，可以调出"草图设置"对话框，在其中对捕捉模式进行修改。

图 5-26 临时捕捉菜单

5.3 对象追踪

启用极轴追踪与对象捕捉追踪模式，在绘制图形或者拾取图形特征点时可以显示追踪线，在同步显示的信息下为绘图提供参考，通常情况下同时开启这两种模式，可以为绘图提供便利。本节介绍这两种模式的使用方法。

5.3.1 极轴追踪

启用极轴追踪模式，可在绘图时引出极轴追踪线，通过结合绘图信息（如角度、距离等）来调整追踪线的方向，以准确地绘制图形。

如图 5-27 所示在绘制水平线段（正交模式关闭）时，启用极轴追踪模式，可以在 0°方向上绘制线段。

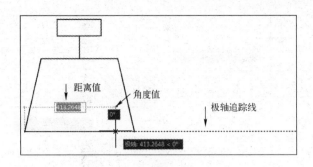

图 5-27 启用极轴追踪模式

开启极轴追踪模式的方式如下：

➤ 快捷键：〈F10〉键。

➤ 对话框：在"草图设置"对话框中选择"启用极轴追踪"复选框。

➤ 状态栏：在状态栏上单击"极轴追踪"按钮 。

在"草图设置"对话框中选择"极轴追踪"选项卡，在其中可以启用极轴追踪并设置其参数，如图 5-28 所示。在"增量角"下拉列表框中设置当前增量角的角度，如图 5-29 所示。

图 5-28 "草图设置"对话框

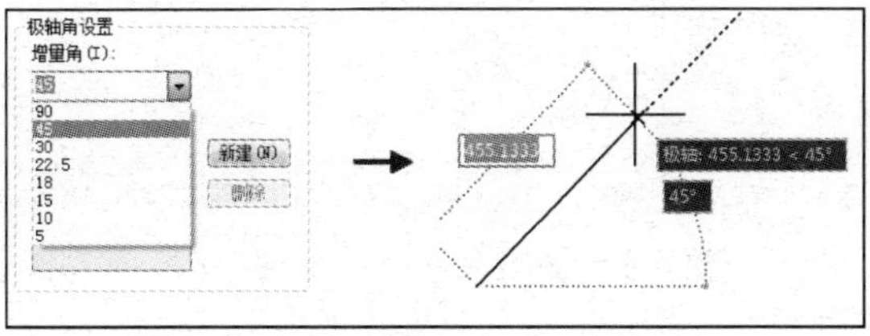

图 5-29 设置增量角度为 45 度

选中"附加角"复选框，单击"新建"按钮可以新建附加角；选择列表框中的附加角，单击"删除"按钮可将其删除，如图 5-30 所示。

在"对象捕捉追踪设置"选项组及"极轴角测量"选项组中可以设置极轴追踪的样式及极轴角度的测量方式，一般保持系统默认值即可。

图 5-30 创建附加角

5.3.2 对象捕捉追踪

启用对象捕捉追踪模式，在拾取特征点时可引出追踪线，如图 5-31 所示，沿着追踪线可以执行其他绘制操作。

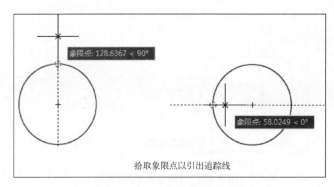

图 5-31　对象捕捉追踪线

开启对象捕捉追踪模式的方式如下：

➢ 快捷键：〈F11〉键。
➢ 对话框：在"草图设置"对话框中选择"启用对象捕捉追踪"复选框。
➢ 状态栏：在状态栏上单击"对象捕捉追踪"按钮。

在"草图设置"对话框中选择"对象捕捉"选项卡，在其中可以选择对象捕捉模式及启用象捕捉追踪模式。

如图 5-32 至图 5-39 所示为绘制线段闭合矩形时使用对象捕捉追踪的操作过程。通过借助端点追踪线，可以准确地确定矩形另一对角点的位置，以对角点为起点绘制线段可闭合矩形。

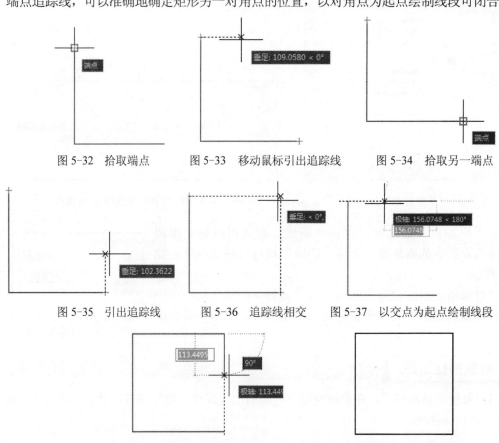

图 5-32　拾取端点　　　　图 5-33　移动鼠标引出追踪线　　　图 5-34　拾取另一端点

图 5-35　引出追踪线　　　图 5-36　追踪线相交　　　图 5-37　以交点为起点绘制线段

图 5-38　绘制直线　　　　　　　　　　图 5-39　闭合图形

5.4 设计专栏

5.4.1 上机实训

绘制如图 5-40 所示的点动控制电路图。

生产机械在试车时需要电动机起动后瞬间动作一下，然后停止运转，这种控制电路称为电动控制电路，点动控制电路采用的也是直接起动。

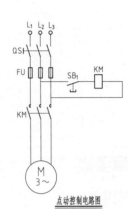

图 5-40 点动控制电路图

绘制步骤如下：

步骤 1 按下〈F8〉键，开启正交功能。

步骤 2 调用 L（直线）命令，绘制线路结构图。

步骤 3 按下〈F10〉键，开启极轴追踪功能。

步骤 4 调用 L（直线）命令，在极轴追踪功能的帮助下引出极轴追踪线，绘制开关、接触器图形。

步骤 5 调用 C（圆）命令、REC（矩形）命令等，绘制接触器、熔断器等图形。

步骤 6 按下〈F3〉键，开启对象捕捉功能。

步骤 7 调用 M（移动）命令，捕捉电气元件上的特征点，将其移动至线路结构图上。

步骤 8 调用 TR（修剪）命令，修剪线路结构图。

步骤 9 继续绘制其他图形，以完成电气图的绘制。

5.4.2 绘图锦囊

用户打开的捕捉模式不宜过多，否则在捕捉点时会被很多不相关的捕捉结果干扰。在绘图时，可以只将几个常用的捕捉模式开启，如端点、中点和交点等，假如要捕捉特殊位置的点，可以启用临时捕捉。

在命令行中输入对象捕捉模式的缩写命令来调用对象捕捉模式的方法，常常用于捕捉某一特征点后即退出指定对象捕捉模式的情况。

对象捕捉模式的缩写如 CEN（圆心）、PER（垂足）和 NEA（最近点）等。

设置栅格间距时不宜过小，否则屏幕上不能显示栅格，并会提示"栅格太密，无法显示"。在命令行中输入 GRID 命令，可以设置栅格的间距。

第 **6** 章

编辑二维图形

通过使用图形精确定位模式、对象捕捉模式、对象追踪功能等，可以在绘图的过程中准确地捕捉到图形的特征点，方便绘制或编辑图形。

本章介绍运用精确绘图模式来绘制图形的操作方法。

6.1 选择图形

编辑图形的前提是选择图形，选择图形的方式有点选、框选、围选和栏选等，本节介绍这些选择方式的使用方法。

6.1.1 点选图形对象

选择单个或者少数几个图形时经常使用"点选"的方式来选择图形，将鼠标置于待选对象上，单击即可完成选择操作，如图 6-1 所示。

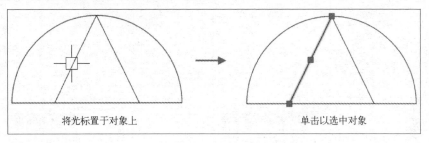

图 6-1 点选图形

6.1.2 框选图形对象

通过在图形上拖出矩形选框，可以将位于选框中的图形全部选中，其中全部图形位于选框中时才能被选中的选取方式称为窗口选取（如图 6-2 所示），图形部分位于选框中也能被全部选中的选取方式称为交叉窗口选取（如图 6-3 所示）。

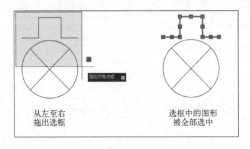

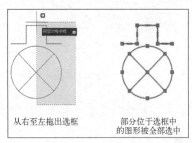

图 6-2 窗口选取   图 6-3 交叉窗口选取

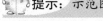 提示：示范图块为"闪光型信号灯"电气图块。

6.1.3 圈围图形对象

在命令行中输入 SELECT 命令并按下〈Enter〉键，命令行操作过程如下：

命令: SELECT↙

选择对象: ?↙   //输入?

需要点或窗口(W)/上一个(L)/窗交(C)/框(BOX)/全部(ALL)/栏选(F)/圈围(WP)/圈交(CP)/编组(G)/添加(A)/

删除(R)/多个(M)/前一个(P)/放弃(U)/自动(AU)/单个(SI)/子对象(SU)/对象(O)

选择对象：WP↙

第一个圈围点或拾取/拖动光标：　　　　　　　　//如图 6-4 所示

指定直线的端点或 [放弃(U)]：　　　　　　　　//如图 6-5 所示

指定直线的端点或 [放弃(U)]：

指定直线的端点或 [放弃(U)]：　　　　　　　　//如图 6-6 所示

找到 3 个　　　　　　　　　　　　　　　　　//通过单击鼠标左键指定选取范围，位于范围内
　　　　　　　　　　　　　　　　　　　　　　//的图形被选中，如图 6-7 所示

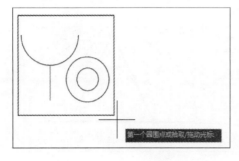

图 6-4　指定第一个圈围点

图 6-5　移动鼠标

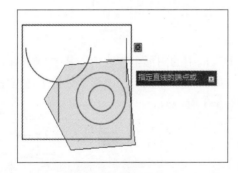

图 6-6　指定选取范围

图 6-7　圈围选取

提示： 示范图块为"带火警电话插孔的手动报警按钮"电气图块。

6.1.4　栏选图形对象

在命令行中输入 SELECT 命令并按下〈Enter〉键，命令行操作过程如下

命令：SELECT↙

选择对象：? ↙

需要点或窗口(W)/上一个(L)/窗交(C)/框(BOX)/全部(ALL)/栏选(F)/圈围(WP)/圈交(CP)/编组(G)/添加(A)/删除(R)/多个(M)/前一个(P)/放弃(U)/自动(AU)/单个(SI)/子对象(SU)/对象(O)

选择对象：F↙

指定第一个栏选点或拾取/拖动光标：　　　//如图 6-8 所示；

指定下一个栏选点或 [放弃(U)]：　　　　//如图 6-9 所示；

指定下一个栏选点或 [放弃(U)]：

指定下一个栏选点或 [放弃(U)]:　　　　　//如图 6-10 所示;

找到 9 个

　　在图形上定义栏选边界线，与边界线相交的图形可被选中，未相交的图形不能被选中，如图 6-11 所示的矩形右侧边未与选择边界相交，就不能被选中。

图 6-8　指定第一个栏选点

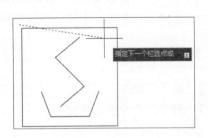

图 6-9　移动鼠标

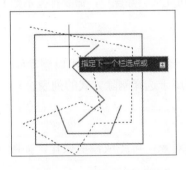

图 6-10　指定选取范围

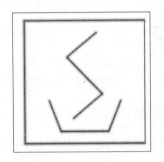

图 6-11　栏选对象

 提示：示范图块为"离子感烟探测器"电气图块。

6.1.5　圈交选取图形

　　调用 SELECT 命令，在命令行提示"需要点或窗口(W)/上一个(L)/窗交(C)/框(BOX)/全部(ALL)/栏选(F)/圈围(WP)/圈交(CP)/编组(G)/添加(A)/删除(R)/多个(M)/前一个(P)/放弃(U)/自动(AU)/单个(SI)/子对象(SU)/对象(O)"时，输入 CP，选择"圈交(CP)"选项，通过定义选取边界来选取图形，未与边界相交的图形不能被选中，如图 6-12 所示。

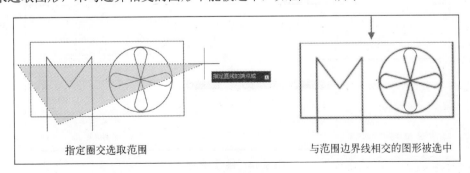

指定圈交选取范围　　　　　　　　与范围边界线相交的图形被选中

图 6-12　圈交图形对象

提示：示范图块为"电热风幕"电气图块。

6.2 修改图形

通过对图形执行修改操作，可以修改图形的样式以适应其他图形。修改图形的命令有删除、修剪、延伸、合并等，本节介绍这些命令的调用方法。

6.2.1 删除图形

调用"删除"命令，可以删除图形对象。

调用"删除"命令的方式如下：

➤ 面板：单击"修改"面板上的"删除"命令按钮☑。

➤ 命令行：在命令行中输入 ERASE/E 并按下〈Enter〉键。

调用"删除"命令后选择图形，按下〈Enter〉键即可完成删除操作，命令行提示如下：

命令：ERASE↙

选择对象：找到 1 个

在执行命令的过程中，输入 L 可以删除绘制的上一个对象，输入 P 可以删除前一个选择集，输入 ALL 可以删除所有的对象，输入？可以得到用于选择删除方式的列表。

6.2.2 修剪图形

调用"修剪"命令，依次选择剪切边及要修剪的对象，可完成修剪操作，如图 6-13、图 6-14 所示。

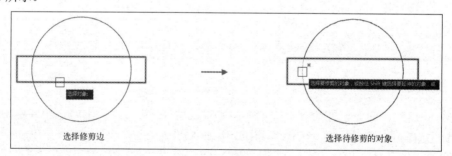

图 6-13 选择对象

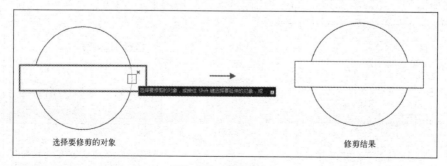

图 6-14 修剪对象

调用"修剪"命令的方式如下：

➤ 面板：单击"修改"面板上的"修剪"命令按钮⊠。

➤ 命令行：在命令行中输入 TRIM/TR 并按下〈Enter〉键。

执行命令后，操作过程如下。

命令: TRIM∠

当前设置:投影=UCS，边=无

选择剪切边...

选择对象或 <全部选择>：找到 1 个

选择要修剪的对象，或按住 Shift 键选择要延伸的对象，或[栏选(F)/窗交(C)/投影(P)/边(E)/删除(R)/放弃(U)]:

调用"修剪"命令后按〈Enter〉键，选择剪切边后按下〈Enter〉键，单击待修剪对象可以完成修剪操作。

或者调用命令后按两次〈Enter〉键，选择待修剪的对象也可执行修剪操作。

6.2.3 案例——绘制有案板的插座

本节介绍有案板的插座平面图形的绘制，讲解通过调用"圆"命令、"直线"命令、"修剪"命令等来辅助绘图的方法。

步骤 1 调用 C（圆）命令，绘制半径为 243 的圆形，如图 6-15 所示。

步骤 2 调用 L（直线）命令，过圆心绘制水平直线，如图 6-16 所示。

图 6-15 绘制圆形

步骤 3 调用 TR（修剪）命令，选择直线作为修剪边界，按下〈Enter〉键选择圆作为修剪对象，修剪图形的结果如图 6-17 所示。

步骤 4 重复调用 TR（修剪）命令，选择圆作为修剪边界，选择位于圆内的线段作为修剪对象，修剪操作的结果如图 6-18 所示。

步骤 5 调用 L（直线）命令绘制垂直线段，绘制的有案板的插座平面图如图 6-19 所示。

图 6-16 绘制线段

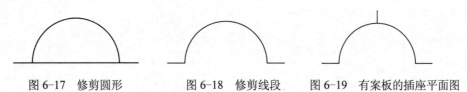

图 6-17 修剪圆形   图 6-18 修剪线段   图 6-19 有案板的插座平面图

6.2.4 延伸图形

调用"延伸"命令，可以将选定的对象延伸至目标对象上，如图 6-20、图 6-21 所示。

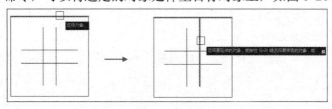

图 6-20 选择对象

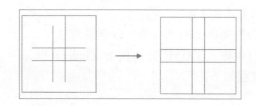

图 6-21   延伸对象

调用"延伸"命令的方式如下：

➢ 面板：单击"修改"面板上的"延伸"命令按钮 。

➢ 命令行：在命令行中输入 EXTEND/EX 并按下〈Enter〉键。

执行命令后，操作过程如下：

命令: EXTEND✓

当前设置:投影=UCS，边=无

选择边界的边...

选择对象或 <全部选择>:   找到 1 个

选择要延伸的对象，或按住 Shift 键选择要修剪的对象，或[栏选(F)/窗交(C)/投影(P)/边(E)/放弃(U)]:

调用"延伸"命令后按〈Enter〉键，在绘图区单击以选择延伸边界，按下〈Enter〉键，选择延伸对象，即可以完成延伸操作。

6.2.5 合并图形

调用"合并"命令，可将选中的多个相似对象合并为一个对象，如图 6-22、图 6-23、图 6-24、图 6-25 所示。

图 6-22 源图形   图 6-23 选择合并对象 1   图 6-24 选择合并对象 2   图 6-25 合并线段

调用"合并"命令的方式如下。

➢ 面板：单击"修改"面板上的"合并"命令按钮 。

➢ 命令行：在命令行中输入 JOIN 并按下〈Enter〉键。

执行命令后，操作过程如下：

命令: _join✓

选择要合并的对象: 找到 2 个，总计 2 个

2 条直线已合并为 1 条直线

调用"合并"命令，依次选择待合并的对象，按下〈Enter〉键即可完成合并操作。

6.2.6 图形倒角

调用"倒角"命令，可以通过指定倒角距离及角度等参数来为对象创建倒角，如图 6-26、

图 6-27、图 6-28 所示。

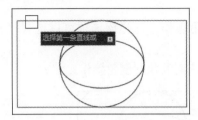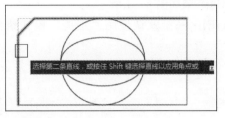

图 6-26　选择线段

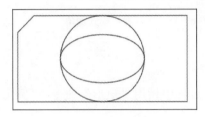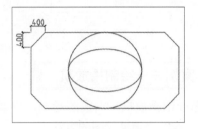

图 6-27　倒角线段　　　　　　　　　　　　　图 6-28　操作结果

调用"倒角"命令的方式如下：

➢ 面板：单击"修改"面板上的"倒角"命令按钮▣。

➢ 命令行：在命令行中输入 CHAMFER/CHA 并按下〈Enter〉键。

执行命令后，操作过程如下：

命令: CHAMFER↙

("修剪"模式) 当前倒角距离　1＝200，距离　2＝200

选择第一条直线或 [放弃(U)/多段线(P)/距离(D)/角度(A)/修剪(T)/方式(E)/多个(M)]: D↙

指定第一个　倒角距离　＜200＞: 400↙

指定第二个　倒角距离　＜400.0000＞:

选择第一条直线或 [放弃(U)/多段线(P)/距离(D)/角度(A)/修剪(T)/方式(E)/多个(M)]:

选择第二条直线，或按住 Shift 键选择直线以应用角点或 [距离(D)/角度(A)/方法(M)]:

调用"倒角"命令并设置倒角距离 1 与倒角距离 2 的参数，在绘图区分别单击以选择第一条、第二条直线，即可以完成倒角操作。

多段线(P)：选择该选项，可以对闭合多段线执行倒角操作，如图 6-29 所示。

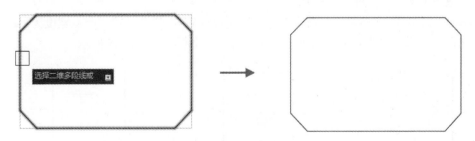

图 6-29　倒角操作

角度(A)：通过设置倒角角度来对对象执行倒角操作，如图 6-30 所示。

修剪(T)：系统默认使用"修剪"模式执行倒角操作，选择该选项可以选择"不修剪"模式，倒角结果如图 6-31 所示。

方式(E)：系统默认使用"距离"模式执行倒角操作，选择该选项可以选择"角度"模式。

多个(M)：选择该选项，可以连续选择多条直线来对其执行倒角操作。

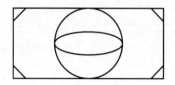

图 6-30 "角度"模式倒角　　　　　图 6-31 "不修剪"模式倒角

6.2.7 案例——绘制播放机

本节介绍播放机平面图的绘制，讲解在绘图过程中调用"矩形"命令、"倒角"命令、"直线"命令等来辅助绘图的方法。

步骤 1 调用 REC（矩形）命令，绘制尺寸为 500×500 的矩形，如图 6-32 所示。

步骤 2 按下〈Enter〉键再次调用 REC（矩形）命令，绘制尺寸为 200×300 的矩形，结果如图 6-33 所示。

步骤 3 调用 CHA（倒角）命令，设置第一个、第二个倒角距离均为 100，对尺寸为 200×300 的矩形进行倒角操作，结果如图 6-34 所示。

步骤 4 调用 L（直线）命令，绘制水平线段，如图 6-35 所示。

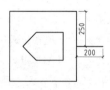

图 6-32 绘制矩形　图 6-33 绘制结果　图 6-34 倒角操作　图 6-35 绘制直线

步骤 5 调用 C（圆）命令，绘制半径为 16 的圆形，如图 6-36 所示。

步骤 6 调用 H（填充）命令，在面板上选择 SOLID 图案，选择圆形作为填充轮廓，为圆形填充图案的结果如图 6-37 所示。

步骤 7 调用 PL（多段线）命令，选择"宽度（W）"选项，设置起点宽度为 40、端点宽度为 0，绘制指示箭头后可以完成播放机平面图的绘制，如图 6-38 所示。

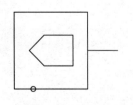
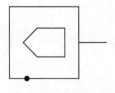
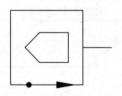

图 6-36 绘制圆　　　　图 6-37 填充图案　　　　图 6-38 播放机平面图

6.2.8 图形圆角

调用"圆角"命令，通过指定半径来为图形创建圆角，如图6-39、图6-40、图6-41所示。

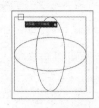 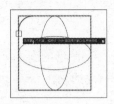 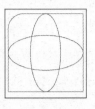 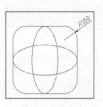

图6-39 选择对象　　　　　图6-40 创建圆角　　　图6-41 操作结果

调用"圆"命令的方式如下：

➤ 面板：单击"修改"面板上的"圆角"命令按钮▣。

➤ 命令行：在命令行中输入FILLET/F并按下〈Enter〉键。

执行命令后，操作过程如下：

命令: FILLET↙

当前设置: 模式 = 修剪，半径 = 0

选择第一个对象或 [放弃(U)/多段线(P)/半径(R)/修剪(T)/多个(M)]: R↙

指定圆角半径 <0>: 100↙

选择第一个对象或 [放弃(U)/多段线(P)/半径(R)/修剪(T)/多个(M)]:

选择第二个对象，或按住 Shift 键选择对象以应用角点或 [半径(R)]:

设置半径值后，在绘图区分别单击以选择第一个、第二个对象，可以对图形执行圆角操作。

6.2.9 分解图形

调用"分解"命令，可以分解复合对象，如图6-42所示。

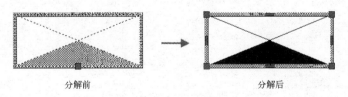

分解前　　　　　　　　　　　　分解后

图6-42 分解对象

调用"分解"命令的方式如下：

➤ 面板：单击"修改"面板上的"分解"命令按钮▣。

➤ 命令行：在命令行中输入EXPLODE/X并按下〈Enter〉键。

执行命令后，操作过程如下：

命令: EXPLODE↙

选择对象: 找到 1 个

调用"分解"命令后，选择对象，按下〈Enter〉键即可完成分解图形的操作。

提示：本节示范图块为"落地交接箱"电气图块。

6.3　复制图形

通过调用复制类命令，可以在源对象的基础上得到图形的副本，个数可以自定义，命令的类型有复制、镜像、偏移、阵列。本节介绍这些命令的操作方式。

6.3.1　复制命令

调用"复制"命令，通过指定方向及距离来复制对象副本。

调用"复制"命令的方式如下：

➢ 面板：单击"修改"面板上的"复制"命令按钮圙。

➢ 命令行：在命令行中输入 COPY/CO 并按下〈Enter〉键。

执行命令后，操作过程如下：

命令: COPY↙

选择对象: 指定对角点: 找到 1 个

当前设置: 复制模式 = 多个

指定基点或 [位移(D)/模式(O)] <位移>:　　　　　　　　　　　　　　　　　//如图 6-43 所示。

指定第二个点或 [阵列(A)] <使用第一个点作为位移>: 1500↙　　　　　　　　//如图 6-44 所示。

调用"复制"命令后选择对象并指定基点，向右移动鼠标输入距离参数可完成复制操作，如图 6-45 所示，按下〈Esc〉键可退出命令。

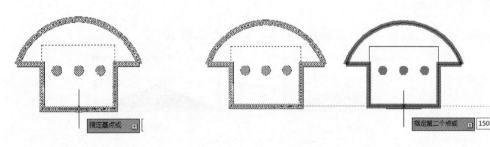

图 6-43　指定基点　　　　　　　　　　　　图 6-44　指定第二个点

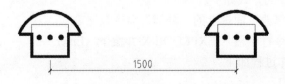

图 6-45　复制图形

提示：本节示范图块为"带键电话机"电气图块。

6.3.2 案例——直流电焊机

本节介绍直流电焊机平面图的绘制，讲解在绘图过程中调用"矩形"命令、"圆"命令、"复制"命令等来辅助绘图的方法。

步骤 1 调用 REC（矩形）命令，设置矩形的宽度为 20，绘制尺寸为 625×292 的矩形，如图 6-46 所示。

步骤 2 调用 C（圆）命令，绘制半径为 75 的圆形，如图 6-47 所示。

步骤 3 调用 CO（复制）命令，单击 A 点为基点，向右移动鼠标，输入距离参数为 300，移动复制圆形的结果如图 6-48 所示。

步骤 4 调用 L（直线）命令，绘制直线连接圆形，绘制直流电焊机的结果如图 6-49 所示。

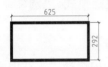  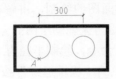 

图 6-46 绘制矩形　　图 6-47 绘制圆形　　图 6-48 移动复制圆形　　图 6-49 直流电焊机

6.3.3 镜像命令

调用"镜像"命令，可以沿指定的直线来复制对象副本。

调用"镜像"命令的方式如下：

➢ 面板：单击"修改"面板上的"镜像"命令按钮 ⚏。

➢ 命令行：在命令行中输入 MIRROR/MI 并按下〈Enter〉键。

执行命令后，操作过程如下：

命令: MIRROR↙

选择对象: 指定对角点: 找到 17 个　　　　　　　　　//如图 6-50 所示;

指定镜像线的第一点:

指定镜像线的第二点:　　　　　　　　　　　　　　//如图 6-51 所示;

要删除源对象吗? [是(Y)/否(N)] <否>: N↙　　　　　//如图 6-52 所示。

调用"镜像"命令后，选择源对象按下〈Enter〉键，分别指定镜像线的第一点和第二点，设置是否删除源对象后再次按下〈Enter〉键可以完成镜像操作，如图 6-53 所示。

在命令行提示"要删除源对象吗? [是(Y)/否(N)] <否>:"时，选择"是(Y)"选项会将源对象删除，系统默认选择"否(N)"选项，即保留源对象。

图 6-50 选择对象　　　　　　　　图 6-51 指定镜像线

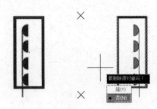
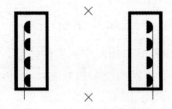

图 6-52 选择"否"选项　　　　　　　　图 6-53 镜像复制图形

提示： 本节示范图块为"加湿器"电气图块。

6.3.4 案例——绘制中间开关

本节介绍中间开关平面图的绘制，讲解在绘图过程中使用极轴追踪模式、"圆"命令、"直线"命令、"修剪"命令等来辅助绘图的方法。

步骤 1 调用 C（圆）命令，绘制半径为 104 的圆形，如图 6-54 所示。

步骤 2 单击状态栏上的"极轴追踪"按钮，在打开的下拉列表中选择"正在追踪设置"选项，如图 6-55 所示。

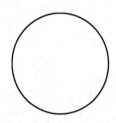

图 6-54 绘制圆形　　　　图 6-55 选择"正在追踪设置"选项

步骤 3 在"草图设置"对话框中的"极轴追踪"选项卡中选择"附加角"复选框，单击右侧的"新建"按钮，设置角度值为 60，如图 6-56 所示。

步骤 4 单击"确定"按钮关闭对话框，单击状态栏上的"极轴追踪"按钮，在打开的下拉列表中选择新设定的极轴追踪角，如图 6-57 所示。

图 6-56 "草图设置"对话框　　　　图 6-57 选择极轴追踪角

步骤 5 调用 L"直线"命令，选择圆心作为起点，向右上角移动鼠标，引出极轴追踪线，将光标停留在 60°角方向，输入直线的长度 400，如图 6-58 所示。

步骤 6 按下〈Enter〉键可以完成直线的绘制，如图 6-59 所示。

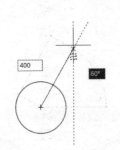

图 6-58　捕捉极轴追踪线

图 6-59　绘制直线

步骤 7 在"极轴追踪"下拉列表中选择极轴追踪角，如图 6-60 所示。

步骤 8 调用 L（直线）命令，配合所引出的 30°角方向上的极轴追踪线，绘制长度为 100 的线段，如图 6-61 所示。

图 6-60　选择极轴追踪角

图 6-61　绘制直线

步骤 9 调用 TR（修剪）命令，修剪圆形内的线段，如图 6-62 所示。

步骤 10 调用 MI（镜像）命令，指定 A 点为镜像线的第一点，指定 B 点位镜像线的第二点，向下镜像复制线段，如图 6-63 所示。

步骤 11 重复调用 MI（镜像）命令，指定 C 点为镜像线的第一点，指定 D 点为镜像线的第二点，向左镜像复制线段，完成中间开关图形的绘制，结果如图 6-64 所示。

图 6-62　修剪线段　　图 6-63　向下镜像复制　　图 6-64　中间开关

6.3.5 偏移命令

调用"偏移"命令，通过设置偏移距离来复制对象副本，如图 6-65 至图 6-70 所示。

调用"偏移"命令的方式如下：

➤ 面板：单击"修改"面板上的"偏移"命令按钮 ⟁。

➤ 命令行：在命令行中输入 MIRROR/MI 并按下〈Enter〉键。

执行命令后，操作过程如下：

命令: OFFSET↙

当前设置: 删除源=否 图层=源 OFFSETGAPTYPE=0

指定偏移距离或 [通过(T)/删除(E)/图层(L)] <通过>: 100↙

选择要偏移的对象，或 [退出(E)/放弃(U)] <退出>:

指定要偏移的那一侧上的点，或 [退出(E)/多个(M)/放弃(U)] <退出>:

选择要偏移的对象，或 [退出(E)/放弃(U)] <退出>:

调用"偏移"命令后设置偏移距离，选择对象并指定偏移方向后单击即可得到对象副本。

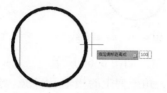
图 6-65 指定偏移距离

图 6-66 选择对象

图 6-67 指定偏移方向

图 6-68 偏移线段

图 6-69 偏移结果

图 6-70 延伸线段

 提示：本节示范图块为"热水器"电气图块。

6.3.6 案例——绘制带指示灯按钮

本节介绍带指示灯按钮的绘制，讲解在绘图过程中使用极轴追踪模式、"圆"命令、"偏移"命令、"直线"命令等来辅助绘图的方法。

步骤 1 调用 C（圆）命令，绘制半径为 187 的圆形，如图 6-71 所示。

步骤 2 调用 O（偏移）命令，设置偏移距离为 60，选择圆形向内偏移，如图 6-72 所示。

图 6-71 绘制圆形

图 6-72 偏移复制圆形

步骤 3 单击状态栏上的"极轴追踪"按钮 ，在打开的下拉列表中选择极轴追踪角，如图 6-73 所示。

步骤 4 调用 L（直线）命令，以圆心为起点，引出 45°角方向上的极轴追踪线，绘制直线连接圆心与圆形轮廓线，如图 6-74 所示。

步骤 5 调用 EX（延伸）命令，延伸线段，调用 MI（镜像）命令，向左镜像复制线段，完成带指示灯按钮的绘制，结果如图 6-75 所示。

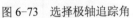

图 6-73　选择极轴追踪角　　图 6-74　绘制线段　　图 6-75　带指示灯按钮

6.3.7　阵列命令

阵列有 3 种类型，分别是矩形阵列、路径阵列、环形阵列，本节介绍这 3 种阵列命令的调用方法。

1. 矩形阵列

调用"矩形阵列"命令，通过设置行数、行距、列数和列距来创建对象副本，如图 6-76 所示。

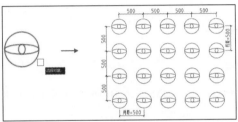

图 6-76　矩形阵列复制对象

调用"矩形阵列"命令的方式如下:

➤ 面板：单击"修改"面板上的"矩形阵列"命令按钮▦。

➤ 命令行：在命令行中输入 ARRAYRECT 并按下〈Enter〉键。

执行命令后，操作过程如下：

命令: _arrayrect↙

选择对象: 指定对角点: 找到 3 个

类型 = 矩形　关联 = 是

选择夹点以编辑阵列或 [关联(AS)/基点(B)/计数(COU)/间距(S)/列数(COL)/行数(R)/层数(L)/退出(X)]

<退出>: COU↙

　　输入列数数或 [表达式(E)] <4>: 5↙

　　输入行数数或 [表达式(E)] <3>: 4↙

选择夹点以编辑阵列或 [关联(AS)/基点(B)/计数(COU)/间距(S)/列数(COL)/行数(R)/层数(L)/退出(X)]

<退出>: S↙

　　指定列之间的距离或 [单位单元(U)] <458.239>: 500↙

　　指定行之间的距离 <458.239>:500↙

选择夹点以编辑阵列或 [关联(AS)/基点(B)/计数(COU)/间距(S)/列数(COL)/行数(R)/层数(L)/退出(X)]

<退出>: *取消*

调用"矩形阵列"命令后选择对象，分别设置行数、列数、行距和列距，系统可按照所

设置的参数来复制对象。

2. 路径阵列

调用"路径阵列"命令，可以沿着路径复制指定数目的对象副本，如图 6-77 所示。

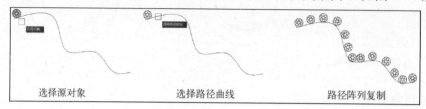

图 6-77 路径阵列复制对象

调用"路径阵列"命令的方式如下：

➤ 面板：单击"修改"面板上的"路径阵列"命令按钮▣。

➤ 命令行：在命令行中输入 ARRAYPATH 并按下〈Enter〉键。

执行命令后，操作过程如下：

命令：_arraypath↙

选择对象：指定对角点：找到 4 个

类型 = 路径　关联 = 是

选择路径曲线：

选择夹点以编辑阵列或 [关联(AS)/方法(M)/基点(B)/切向(T)/项目(I)/行(R)/层(L)/对齐项目(A)/z 方向(Z)/退出(X)] <退出>：

调用"路径阵列"命令后选择对象并按下〈Enter〉键，单击以选择路径曲线，即可完成路径阵列复制的操作。

- 方法(M)：选择该选项，命令行提示"输入路径方法 [定数等分(D)/定距等分(M)] <定距等分>："，此时通过输入选项后的字母可以选择路径方法，系统默认选择"定距等分(M)"选项。

- 项目(I)：选择"定距等分(M)"方法，选择该选项时命令行提示"指定沿路径的项目之间的距离或 [表达式(E)] <196>"，通过设置项目间距来决定项目数。

选择"定数等分(D)"方法，则命令行提示"输入沿路径的项目数或 [表达式(E)] <11>"，以曲线为基准来分布对象副本。

3. 环形阵列

调用"环形阵列"命令，可使源对象沿着阵列中心点复制，如图 6-78 所示。

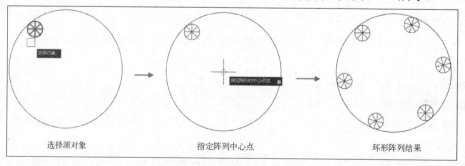

图 6-78 环形阵列复制对象

调用"环形阵列"命令的方式如下：

➤ 面板：单击"修改"面板上的"环形阵列"命令按钮🔳。

➤ 命令行：在命令行中输入 ARRAYPOLAR 并按下〈Enter〉键。

执行命令后，操作过程如下：

命令: _arraypolar↙

选择对象: 指定对角点: 找到 5 个

类型 = 极轴 关联 = 是

指定阵列的中心点或 [基点(B)/旋转轴(A)]:

选择夹点以编辑阵列或 [关联(AS)/基点(B)/项目(I)/项目间角度(A)/填充角度(F)/行(ROW)/层(L)/旋转项目(ROT)/退出(X)] <退出>: *取消*

调用"环形阵列"命令后选择源对象，单击指定阵列中心点，可以完成环形阵列操作。

● 项目(I)：选择该选项，命令行提示"输入阵列中的项目数或 [表达式(E)] <6>:"，输入参数值，系统可以按照所设定的数目来复制对象，如图 6-79 所示。

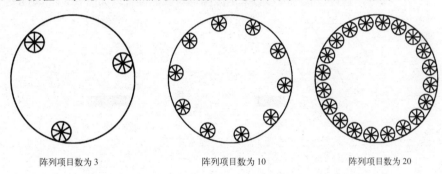

阵列项目数为 3   阵列项目数为 10   阵列项目数为 20

图 6-79 指定项目数

6.3.8 案例——绘制荧光花吊灯

本节介绍荧光花吊灯的绘制，讲解在绘图过程中调用"圆"命令、"偏移"命令、"环形阵列"命令等来辅助绘图的操作方法。

步骤 1 调用 C（圆）命令，绘制半径为 250 的圆形，如图 6-80 所示。

步骤 2 调用 O（偏移）命令，设置偏移距离为 175，向内偏移圆形，如图 6-81 所示。

图 6-80 绘制圆形   图 6-81 偏移复制圆形

步骤 3 调用 L（直线）命令，过圆心绘制直线，如图 6-82 所示。

步骤 4 单击"修改"面板上的"环形阵列"按钮🔳，选择直线作为阵列源对象，拾取圆心作为阵列中心，设置项目数为 8，阵列复制直线的结果如图 6-83 所示。

步骤 5 调用 X（分解）命令，将阵列结果分解，调用 TR（修剪）命令，修剪线段可以完成绘制荧光花吊灯的操作，如图 6-84 所示。

图 6-82　绘制直线　　　　　图 6-83　阵列复制直线　　　图 6-84　荧光花吊灯

6.4　图形大小和位置的编辑

调用"移动""旋转""缩放""拉伸"这些命令，可以编辑图形对象的大小及位置，本节介绍这些命令的操作方法。

6.4.1　移动图形

调用"移动"命令，通过设置距离参数来更改图形对象的位置，如图 6-84 至图 6-88 所示。

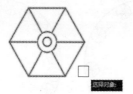　　　　　　　

图 6-85　选择对象　　　　　　　　　图 6-86　指定基点

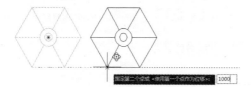　　　　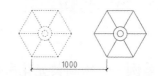

图 6-87　指定目标点　　　　　　　　图 6-88　移动图形

调用"移动"命令的方式如下：

➤ 面板：单击"修改"面板上的"移动"命令按钮 ⊞。

➤ 命令行：在命令行中输入 MOVE/M 并按下〈Enter〉键。

执行命令后，操作过程如下：

命令：MOVE↙

选择对象：指定对角点：找到 9 个

指定基点或 [位移(D)] <位移>：

指定第二个点或 <使用第一个点作为位移>：1000↙

调用"移动"命令选择对象，指定基点后向右移动鼠标，输入距离参数后按下〈Enter〉键，即可完成移动图形的操作。

6.4.2　旋转图形

调用"旋转"命令，可以按照所指定的角度来旋转图形或者旋转复制图形，如图 6-89

至图 6-92 所示。

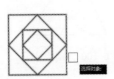
图 6-89 选择对象

图 6-90 指定旋转基点

图 6-91 指定旋转角度

图 6-92 旋转图形

调用"旋转"命令的方式如下：

➢ 面板：单击"修改"面板上的"旋转"命令按钮回。

➢ 命令行：在命令行中输入 ROTATE/RO 并按下〈Enter〉键。

执行命令后，操作过程如下：

命令：ROTATE↙

UCS 当前的正角方向：ANGDIR=逆时针　ANGBASE=0

选择对象：指定对角点：找到 13 个

指定基点：

指定旋转角度，或 [复制(C)/参照(R)] <45>：60↙

调用"旋转"命令后选择对象，指定基点后输入旋转角度，按下〈Enter〉键即可完成旋转图形的操作。

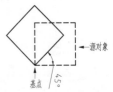
图 6-93 旋转复制图形

➢ 复制(C)：选择该项，旋转图形后还可保留源对象，如图 6-93 所示。

6.4.3 案例——绘制斜照型灯

本节介绍斜照型灯的绘制，讲解在绘图过程中调用"圆"命令、"直线"命令、"修剪"命令等来辅助绘图的操作方法。

步骤 1 调用 C（圆）命令，绘制半径为 251 的圆形，如图 6-94 所示。

步骤 2 调用 L（直线）命令，过圆心绘制直线，如图 6-95 所示。

步骤 3 调用 TR（修剪）命令，以直线作为修剪边界，以圆形作为修剪对象，对图形执行修剪操作，如图 6-96 所示。

步骤 4 调用 L（直线）命令，绘制如图 6-97 所示的垂直线段。

图 6-94 绘制圆形

图 6-95 绘制直线

图 6-96 修剪图形

图 6-97 绘制线段

步骤 5 调用 RO（旋转）命令，以 A 点为基点，输入 C 选择"复制（C）"选项，设置旋转角度为 27°，旋转复制垂直线段的结果如图 6-98 所示。

步骤 6 按下〈Enter〉键再次调用 RO（旋转）命令，在 A 点的基础上，设置旋转角度为-27°，向左旋转复制垂直线段，如图 6-99 所示。

步骤 7 调用 EX（延伸）命令，延伸线段以完成斜照型灯的绘制，如图 6-100 所示。

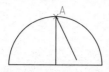
图 6-98 旋转复制直线

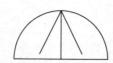
图 6-99 旋转复制结果

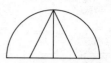
图 6-100 斜照型灯

6.4.4 缩放图形

调用"缩放"命令，通过设置比例因子来放大或缩小图形，如图 6-101 至图 6-104 所示。

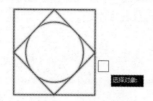
图 6-101 选择对象

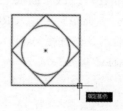
图 6-102 指定基点

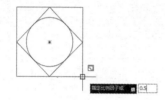
图 6-103 指定缩放因子

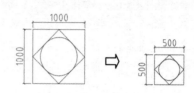
图 6-104 缩放前后效果对比

调用"缩放"命令的方式如下：

➤ 面板：单击"修改"面板上的"缩放"命令按钮▣。

➤ 命令行：在命令行中输入 SCALE/SC 并按下〈Enter〉键。

执行命令后，操作过程如下：

命令: SCALE↙

选择对象: 找到 1 个

指定基点:

指定比例因子或 [复制(C)/参照(R)]: 0.5↙

调用"缩放"命令后选择对象，指定基点并设置比例因子，按下〈Enter〉键即可完成缩放图形的操作。

● 复制(C)：选择该项，在缩放图形的同时保留源对象，如图 6-105 所示。

● 参照(R)：选择该项，命令行提示如下：

命令: SCALE↙

选择对象: 找到 1 个

指定基点:

指定比例因子或 [复制(C)/参照(R)]: R↙

指定参照长度 <500.0000>: 1000   ↙   //输入源对象的长度

指定新的长度或 [点(P)] <200.0000>: 700↙   //指定缩放后对象的长度，操作结果如图 6-106 所示

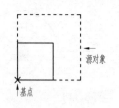

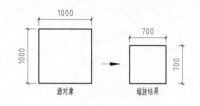

图 6-105 "复制"模式   图 6-106 "参照"模式

6.4.5 案例——绘制弯管防潮壁灯

本例介绍弯管防潮壁灯的绘制,讲解在绘图过程中调用"圆"命令、"缩放"命令、"修剪"命令等来辅助绘图的方法。

步骤 1 调用 C【圆】命令,绘制半径为 200 的圆形,如图 6-107 所示。

步骤 2 调用 SC【缩放】命令,以圆心为基点,输入 C 选择"复制(C)"选项,设置比例因子为 0.6,向内复制缩放圆形,如图 6-108 所示。

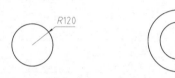

图 6-107 绘制圆形   图 6-108 复制缩放圆形

步骤 3 继续调用 SC(缩放)命令,以圆心为基点,设置比例因子为 0.4,向内缩放复制半径为 120 的圆形,如图 6-109 所示。

步骤 4 调用 L(直线)命令,过圆心绘制直线,如图 6-110 所示。

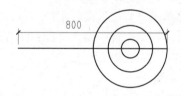

图 6-109 缩放结果   图 6-110 绘制直线

步骤 5 调用 TR(修剪)命令,修剪图形,如图 6-111 所示。

步骤 6 调用 L(直线)命令,过圆心绘制交叉直线,如图 6-112 所示。

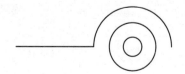

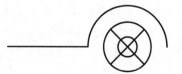

图 6-111 修剪图形   图 6-112 绘制交叉直线

步骤 7 调用 TR(修剪)命令,修剪圆形内的线段,如图 6-113 所示。

步骤 8 调用 H(填充)命令,在"图案"面板上选择 SOLID 图案,对半径为 48 的圆形执行填充操作,完成弯管防潮壁灯的绘制,结果如图 6-114 所示。

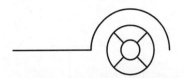

图 6-113 修剪圆形内的线段

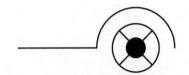

图 6-114 填充图案

6.4.6 拉伸图形

调用"拉伸"命令，通过设置位移来对图形执行拉伸操作，如图 6-114 至图 6-118 所示。

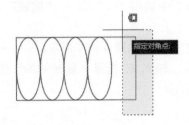

图 6-115 从右下角至左上角拖出交叉窗口

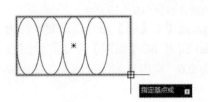

图 6-116 指定基点

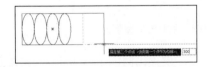

图 6-117 向右移动式鼠标指定位移参数

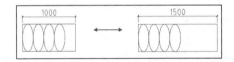

图 6-118 拉伸前后对比

调用"拉伸"命令的方式如下：

➢ 面板：单击"修改"面板上的"拉伸"命令按钮。

➢ 命令行：在命令行中输入 STRETCH/S 并按下〈Enter〉键。

执行命令后，操作过程如下：

命令: STRETCH↙

以交叉窗口或交叉多边形选择要拉伸的对象...

选择对象: 指定对角点: 找到 1 个

指定基点或 [位移(D)] <位移>:

指定第二个点或 <使用第一个点作为位移>: 500↙

调用命令后，从右下角至左上角拖出窗口来选择图形，单击以指定基点，移动鼠标并输入位移参数，按下〈Enter〉键可完成拉伸操作。

● 位移(D)：选择该选项，命令行提示如下：

命令: STRETCH↙

以交叉窗口或交叉多边形选择要拉伸的对象......

选择对象: 指定对角点: 找到 2 个

指定基点或 [位移(D)] <位移>: D↙

指定位移 <0.0000, 0.0000, 0.0000>: 800,0,0↙

"<0.0000, 0.0000, 0.0000>"分别对应X轴、Y轴、Z轴上的距离参数，在二维视图中通过设置X轴、Y轴上的参数来控制图形的拉伸距离。如图6-119所示为设置X轴方向上的拉伸距离为800的操作结果。

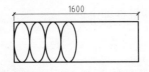

图6-119　指定位移拉伸图形

6.5　通过夹点编辑图形

在图形被选中后显示图形的夹点，通过激活图形上的夹点，可以对图形执行一系列的编辑操作，如拉伸、移动、旋转、缩放和镜像等，本节介绍通过夹点来编辑图形的操作方法。

6.5.1　夹点的显示与关闭

系统默认选中图形后会显示夹点，但是通过"选项"对话框中的相关参数可以关闭夹点显示。

在绘图区中单击鼠标右键，在弹出的右键菜单中选择"选项"命令，如图6-120所示。在弹出的"选项"对话框中选择"选择集"选项卡，在"夹点"选项组下取消选中"显示夹点"复选框，如图6-121所示。

图6-120　右键快捷菜单　　　　图6-121　"选项"对话框

单击"确定"按钮关闭对话框，可以关闭夹点显示，如图6-122所示。

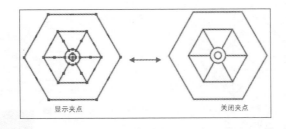

图6-122　开启或者关闭夹点显示

6.5.2 使用夹点拉伸对象

选中图形，将光标置于夹点上，在弹出的快捷菜单中选择"拉伸"命令，可以激活夹点的拉伸功能。命令行操作过程如下：

** 拉伸 **

指定拉伸点：

此时指定拉伸方向及拉伸距离，可以对图形执行拉伸操作，如图 6-123、图 6-124、图 6-125 和图 6-126 所示。

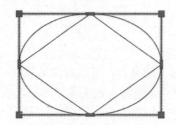

图 6-123 选择图形

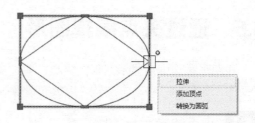

图 6-124 选择"拉伸"选项

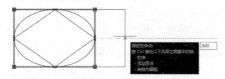

图 6-125 指定拉伸方向

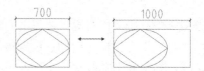

图 6-126 拉伸操作前后对比

6.5.3 使用夹点移动对象

选中图形，在其中某一夹点上单击，待夹点显示为红色时，单击鼠标右键，在弹出的右键快捷菜单中选择"移动"命令，可以激活夹点的移动功能。

命令行操作过程如下：

** MOVE **

指定移动点 或 [基点(B)/复制(C)/放弃(U)/退出(X)]: 2000↵

移动鼠标以指定移动方向，同时输入移动距离参数，按下〈Enter〉键可以完成移动图形的操作，如图 6-127 至图 6-130 所示。

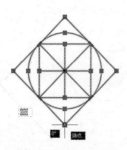

图 6-127 激活夹点

图 6-128 选择"移动"命令

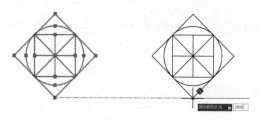

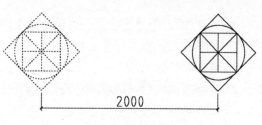

图 6-129　指定位移参数　　　　　　　　　　图 6-130　移动图形

　　移动目标点也可以通过单击鼠标左键来确定，但是输入距离参数可以精确地定位目标点的位置。

6.5.4　使用夹点旋转对象

　　选中图形，单击以激活夹点，如图 6-131 所示；在右键快捷菜单中选择"旋转"命令，如图 6-132 所示，指定旋转角度按下〈Enter〉键可以完成旋转图形的操作。

　　命令行的操作过程如下：

**　旋转　**

指定旋转角度或 [基点(B)/复制(C)/放弃(U)/参照(R)/退出(X)]: 60↙　　　　　　//如图 6-133 所示

旋转图形的操作结果如图 6-134 所示。

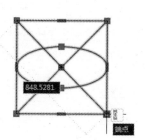

图 6-131　激活夹点　　　　　　　　　　图 6-132　选择"旋转"选项

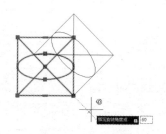

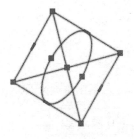

图 6-133　指定旋转角度　　　　　　　　　　图 6-134　旋转图形

● 基点(B)：选择该选项，可以重新指定旋转基点。
● 复制(C)：选择该选项，可以复制源对象，仅对源对象副本执行旋转操作，不改变源对象的角度。

● 参照(R)：选择该选项，可以自定义源图形的角度，并以此为参照，重新定义角度并旋转图形，命令操作过程如下：

** 旋转 **

指定旋转角度或 [基点(B)/复制(C)/放弃(U)/参照(R)/退出(X)]: R↙

指定参照角 <0>: 120↙

** 旋转 **

指定新角度或 [基点(B)/复制(C)/放弃(U)/参照(R)/退出(X)]: 40↙

假如源图形的初始角度为 0°，指定参照角度为 120°，再指定旋转角度为 40°，则源图形在 120° 的基础上以 40° 为增量进行旋转。

6.5.5 使用夹点缩放对象

选中图形，单击以激活夹点，在右键快捷菜单中选择"缩放"命令，指定比例因子，按下〈Enter〉键可以完成缩放操作，如图 6-135 至图 6-138 所示。

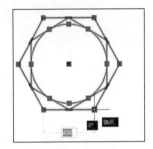

图 6-135 激活基点

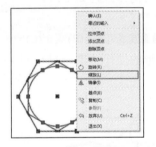

图 6-136 选择"缩放"命令

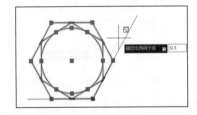

图 6-137 指定比例因子

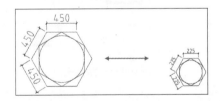

图 6-138 缩放图形

命令操作过程如下：

** 比例缩放 **

指定比例因子或 [基点(B)/复制(C)/放弃(U)/参照(R)/退出(X)]: 0.5↙

6.5.6 使用夹点镜像对象

选中图形，单击以激活夹点，在弹出的右键快捷菜单中选择"镜像"命令，输入 C，选择"复制(C)"选项，移动鼠标指定镜像线上的第二点，按下〈Enter〉键可完成镜像复制图形的操作，如图 6-139 至图 6-142 所示。

命令行操作过程如下：

** 镜像 **

指定第二点或 [基点(B)/复制(C)/放弃(U)/退出(X)]: c↙

** 镜像 (多重) **

指定第二点或 [基点(B)/复制(C)/放弃(U)/退出(X)]:

假如不选择"复制(C)"选项，则系统会将源对象删除，仅保留源对象副本。用户应根据具体情况来选择是否保留源对象。

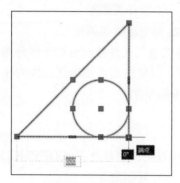

图 6-139　激活夹点

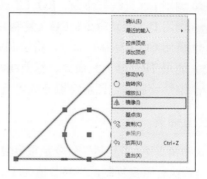

图 6-140　选择"镜像"命令

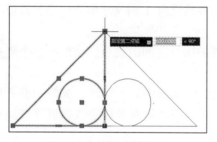

图 6-141　指定镜像线

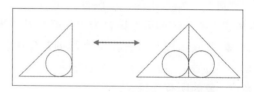

图 6-142　镜像复制图形

6.6　设计专栏

6.6.1　上机实训

绘制如图 6-143 所示的电气主接线图。

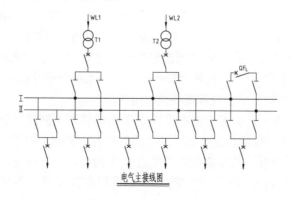

图 6-143　电气主接线图

图 6-143 所示的接线图为双母线接线图，这种接线，每一回路都通过一台断路器和两组隔离开关，断路器连接在两组母线上。母线Ⅰ和母线Ⅱ都属于工作母线，两组母线可以同时工作，并通过母线联络断路器并联运行，电源和引出线适当地分配在两组母线上。

接线图的绘制步骤如下：

步骤 1 调用 L（直线）命令、O（偏移）命令，绘制母线及引出线。

步骤 2 调用 L（直线）命令、RO（旋转）命令，绘制开关图形。

步骤 3 调用 C（圆）命令、CO（复制）命令，绘制电压互感器图形。

步骤 4 调用 CO（复制）命令，将绘制完成的各类电气元件移动复制至线路结构图上。

步骤 5 调用 TR（修剪）命令，修剪线路结构图，以免线路遮挡电气元件的显示。

步骤 6 继续绘制其他图形，以完成电气主接线图的绘制。

6.6.2 绘图锦囊

在默认的情况下，"复制"命令是重复复制的，通过更改系统变量 COPYMODE 的参数值来设置是否执行重复复制，当参数值为 1 时不重复执行复制命令。

调用"镜像"命令来复制文字对象时，会发生文字镜像后倒置的问题，通过更改系统变量 MIRRTEXT 的参数值来修改文字镜像后的样式。当参数值为 1 时文字倒置，当参数值为 0 时文字不倒置。

"阵列"命令中的"关联性"可以允许用户通过维护项目之间的关系快速地在整个阵列中传递更改，阵列可以设置为"关联"及"不关联"。

● 关联：项目包含在单个阵列对象中，类似于块。编辑阵列对象特性，如间距或者项目数。替代项目特性或替换项目的源对象。编辑项目的源对象以更改参照这些源对象的所有项目。

● 非关联：阵列中的项目将创建为独立的对象。更改一个项目不会影响其他的项目。

在调用"移动"命令来移动图形时，当基点输入为坐标，假如提示第二点时按下〈Enter〉键，则将以第一点的左边为位移方向。

为了方便对图形执行旋转操作，可以在执行"旋转"命令前将"正交""对象捕捉"模式开启。

调用"分解"命令来分解有嵌套的图块时，有可能会需要分解好几次才能将整个图块分解成单个独立的对象。

调用"修剪"命令来编辑图形时，当选定剪切对象之后按住〈Shift〉键，"修剪"命令会自动转换为"延伸"命令，当松开〈Shift〉键后系统又将继续执行"修剪"命令。

调用"延伸"命令来编辑图形时，当选定延伸边界后，按住〈Shift〉键，此时"延伸"命令会自动转换为"修剪"命令，松开〈Shift〉键后，系统会继续执行"延伸"命令。

"拉伸"命令不能对圆、文字或者图块执行编辑操作。

在执行"倒角"命令时，假如希望在设置值非 0 的状态下创建一个方角（即结果不是一条斜边，而是一个交点），仅需在选择第二条直线时按住〈Shift〉键就可以了。

在执行"圆角"命令时，假如希望在设置值非 0 的状态下对两条不相交的直线创建一个方角（即结果不是圆弧过渡，而是一个交点），只需要在选择第二条直线时按住〈Shift〉键就可以了。

第 **7** 章

图块与设计中心的应用

AutoCAD 图块是由一个或者多个对象组成的对象集合。将一组对象组合成块，就可以根据绘图需要将成组的对象插入到图中指定的位置，在插入的过程中还可以设置比例因子或者旋转角度。

在插入块之前需要将对象集合创建成块，块的类型有外部块、内部块、动态块，可以通过"插入块"命令调用图块。

本章介绍创建块及调用块的操作方法。

7.1 创建图块

常见的图块有内部块、外部块及动态块。内部块来自于当前所绘的图形中，外部块保存在磁盘上，动态块可以为图块赋予动作属性，如旋转、缩放等。

本节详细介绍创建图块的操作方式。

7.1.1 创建内部块

调用"创建块"命令，可将选中的图形组合创建成块，并在当前图形中调用。

调用"创建块"命令的方式如下：

➢ 面板：单击"插入"面板上的"创建块"命令按钮。

➢ 命令行：在命令行中输入 BLOCK/B 并按下〈Enter〉键。

执行命令后，操作过程如下：

命令：BLOCK↙

选择对象：

指定对角点：找到 5 个

调用命令后弹出如图 7-1 所示的"块定义"对话框，在"对象"选项组下单击"选择对象"按钮，框选待创建成块的图形，如图 7-2 所示，按下〈Enter〉键返回对话框。

在"基点"选项组下单击"拾取点"按钮，单击所选图形的左下角作为插入基点，如图 7-3 所示；接着在"名称"组合框设置图块的名称，如图 7-4 所示，单击"确定"按钮关闭对话框可以完成创建内部块的操作。

图 7-1 "块定义"对话框

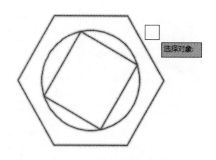

图 7-2 选择对象

提示：将图形创建成块，调用"插入块"命令插入图形时，系统参考所设置的基点来插入图块，选中图块后可以显示其插入点，如图 7-5 和图 7-6 所示。

图 7-3 指定插入点

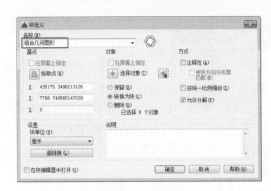

图 7-4 设置名称

图 7-5 以左下角点为插入点

图 7-6 显示插入点

7.1.2 案例——创建电气图块

本节介绍通过调用"创建块"命令来创建滤波器图块的操作方式。在创建图块的过程中，应为其指定一个名称，以方便查找图形。图块名称不应与已有图块名称相同，假如所设置的名称已被使用，系统会提示修改。

步骤 1 打开素材。按下〈Ctrl+O〉组合键，打开配套光盘提供的"第 7 章\7.1.2 案例——创建电气图块.dwg"文件，如图 7-7 所示。

步骤 2 调用 B（创建块）命令，在【块定义】对话框中单击"选择对象"按钮，选择图形并按下〈Enter〉键返回对话框。

步骤 3 单击"拾取点"按钮，单击图形的左下角点以将其设置为插入点，在对话框中设置图块名称为"滤波器"，如图 7-8 所示。

步骤 4 单击"确定"按钮关闭对话框可以完成创建图块的操作。

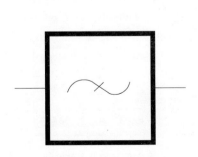

图 7-7 打开素材

图 7-8 "块定义"对话框

7.1.3 创建外部块

调用"写块"命令，可以将选定的图形组合创建成块并存储在磁盘上。

调用"写块"命令的方式如下：

➢ 面板：单击"插入"面板上的"写块"命令按钮圆。

➢ 命令行：在命令行中输入 WBLOCK/W 并按下〈Enter〉键。

执行命令后，操作过程如下：

命令: WBLOCK↙

选择对象:

指定插入基点:

执行命令后弹出如图 7-9 所示的"写块"对话框，单击"对象"选项组中的"选择对象"按钮圆，选择对象集合，如图 7-10 所示，按〈Enter〉键返回对话框；单击"基点"选项组下的"拾取点"按钮圆，在图形上单击以指定插入点，如图 7-11 所示；在"目标"选项组下设置文件名称及存储路径，单击"确定"按钮关闭对话框可以完成写块的操作，如图 7-12 所示。

图 7-9 "写块"对话框

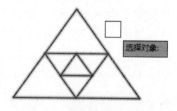

图 7-10 选择对象

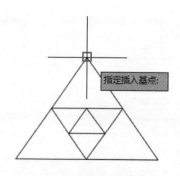

图 7-11 指定插入点

图 7-12 设置文件名称及存储路径

提示：按照所设置的存储路径找到相应的磁盘，可以发现所创建的外部块，如图 7-13 所示，双击打开图块，可将其复制粘贴至其他图形中。

图 7-13　创建外部块

7.1.4　案例——创建电气外部块

本节介绍创建桥式全波整流器外部块的操作方式。在写块的过程中，可以自定义图块的名称与存储路径。可以将外部块存储在一个文件夹中，在绘图时若需要使用外部块，到指定的文件夹中调用即可。

本节介绍创建电气外部块（桥式全波整流器）的操作方式。

步骤 1 打开素材。按下〈Ctrl+O〉组合键，打开配套光盘提供的"第 7 章\7.1.4 案例——创建电气外部块.dwg"文件，如图 7-14 所示。

步骤 2 调用 W（写块）命令，在"写块"对话框单击"选择对象"按钮，选择图形后按下〈Enter〉键返回对话框。

步骤 3 单击"拾取点"按钮，选取图形的下方端点，将其指定为插入点。

步骤 4 在（写块）对话框中设置文件名称及存储路径，如图 7-15 所示。

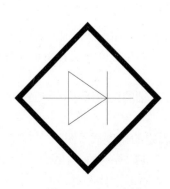

图 7-14　打开素材

图 7-15　"写块"对话框

步骤 5 单击"确定"按钮完成写块的操作。

步骤 6 打开文件夹以查看所创建的外部块，如图 7-16 所示。双击可打开图形文件。

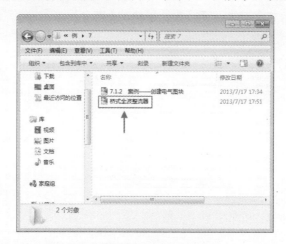

图 7-16 查看所创建的外部块

7.2 插入图块

在绘图时通过插入图块可以省去绘制某些图形的工作量，而在插入图块之前，需要了解插入命令的调用方法。

本节介绍插入图块的操作方式。

7.2.1 插入命令

执行插入块命令，可以在"插入"对话框中选择图块并将其插入到当前图形中。

调用插入块命令的方式如下：

➢ 面板：单击"插入"面板上的"写块"命令按钮 。

➢ 命令行：在命令行中输入 INSERT/I 并按下〈Enter〉键。

执行命令后，操作过程如下：

命令: INSERT↙

指定插入点或 [基点(B)/比例(S)/X/Y/Z/旋转(R)]:

● 基点(B)：选择该选项，可以临时改变图块的插入基点，如图块默认的插入基点是左下角点，选择该选项后可以将图块的插入基点更改为右上角点或者指定其他位置为图块的插入基点。

● 比例(S)/X/Y/Z：选择该选项，命令行提示指定 XYZ 轴的比例因子，假如设置的比例因子大于 1，则放大图形，小于 1，则缩小图形。

● 旋转(R)：选择该选项，设置角度参数，可以按所设定的角度插入图块。

在列表的左下角单击"更多选项"按钮，弹出如图 7-17 所示的"插入"对话框。在"名称"组合框选择图块，单击"浏览"按钮，弹出"选择图形文件"对话框，在其中可以选择外部图块，并通过"插入"对话框将其插入到当前图形中。

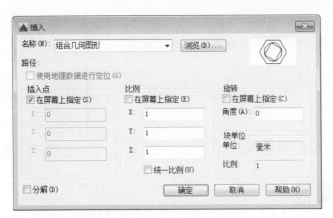

图 7-17 "插入"对话框

- "插入点"选项组：系统默认选择"在屏幕上指定"复选框，取消选择该复选框，通过指定 X、Y、Z 的坐标值来重新指定插入点的位置。
- "比例"选项组：选择"在屏幕上指定"复选框，通过在命令行中设置比例因子来插入图块。也可在对话框中分别设置 X、Y、Z 的比例因子来定义图块的大小。
- "旋转"选项：选择"在屏幕上指定"复选框，通过在命令行中设置旋转角度来设置图块的插入角度。也可在"角度"文本框中设置角度值。

提示：在"插入"对话框中选择"分解"复选框，可分解块并插入该图块的各个部分。

7.2.2 案例——插入图块

动力系统图由导线与电气元气件组成。导线一般调用"直线"命令或者"多段线"命令来绘制，而由于电气元件种类、个数较多，一般通过插入电气元件的图块来完成。

本节省略介绍导线的绘制，仅讲解插入图块的方法。

步骤 1 打开素材。按下〈Ctrl+O〉组合键，打开配套光盘提供的"第 7 章\7.2.1 案例——插入动力系统图图块.dwg"文件，如图 7-18 所示。

步骤 2 调用 I（插入）命令，在"插入"对话框中选择"隔离开关"图块，如图 7-19 所示。

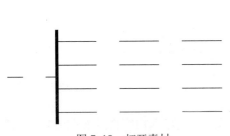

图 7-18 打开素材

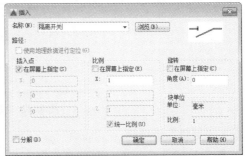

图 7-19 "插入"对话框

步骤 3 单击"确定"按钮，在系统图上选取图块的插入点，调入图块的结果如图 7-20 所示。

步骤 4 按下〈Enter〉键弹出"插入"对话框，从中选择"断路器""接触器""热继电器的驱动器件"图块，将其调入系统图的结果如图 7-21 所示。

图 7-20　调入图块　　　　　　　　　　　图 7-21　操作结果

7.3　图块属性

图块在默认情况下不包含属性，为图块添加属性可以为其提供解释说明。例如为标高图块添加数字属性后，可以标注指定位置的标高。

本节介绍定义及编辑图块属性的操作方法。

7.3.1　定义属性

调用"定义属性"命令，创建用于在图块中存储数据的属性定义。

调用"定义属性"命令的方式如下：

➢ 面板：单击"插入"面板上的"定义属性"命令按钮 🖉。

➢ 命令行：在命令行中输入 ATTDEF/ATT 并按下〈Enter〉键。

执行命令后，操作过程如下：

命令: ATTDEFATT↙

指定起点:

调用"定义属性"命令后，弹出如图 7-22 所示的"定义属性"对话框。

图 7-22　"属性定义"对话框

1. "属性"选项组

● "标记"文本框：在此文本框中设置属性文字，可以输入由空格及感叹号以外的字符，假如输入小写字母，AutoCAD 会自动将其修改成大写字母。

● "提示"文本框：设置属性提示文字，在插入图块时 AutoCAD 要求输入属性文字的提示。

● "默认"文本框：设置默认的属性值，可把使用次数较多的属性值设置为默认值，也可以不设置默认值。

2. "文字设置"选项组

- "对正"下拉列表框：在下拉列表框中选择文字的对正方式，如"左对齐""对齐""布满"等。
- "文字样式"下拉列表框：在下拉列表框中显示了当前图形所包含的文字样式，单击选择其中一项以为属性指定文字样式。
- "文字高度"文本框：文字的高度值在"文字样式"对话框中修改，在"属性定义"对话框中不能修改。
- "旋转"文本框：在其中设置文字属性的旋转角度值，一般保持系统默认值即可。

在"属性定义"对话框中设置参数后，如图 7-23 所示；单击"确定"按钮，在图块的合适位置单击，可以完成创建图块属性的操作，如图 7-24 所示。

图 7-23 "属性定义"对话框

图 7-24 创建图块属性

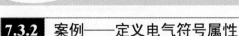

提示：图块属性并不局限于标注文字，也可以是标注数字。

7.3.2 案例——定义电气符号属性

某些电气符号需要绘制标注文字来表示该符号的名称，以明确该符号的使用方式。本节介绍为"无功电度表"电气符号定义属性的方法。

步骤 1 打开素材。按下〈Ctrl+O〉组合键，打开配套光盘提供的"第 7 章\7.3.2 案例——定义电气符号属性.dwg"文件，如图 7-25 所示。

步骤 2 调用 ATT（定义属性）命令，在"属性定义"对话框中分别设置"标记""提示""默认"参数，在"文字设置"选项组下设置文字的对正方式及文字样式，如图 7-26 所示。

图 7-25 打开素材

图 7-26 "属性定义"对话框

步骤 3 单击"确定"按钮关闭对话框，在图形内单击以指定图块的插入点，定义属性的结果如图 7-27 所示。

步骤 4 选择图形及属性，调用 B（创建块）命令，在"块定义"对话框中设置图块名称为"无功电度表"，如图 7-28 所示，单击"确定"按钮对图形执行创建块操作。

图 7-27 定义属性

图 7-28 "块定义"对话框

步骤 5 此时弹出"编辑属性"对话框，在其中更改属性文字的标注方式，将首字母设置为大写，其他三个字母设置为小写，如图 7-29 所示。

步骤 6 单击"确定"按钮完成创建块的操作，如图 7-30 所示。

图 7-29 "编辑属性"对话框

图 7-30 创建块

提示： 因为在"定义属性"对话框中所设置的字母参数无论是大写还是小写，系统在定义属性时都会将字母修改为大写。为与电气制图规范相符，应将无功电度表的文字属性修改为首字母为大写，其余字母为小写的样式。

7.3.3 修改属性的定义

双击属性文字，弹出【编辑属性定义】对话框。在对话框中分别显示了图块属性的"标记""提示""默认"各参数，在文本框中修改参数后关闭对话框，可以完成修改文字属性的操作。例如修改对话框中的"标记"参数，单击"确定"按钮关闭对话框后可以发现属性文字发生了变化，如图 7-31、图 7-32 所示。

图 7-31 修改"标记"参数

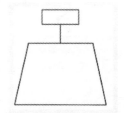

图 7-32 编辑文字属性

7.3.4 案例——编辑图块属性

双击带属性的图块可以弹出【增强属性编辑器】对话框，在其中可以修改图块属性的各项参数，如标记文字、文字各选项参数及属性的特性，如图层、线型、颜色等。

本节介绍编辑图块属性的方法。

步骤 1 打开素材。按下〈Ctrl+O〉组合键，打开配套光盘提供的"第 7 章\7.3.4 案例——编辑图块属性.dwg"文件，如图 7-33 所示。

步骤 2 双击带属性的图块可以打开【增强属性编辑器】对话框，在"值"文本框中修改图块文字属性的值，如图 7-34 所示。

图 7-33　打开素材　　　　　　　　图 7-34　"增强属性编辑器"对话框

步骤 3 修改结果如图 7-35 所示。

步骤 4 在对话框中选择"文字选项"选项卡，在"宽度因子""倾斜角度"文本框中设置参数，如图 7-36 所示。

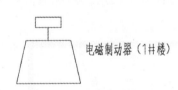

图 7-35　修改结果　　　　　　　　图 7-36　"文字选项"选项卡

步骤 5 修改结果如图 7-37 所示。

步骤 6 在"特性"选项卡中设置"线宽"为 0.30mm，如图 7-38 所示。

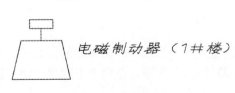

图 7-37　修改结果　　　　　　　　图 7-38　"特性"选项卡

步骤 7 单击"确定"按钮关闭对话框以完成编辑图块文字属性的操作，结果如图 7-39 所示。

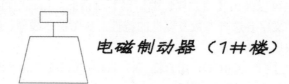

图 7-39 编辑图块文字属性的结果

7.4 使用设计中心管理图形

"设计中心"选项板默认是关闭的，在需要使用时按下〈Ctrl+2〉组合键可以将其打开。在"设计中心"选项板中可以浏览计算机中的文件，也可将 CAD 图块、文字样式、标注样式等调入到当前图形中。

本节介绍使用设计中心管理图形的操作方法。

7.4.1 启动设计中心

打开"设计中心"选项板的方式如下：

➢ 面板：单击"插入"面板上的"定义属性"命令按钮 。

➢ 组合件：按下〈Ctrl+2〉组合键。

执行上述任意一项操作，弹出如图 7-40 所示的"设计中心"选项板。选项板左边的资源管理器采用树状图的方式显示系统结构，右边预览区采用大图标的方式来显示内容。

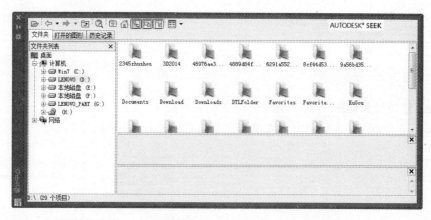

图 7-40 "设计中心"选项板

单击展开树状图前的"+"号，展开列表，单击选择其中的选项，在右侧的预览区中可以显示该选项所包含的内容，在左侧单击展开"CAD 图库"选项，在列表下选择"块"选项，可以在右侧预览区中查看该选项中所包含的图块，如图 7-41 所示。

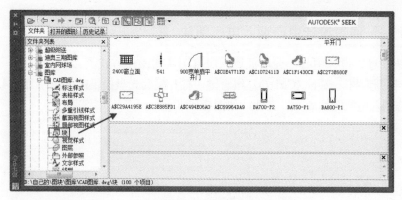

图 7-41　预览内容

7.4.2　使用设计中心插入图块

通过使用设计中心，可以将系统文件夹中的图块插入到当前图形中去。

在左侧树状图中单击展开 CAD 图形文件，在右侧预览框中待插入的图块上单击鼠标右键，在弹出的右键快捷菜单中选择"插入为块"命令（如图 7-42 所示），在弹出的"插入"对话框（如所示）中可以对所选中的图块进行修改操作，如设置其插入点、比例、角度等，如图 7-43 所示。单击"确定"按钮，在绘图区中指定插入点，可以完成插入图块的操作。

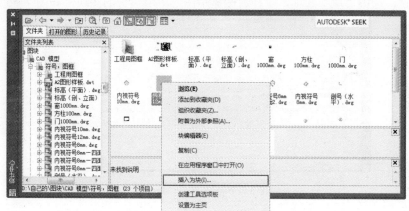

图 7-42　选择"插入为块"命令

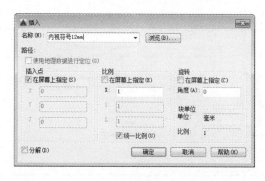

图 7-43　"插入"对话框

7.4.3 案例——通过设计中心调入电气图块

本节介绍通过"设计中心"选项板调入电气图块的操作方式。

步骤 1 打开素材。按下〈Ctrl+O〉组合键，打开配套光盘提供的"第 7 章\7.4.3 案例——通过设计中心调入电气图块.dwg"文件，如图 7-44 所示。

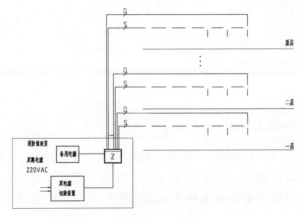

图 7-44 打开素材

步骤 2 按下〈Ctrl+2〉组合键弹出"设计中心"选项板，在左侧树状图中单击展开"电气符号"文件，选中"块"选项，可在右侧显示图形中所包含的图块，如图 7-45 所示。

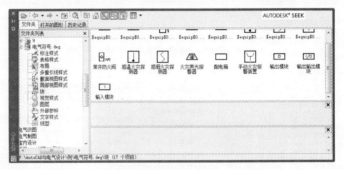

图 7-45 "设计中心"选项板

步骤 3 选中"感烟火灾探测器"图块，单击鼠标右键弹出快捷菜单，在其中选择"插入块"命令，如图 7-46 所示。

图 7-46 选择"插入块"命令

步骤④ 此时可弹出"插入"对话框,在其中显示了"感烟火灾探测器"图块的信息,如图 7-47 所示。

图 7-47 "插入"对话框

步骤⑤ 单击"确定"按钮,在系统图上单击,指定图块的插入点,调入图块的结果如图 7-48 所示。

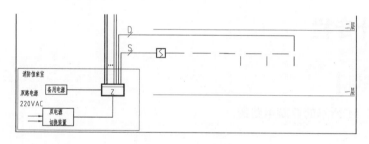

图 7-48 调入图块

步骤⑥ 重复上述操作,通过"设计中心"选项板从"电气符号"文件中调入其他电气图块至一层系统图中,如图 7-49 所示。

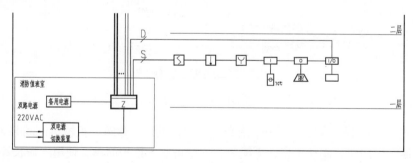

图 7-49 操作结果

步骤⑦ 沿用本节介绍的方法,继续调入电气图块,完成消防系统图的绘制,结果如图 7-50 所示。

提示: 可以通过"设计中心"选项板往系统图中调入电气图块,也可调用 CO(复制)命令,选择一层的电气图块向上移动复制,可以得到相同的效果。

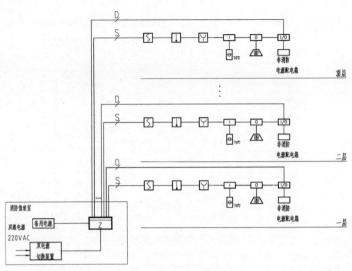

图 7-50　绘制结果

7.5　设计专栏

7.5.1　上机实训

绘制如图 7-51 所示的控制电路图。

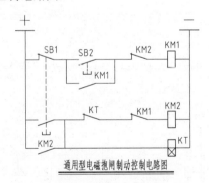

通用型电磁抱闸制动控制电路图

图 7-51　控制电路图

通用型电动抱闸制动控制主要用于冶金、矿山、港口、建筑、机械等制动装置，具有动特性好、起制动时间快、制动平稳、无噪声、安全可靠、维护简单、使用寿命长等优点。

控制电路图的绘制步骤如下：

步骤 1 沿用前面章节所介绍的绘制、编辑图形的操作方法，绘制各类电气元件，如开关、接触器、继电器等。

步骤 2 调用 B（创建块）命令，将所绘元件创建成图块。

步骤 3 调用 L（直线）命令、O（偏移）命令、TR（修剪）命令，绘制线路结构图。

步骤 4 调用 I（插入）命令，将电气元件调入线路结构图中。

步骤 5 调用 TR（修剪）命令，修剪线路结构图，避免其遮挡电气元件的显示。

步骤 6 继续绘制其他图形，以完成电路图的绘制。

提示： 调用 W（写块）命令，将所绘的电气元件创建为外部块。按下〈Ctrl+2〉组合键打开"设计中心"选项板，在左侧的树状图中展开外部块.dwg 文件，选择"块"选项，在右侧可以显示文件中所包含的所有图块。在图块上单击鼠标右键，选择"插入块"命令，可将图块调入当前视图中。

7.5.2 绘图锦囊

在 AutoCAD 中，所有的外部.dwg 文件（包括三维图形）都可以作为"写块"插入到当前文件中，插入后这些文件仍为一个整体，只是这些文件的基点为（0，0，0），而创建的"写块"的基点可以自己确定。

块的嵌套的含义：在 AutoCAD 中可以在创建的图块中包含其他已经存在的图块，这称为块的嵌套，使用块的嵌套可以简化复杂的块定义。

例如一个复杂的机械部件包括机架、支架和紧固件，而紧固件又是由螺钉、螺母、垫片组成的。螺钉、螺母、垫片组成紧固件图块，紧固件图块又与机架图块、支架图块一起组成机械部件图块，这便是块的嵌套。

由图形文件中提取的块的属性信息可以用于电子表格或者数据库，用来生成数据列表。块属性的状态可以设置为"不可见"，不可见属性信息储存在图形文件中，可以写入提取文件供数据库使用，但是不可以显示和打印。

第 8 章

图层的使用与管理

本章要点

- 创建图层
- 设置图层
- 图层的管理
- 对象特性
- 设计专栏

在 AutoCAD 中经常使用图层来管理图形。通过为各类图层设置不同的名称、颜色、线型、线宽等，可以使位于图层上的图形相互区别，并易于管理。

本章介绍创建并管理图层的操作方法。

8.1 创建图层

每个 CAD 图形文件中都可以有若干个图层，图层的数目没有限制，用户可以根据绘图的实际需要来创建各类图层。为了方便识别各类图层，在创建完毕后还应该修改其名称。

本节介绍创建图层的方法。

8.1.1 认识图层

图层类似于一本合上的书，与普通书本不同的是，图层之间是透明的，透过这一图层可以查看下一图层的内容。可以将 AutoCAD 图形中的各类图层理解成一本纸质透明的书，从第一层可以查看底层的内容。

将其中的某一图层关闭，可以暂时隐藏位于该图层上的图形，并更加清晰地显示其余的图形，全部关闭图层，则所有的图形都被隐藏，如图 8-1 所示。

因此在绘制图纸的时候，为了方便绘图及编辑图形，往往会创建多个图层。这样通过修改图层的属性，可以控制位于其上的图形，而不需要逐一地对图纸中的各图形进行编辑修改，节省时间的同时还可以避免漏改漏画的情况出现。

在绘制电气图纸时同样需要创建图层，如电气符号图层、连接线图层、文字标注图层等。按照不同的图纸类型，需要创建的图层类型也不同。

墙体
电气
家具
所有图层

图 8-1 图层示意图

8.1.2 新建图层

新建的 AutoCAD 图形文件默认创建 0 图层，该图层不能被删除。通常情况下一个图层不能满足绘图要求，因此在绘图前需要新建多个图层。

新建及编辑图层均在"图层特性管理器"选项板中完成，打开该选项板的方式如下：

➤ 面板：单击"默认"面板上的"图层特性"命令按钮▦。

➤ 命令行：在命令行中输入 LAYER/LA 并按下〈Enter〉键。

执行上述任意一项操作后，调出如图 8-2 所示的"图层特性管理器"选项板。在选项板中显示的 0 图层即是系统默认创建的，颜色为白色，线型为 Continuous，线宽为默认值，该图层的颜色、线型、线宽属性可以被编辑（名称不能被编辑）。

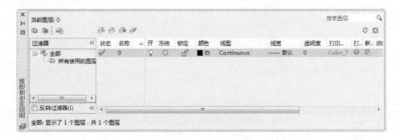

图 8-2 "图层特性管理器"选项板

单击左上角的"新建图层"按钮，可以在选项板中创建一个新图层，系统默认将新建图层的名称设置为"图层X（X为数字）"，如图8-3所示。

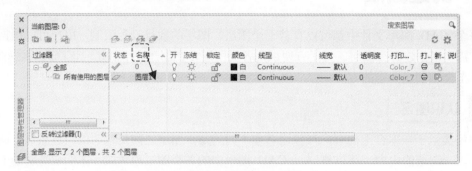

图8-3 新建图层

> 提示：在对话框中选中图层并按下〈Enter〉键，可以新建一个图层；或者在对话框的空白处单击鼠标右键，在弹出的快捷菜单中选择"新建图层"命令，也可以执行"新建图层"的操作。

8.1.3 重命名图层

新创建的图层名称处于活动状态，可以输入新的图层名称，如"电气符号"，按下〈Enter〉键可完成重命名图层的操作，如图8-4所示。

在图层名称上单击鼠标右键，在弹出的快捷菜单中选择"重命名"命令，如图8-5所示，可以激活名称选项并对其进行重命名操作。

图8-4 重命名图层　　　　　　　　　　　　图8-5 右键快捷菜单

> 提示：选中待修改名称的图层，按下〈F2〉键，可激活名称选项并对其执行重命名操作。

8.2 设置图层

系统为新创建的图层设置相同的属性，如颜色、线型、线宽等。各类图形都位于一定的图层上，假如图层的属性都是相同的，就不容易对图形进行区分或管理。因此，通过设置图层的属性，可以更好地管理或者区分图形。

本节介绍设置图层属性的操作方法。

8.2.1 设置图层的颜色

在"图层特性管理器"选项板中新建一个图层，系统默认将其颜色设置为白色。假如在该图层上绘制图形，图形会继承图层的颜色属性，即白色。

在图形中含有多个图层时，图层的颜色均为白色则会出现所绘各类图形都为白色的情况。在这种情况下会出现识图上的混乱，增加识别难度，且较容易出错。此时可以通过为不同的图层指定不同的颜色来进行区分图层及图形。

在"图层特性管理器"选项板中的"颜色"选项下单击图层的颜色按钮▇白（如图 8-6 所示），弹出如图 8-7 所示的"选择颜色"对话框。

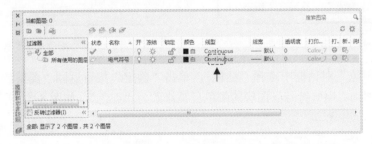

图 8-6　单击颜色按钮

在"选择颜色"对话框中可以为图层指定各种不同的颜色，可以在"AutoCAD 颜色索引"选项组下选择颜色色块，也可以在"颜色"文本框中输入颜色代码来选择与代码相对应的颜色，如图 8-8 所示。

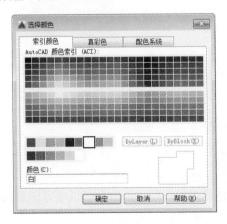

图 8-7　"选择颜色"对话框

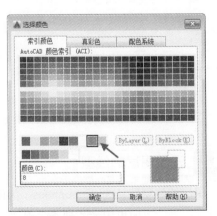

图 8-8　输入颜色代码

在对话框中选择"真彩色"选项卡，通过调整右侧矩形色块上的滑块来调节颜色的深浅。在"色调""饱和度""亮度"数值框中输入参数可以修改颜色的色调、饱和度及亮度，在左下角的"颜色"文本框中设置 RGB 参数，数字以逗号相间隔，如图 8-9 所示。

选择"配色系统"选项卡，在"配色系统"下拉列表中可以选择配色系统的类型，调节右侧色块上的滑块，可以选择各种不同类型的颜色，颜色的显示样式在左侧的列表中按顺序排列，如图 8-10 所示。

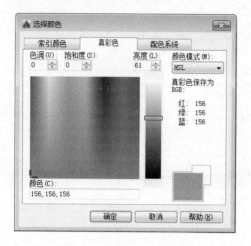

图 8-9　"真彩色"选项卡

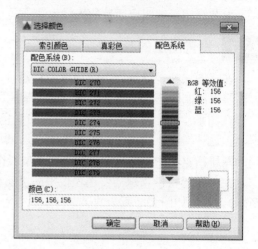

图 8-10　"配色系统"选项卡

在"选择颜色"对话框中选择"红色"，单击"确定"按钮返回"图层特性管理器"选项板，可以观察到"电气符号"图层的颜色已被修改为"红色"，如图 8-11 所示。

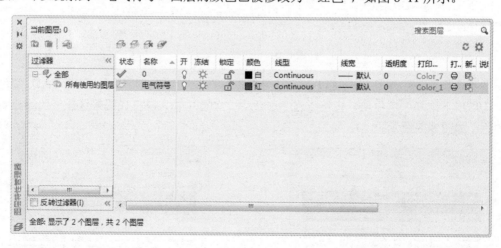

图 8-11　修改图层颜色

8.2.2　设置图层的线型

图层的线型默认为 Continuous，为图层选择其他样式的线型，一方面可以丰富图形的表现样式，另一方面也用来区别各类图层。

在"图层特性管理器"选项板中单击"线型"列下的线型按钮 Continuous （如图 8-12 所示），弹出如图 8-13 所示的"选择线型"对话框。

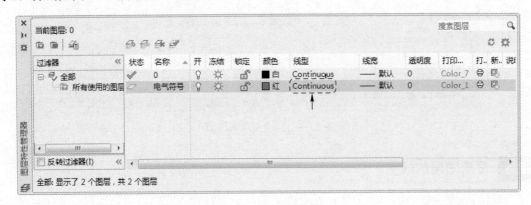

图 8-12　单击线型按钮

在对话框中显示当前图形中所包含的线型，单击"加载"按钮，弹出如图 8-14 所示的"加载或重载线型"对话框。在对话框中显示了 AutoCAD 系统提供的各种线型，单击选择其中的一种线型，按下"确定"按钮返回"选择线型"对话框，如图 8-15 所示。

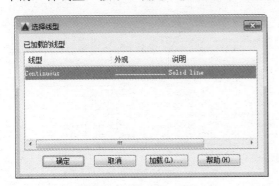
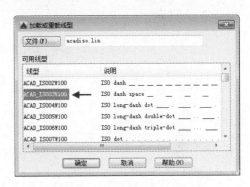

图 8-13　"选择线型"对话框　　　　　图 8-14　"加载或重载线型"对话框

在"选择线型"对话框中选择新加载的线型，单击"确定"按钮返回"图层特性管理器"选项板，可以完成为图层修改线型的操作，如图 8-16 所示。

图 8-15　选择新加载的线型

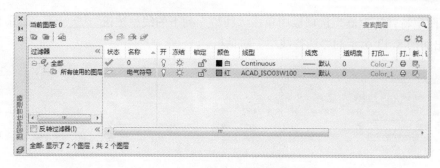

图 8-16　修改图层的线型

8.2.3　设置图层的线宽

图层的线宽会影响图形的线宽，在对图形的线宽有特殊规定时，可以通过设置图层的线宽来控制图形的线宽。

调用 LA（图层特性）命令，在"图层特性管理器"选项板中单击"线宽"列的线宽按钮 ── 默认 （如图 8-17 所示），弹出如图 8-18 所示的"线宽"对话框。

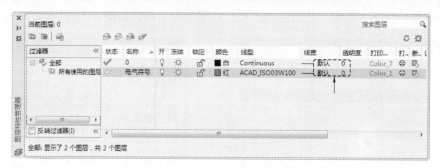

图 8-17　单击线宽按钮

在对话框中显示了各种规格的线宽，单击选择其中的一项，可以在对话框的左下角显示关于图层的线宽信息。"旧的"选项表示图层的原始线宽参数，"新的"选项表示在对话框中选中的线宽参数。

单击"确定"按钮关闭对话框，可以将选中的线宽指定给图层，如图 8-19 所示。

图 8-18　"线宽"对话框

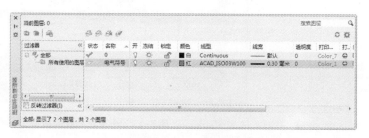

图 8-19　修改线宽

为图层设置线宽后，图层上图形的线宽也会随之更改，如图 8-20 所示为导线的线宽随着图层线宽的更改而发生了变化。

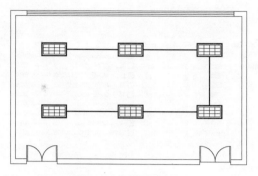

图 8-20 修改导线线宽

8.2.4 案例——创建建筑电气图层

电气图纸由各种不同类型的电气图形组成，为方便管理各类图形，需要创建各类图层，通过管理图层可以达到管理图形的目的。

本节介绍在"图层特性管理器"选项板中创建并编辑建筑电气图层的方法。

步骤 1 调用 LA（图层特性）命令，在"图层特性管理器"选项板中单击"新建图层"按钮，创建如"安防""电话"等图层，如图 8-21 所示。

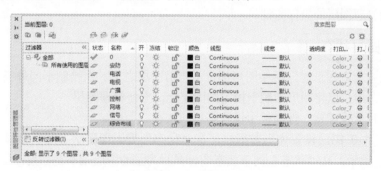

图 8-21 新建图层

步骤 2 在"颜色"列下单击颜色色块，弹出"选择颜色"对话框，在其中选择图层的颜色，结果如图 8-22 所示。

图 8-22 修改图层颜色

> **步骤 3** 在"线型"列下单击线型按钮，在"选择线型"对话框中单击"加载"按钮，在"加载或重载线型"对话框中选择线型，修改图层线型的结果如图 8-23 所示。

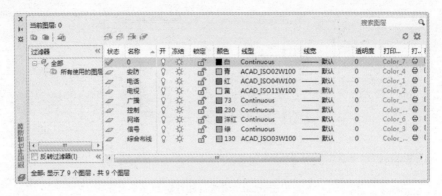

图 8-23　修改图层线型

> **步骤 4** 关闭"图层特性管理器"选项卡可以完成创建及编辑图层的操作。

8.3　图层的管理

管理图层有多种方式，如控制图层的状态、开/关图层、冻结或锁定图层等，通过管理图层，可以实现管理位于图层中各类图形的结果。

本节介绍管理图层的操作方法。

8.3.1　设置图层状态

在绘图区中绘制图形时，所绘图形都位于当前图层之上。在绘制不同种类的图形时，要记得随时转换图层，以将图形绘制于指定的图层上，方便管理图层。

在"图层特性管理器"选项板中设置图层的状态。

系统默认将 0 图层设置为当前图层，在"状态"列下图层状态的图标显示为绿色的对钩，如图 8-24 所示，在"状态"列下状态图标显示为□的图层则不是当前图层。

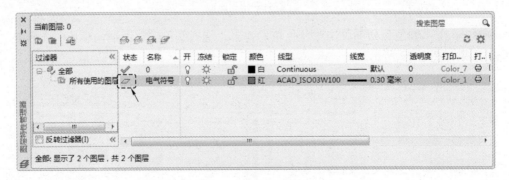

图 8-24　设置为当前图层

在图层上单击鼠标右键，在弹出的快捷菜单中选择"置为当前"命令，如图 8-25 所示，或者在状态图标上双击，可以将图层置为当前正在使用的图层，如图 8-26 所示。

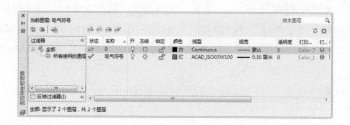

图 8-25　右键菜单　　　　　　　　　　　　　　图 8-26　置为当前

提示： 单击"图层特性管理器"选项板上方的"置为当前"按钮，或者按下〈Alt+C〉组合键，可将选中的图层设置为当前图层。

8.3.2　"图层"面板

在"图层"面板上提供了各种设置图层状态的命令按钮，如冻结/解冻图层、开/关图层、锁定/解锁图层等，如图 8-27 所示。

本节介绍"图层"面板上各命令按钮的含义。

图 8-27　"图层"面板

- "图层特性"按钮：单击此按钮，可以弹出"图层特性管理器"选项卡，在其中可以新建或者编辑图层。
- "图层"下拉列表框：在其中显示了当前图层的名称、状态（开/关、冻结/解冻等），在弹出的下拉列表中显示了当前视图中所包含的所有图层。
- "关"按钮：单击此按钮，可以关闭选定对象的图层。关闭选定对象的图层可以使该对象不可见。假如在处理图形时需要不被遮挡的视图，或者如果不想打印细节，如参考线、轴线，通过调用该命令可以帮助达到目的。
- "开"按钮：单击此按钮，之前关闭的所有图层均被重新打开，在这些图层上创建的对象将变得可见。
- "隔离"按钮：隐藏或锁定除选定对象的图层之外的所有图层。
- "取消隔离"按钮：恢复使用"隔离"命令隐藏或锁定的所有图层。
- "冻结"按钮：冻结选定对象的图层。
- "解冻所有图形"按钮：解冻之前所有冻结的图层。
- "锁定"按钮：锁定选定对象的图层。
- "解锁"按钮：解锁选定对象的图层。
- "置为当前"按钮：将当前图层设置为选定对象所在的图层。
- "匹配图层"按钮：将选定对象的图层更改为与目标图层相匹配。

- "图层状态"下拉列表框 未保存的图层状态 ▾ ：打开或者关闭用于保存、恢复和管理命名图层状态管理器。
- "上一个"按钮 ：放弃对图层设置的上一个或上一组更改。
- "更改为当前图层"按钮 ：将选定对象的图层特性更改为当前图层。
- "将对象复制到新图层"按钮 ：将一个或多个对象复制到其他图层。
- "图层漫游"按钮 ：显示选定图层上的对象，并隐藏所有其他图层上对象。
- "视口冻结当前视口以外的所有视口"按钮 ：冻结除当前视口外的其他所有布局视口中的选定图层。
- "合并"按钮 ：将选定图层合并为一个目标图层，从而将以前的图层从图形中删除。
- "删除"按钮 ：删除图层上的所有对象并清理图层。
- "锁定的图层淡入"按钮 锁定的图层淡入 50% ：控制锁定图层上对象的淡入程度。

8.3.3 图层的开关

对图层执行开、关操作，可以控制位于图层上图形的显示与隐藏。在绘制复杂图形时经常将部分图形隐藏，以方便绘制或者编辑其他图形，这时候可以通过开/关图层实现。

开/关图层的操作在"图层特性管理器"选项板中实现。

当"开"列下图层开关的图标显示为 （灯泡亮显）时，表示该图层为开启状态（如图 8-28 所示），位于图层上的图形全部显示在绘图区中。

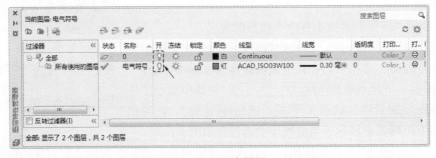

图 8-28 开启图层

当图层开关的图标显示为 （灯泡暗显）时，表示该图层为关闭状态（如图 8-29 所示），位于图层上的图形被全部隐藏。

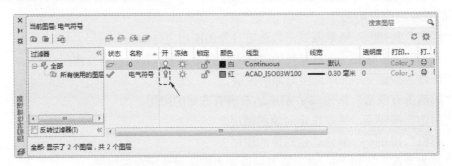

图 8-29 关闭图层

提示： 在关闭当前图层时，系统会弹出如图 8-30 所示的信息提示对话框，提示用户当前图层将被关闭，可以选择关闭图层或者保持图层的打开状态。

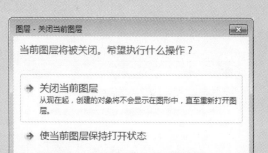

图 8-30　信息提示对话框

8.3.4　图层的冻结

冻结图层上的对象不可见。在大型的图纸中，冻结不需要的图层将加快显示和重生成的操作速度。在布局中，可以冻结各个布局视口中的图层。

图层的冻结与解冻在"图层特性管理器"选项板中实现。

当"冻结"列下的图层冻结/解冻的图标显示为 🔆（黄色的太阳）时，表示该图层处于解冻状态，如图 8-31 所示。

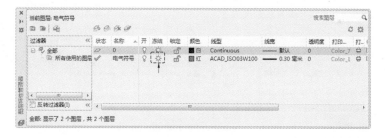

图 8-31　解冻图层

单击图标，使其转换为 ❄（蓝色的雪花）时，表示该图层处于冻结状态，如图 8-32 所示。

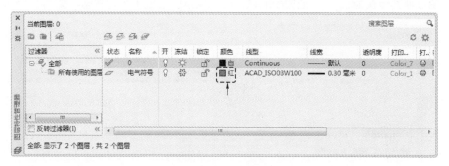

图 8-32　冻结图层

处于"解冻"状态下的图层，位于该图层上的图形可正常显示；处于"冻结"状态的图层，图层上的图形被隐藏，与关闭图层得到相同的效果。

提示： 在试图冻结当前图层时，系统会弹出"图层—无法冻结"对话框（如图 8-33 所示），提示用户不可冻结当前图层，解决方式是改变图层的状态，将其他图层置为当前。

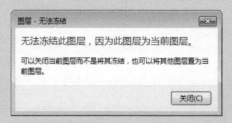

图 8-33 "图层—无法冻结"对话框

8.3.5 图层的锁定

锁定图层后，可以防止意外修改图层上的对象。还可以使用 LAYLOCKFADECTL 系统变量淡入锁定图层上对象的显示。

在"图层特性管理器"选项板中锁定或解锁图层。

当"锁定"列下的锁定/解锁图标为 （一把开启的锁）时，表示该图层处于解锁状态，如图 8-34 所示，图层上的图形正常显示。

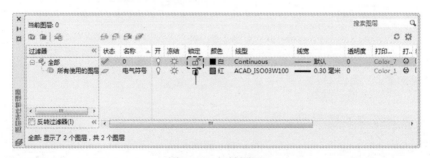

图 8-34 解锁图层

单击图标使其转换为 （一把关闭的锁）时，表示图层处于锁定状态，如图 8-35 所示。

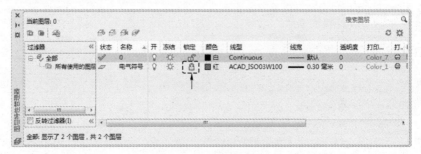

图 8-35 锁定图层

图层被锁定后，位于其中的图形暗显，如图 8-36 所示为照明系统图中的开关图形位于被锁定的图层上，则开关图形暗显。

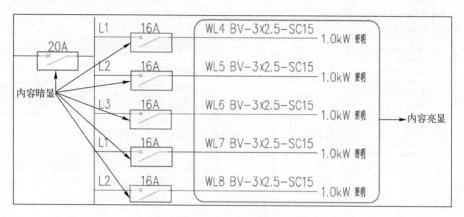

图 8-36　图形暗显

将光标移动至被锁定图层上的图形时，在光标的右上角会显示锁定的图标（一把关闭的锁），如图 8-37 所示，表明该图形已被锁定，可以被选中，但是不能被编辑。

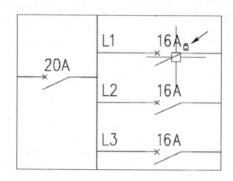

图 8-37　显示锁定图标

提示： 当需要某些图形提供参考作用，但是又要保证图形不被无意间编辑时，可以将这些图形所在的图层锁定。

8.3.6 图层的删除

删除图层在"图层特性管理器"选项板中实现。

在"图层特性管理器"选项板中选中图层，在键盘上按下〈Delete〉键，或者在图层上单击鼠标右键，在弹出的快捷菜单中选择"删除图层"命令，如图 8-38 所示，可将图层删除。

假如要删除包含对象的图层、当前图层、0 图层时，系统会调出【图层—未删除】对话框，如图 8-39 所示，提示被选中的图层无法删除，并在对话框中列出不能删除的图层类型，以供用户参考。

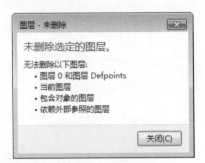

图 8-38 右键快捷菜单   图 8-39 "图层—未删除"对话框

 提示： 选中图层，单击"图层特性管理器"选项板上方的"删除图层"按钮，可将图层删除。

8.3.7 保存并输出图层状态

在 AutoCAD 中可以将设置完成的图层状态保存并输出，这样在绘制其他图形时，可以直接调用已保存输出的图层，使得所设置的图层可以在任何图形中使用，节省了创建图层、设置图层属性的时间。

在"图层特性管理器"选项板的左上角单击"图层状态管理器"图标，弹出如图 8-40 所示的"图层状态管理器"对话框。

单击右上角的"新建"按钮，弹出"要保存的新图层状态"对话框，在其中设置"新图层状态名"参数，以及"说明"文字，如图 8-41 所示。

图 8-40 "图层特性管理器"对话框   图 8-41 "要保存的新图层状态"对话框

单击"确定"按钮返回"图层状态管理器"对话框，在"图层状态"预览框中显示新建操作的结果，如图 8-42 所示。

单击右侧的"编辑"按钮，弹出如图 8-43 所示的"编辑图层状态：电气符号（副本）"对话框，在其中可以编辑图层的属性，如颜色、线型、线宽等，也可保持原参数值不变。

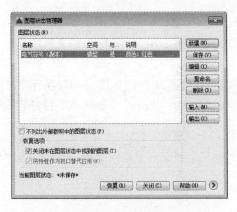

图 8-42 新建结果　　　　　　图 8-43 "编辑图层状态：电气符号（副本）"对话框

单击"确定"按钮返回"图层状态管理器"对话框，单击右侧的"输出"按钮，弹出"输出图层状态"对话框，设置文件名称及保存路径，如图 8-44 所示，单击"保存"按钮可将图层状态保存输出。

图 8-44 "输出图层状态"对话框

8.3.8 调用图层设置

在上一节中介绍了保存输出图层状态的操作方法，本节介绍调用图层设置的方式。

调用 LA（图层特性）命令，弹出如图 8-45 所示的"图层特性管理器"选项板。单击左上角的"图层状态管理器"图标，弹出"图层状态管理器"对话框。

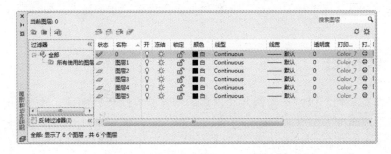

图 8-45 "图层特性管理器"选项板

在"图层状态管理器"对话框中单击右侧的"输入"按钮，弹出"输入图层状态"对话框。在"文件类型"下拉列表框中选择"图层状态（*.las）"选项，在"名称"列表框中选择"电气符号（副本）"选项，如图 8-46 所示。

单击"打开"按钮返回"图层状态管理器"对话框，此时系统弹出如图 8-47 所示的"图层状态—成功输入"对话框，提示用户图层状态已成功输入，单击"恢复状态"按钮可以恢复当前图形中的图层状态。

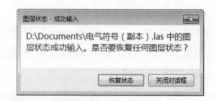

图 8-46 "输入图层状态"对话框　　　　　　图 8-47 "图层状态—成功输入"对话框

在"图层特性管理器"选项板中显示已被成功输入的图层状态（即"电气符号"图层），如图 8-48 所示。

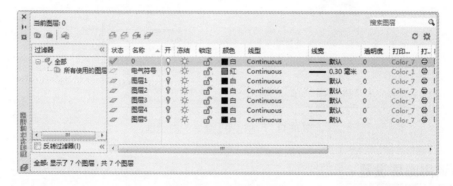

图 8-48 输入图层状态

提示： 在输出图层状态时所设置的"图层状态"名称仅在"图层状态管理器"对话框中显示，图层状态被输入后，其名称与保存输出前相一致。

8.4 对象特性

图形的特性有多种，以矩形为例，其常规的特性就有颜色、图层、线型、线型比例、打印样式、线宽、透明度、厚度等。除此之外，还有三维效果、几何图形方面的特性。

本节介绍编辑对象特性的方法。

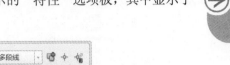

8.4.1 编辑对象特性

以矩形为例，介绍编辑对象几何特性的方法。

选择矩形，按下〈Ctrl+1〉组合键，弹出如图 8-49 所示的"特性"选项板，其中显示了 4 项参数，如常规、三维效果、几何图形、其他。

图 8-49 "特性"面板

- "颜色"选项：单击"颜色"选项右侧的向下箭头，在弹出的列表中选择其中的一项可以修改对象的颜色，如图 8-50 所示。或者选择"选择颜色"选项，在"选择颜色"对话框中设置对象的颜色。
- "图层"选项：在弹出的列表中显示当前图形中所包含的全部图层，如图 8-51 所示，选择相应选项可以修改对象的图层。
- "线型"选项：在弹出的列表中显示当前图形中已加载的所有线型，如图 8-52 所示，选择其中的一项可以修改对象的线型。

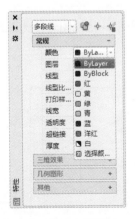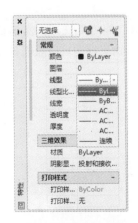

图 8-50 "颜色"下拉列表　　图 8-51 "图层"下拉列表　　图 8-52 "线型"下拉列表

- "打印样式"选项：显示当前图形中的打印样式。

● "线宽"选项：在下拉列表中显示线宽的类型，如图 8-53 所示，选择其中的一项可以修改对象的线宽，如图 8-54 所示。

图 8-53 "线宽"下拉列表

矩形线宽为0　　矩形线宽为0.53mm

图 8-54 修改对象线宽

● "透明度"选项：激活该选项后输入数值来修改对象的透明度，如图 8-55 所示。

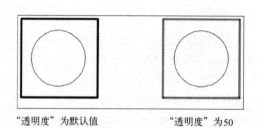

"透明度"为默认值　　"透明度"为50

图 8-55 修改对象"透明度"

● "厚度"选项：激活该选项后设置厚度参数，如图 8-56 所示，将视图转换为三维等轴测视图可以查看厚度的设置效果，如图 8-57 所示。

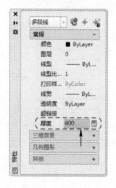

图 8-56 "厚度"选项

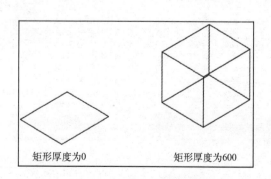

矩形厚度为0　　矩形厚度为600

图 8-57 修改对象的厚度

在"特性"面板中编辑对象的常规参数非常方便，并且可以实时查看修改效果，以便用户随时调整各选项的参数值。

8.4.2 特性匹配

通过执行"特性匹配"命令，可以将源对象的特性赋予目标对象。

执行"特性匹配"命令的方式如下：

➤ 面板：单击"默认"面板上的"特性匹配"命令按钮。

➤ 命令行：在命令行中输入 MATCHPROP/MA 命令按下〈Enter〉键。

执行命令后，操作过程如下：

命令: MATCHPROP/MA↙

选择源对象:

当前活动设置: 颜色 图层 线型 线型比例 线宽 透明度 厚度 打印样式 标注 文字 图案填充 多段线 视口 表格材质 阴影显示 多重引线

选择目标对象或 [设置(S)]:

执行命令后按下〈Enter〉键选择源对象，输入 S 打开如图 8-58 所示的"特性设置"对话框，其中被选中的复选框是可以执行匹配操作的选项，取消选中其中的某个复选框则不能匹配该项特性。

接着拾取目标对象，可以完成特性匹配的操作，如图 8-59 所示。

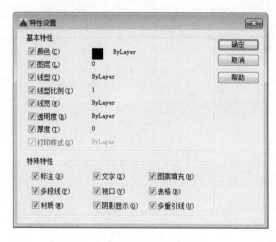

图 8-58 "特性设置"对话框

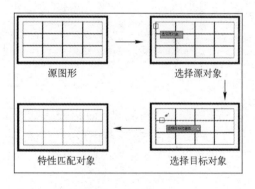

图 8-59 特性匹配

8.5 设计专栏

8.5.1 上机实训

根据表 8-1 中所提供的参数，在"图层特性管理器"选项板中创建图层并设置图层的名称及颜色，如图 8-60 所示。

表 8-1　图层属性参数

状态	名称	开	冻结	锁定	颜色	线型	线宽
非当前图层	标注	开	解冻	解锁	绿	Continuous	默认
非当前图层	低压断路器	开	解冻	解锁	234	Continuous	默认
非当前图层	行程开关	开	解冻	解锁	194	Continuous	默认
非当前图层	继电器	开	解冻	解锁	200	Continuous	默认
非当前图层	接触器	开	解冻	解锁	152	Continuous	默认
非当前图层	控制按钮	开	解冻	解锁	25	Continuous	默认
非当前图层	控制器	开	解冻	解锁	62	Continuous	默认
非当前图层	启动器	开	解冻	解锁	42	Continuous	默认
非当前图层	线路	开	解冻	解锁	黄	Continuous	默认
非当前图层	转换开关	开	解冻	解锁	白	Continuous	默认

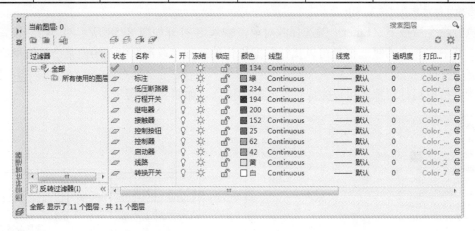

图 8-60　创建图层

在绘制电气控制图时，需要绘制各种各样的电气元件，为各类图形标注创建指定的图层，可以方便显示及管理图形。

也可以不为各元件单独创建图层，如创建一个名称为"电气元件"的图层，在该图层上绘制所有的电气元件也是较常用的一种方法。

创建图层的步骤如下：

步骤 1　调用 LA（图层特性）命令，弹出"图层特性管理器"选项板。

步骤 2　单击对话框左上角的"新建图层"按钮，依次创建新图层。

步骤 3　选中新图层，按下〈F2〉键，输入新图层的名称。

步骤 4　为新图层依次修改名称，可以完成创建图层的操作。

8.5.2　绘图锦囊

冻结图层上的对象不参加系统运算，即不参加重生成、消隐、渲染和打印等操作。而关闭图层上的对象要参加系统运算。因此在复杂图形中冻结暂时不需要的图层，可以加快系统的操作速度。

当用户保存了多个图层状态时，在绘图过程中，只需要在这些图层状态之间进行切换即可。这对于绘图效率的提高很有帮助。

只要未更改图层设置，也可以通过使用"图层"工具栏上的"上一个图层"按钮（或者在命令行的提示下输入 LAYERP）来将图层恢复为上一个图层状态。

假如当前图层被关闭，仍然可以在当前图层中绘制图形，但是所绘制的图形将会自动隐藏。

在 AutoCAD 中，当前图层可以被关闭但是不能被冻结。

一旦修改当前图层的颜色、线宽、线型，则之后所绘制的所有图形都继承这一颜色、线宽、线型，直到下次更改。

执行图层合并命令，并选择了要合并的图层上的对象后，系统会自动地选中和该对象在同一图层上的所有对象。

第 9 章

使用文字和表格

本章要点

- 创建文字样式
- 输入与编辑单行文字
- 输入与编辑多行文字
- 创建表格
- 设计专栏

在绘制 AutoCAD 图纸时通常需要添加文字或者表格，文字标注有单行文字与多行文字两种类型，在添加文字标注的时候可以根据实际情况来选择合适的文字标注类型。假如绘制名称标注等较为简短的文字标注，如标注图名时可以绘制单行文字，而多行文字则都可用来绘制简短的文字标注及长篇的设计说明。

通过绘制表格来标注图形，有一目了然、清楚明白的效果，多用来绘制材料表、门窗表等。

本章介绍绘制文字与表格的操作方法。

9.1 创建文字样式

文字标注样式在"文字样式"对话框中创建、编辑，通过在对话框中设置文字样式的名称、字体、高度等参数，可以控制所绘制的标注文字的显示效果。

调用"文字样式"命令的方式如下：

➢ 面板：在"注释"面板上单击"文字样式"按钮，在弹出的下拉列表中选择"管理文字样式"选项，如图 9-1 所示。

➢ 命令行：在命令行中输入 STYLE/ST 并按下〈Enter〉键。

执行上述任意一项操作方式，系统弹出如图 9-2 所示的"文字样式"对话框，在其中可以创建新的文字样式，或者编辑已有文字样式的参数。

图 9-1 选择"管理文字样式"选项

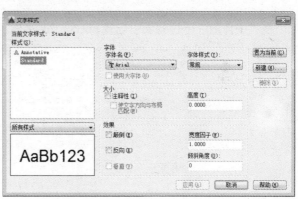
图 9-2 "文字样式"对话框

单击对话框右上角的"新建"按钮，弹出"新建文字样式"对话框，系统默认将新样式命名为"样式 1"，如图 9-3 所示。用户可以沿用系统所提供的默认样式名称，也可以自定义样式名称，如将新样式的名称修改为"电气文字标注"，如图 9-4 所示。

图 9-3 "新建文字样式"对话框

图 9-4 自定义样式名称

单击"确定"按钮返回"文字样式"对话框，可以查看到新创建的文字样式名称显示在左侧的名称列表中，右侧显示的是新样式的各项参数，如字体、高度等。

系统默认新建样式的字体为 Arial、高度为 0、宽度为 1、倾斜角度为 0，如图 9-5 所示。为了使所创建的文字样式符合绘图要求，需要根据所绘图纸的实际情况来修改文字样式的字体、高度等参数。

图 9-5　默认参数

在"字体名"下拉列表中选择 gbenor.shx 字体，如图 9-6 所示。

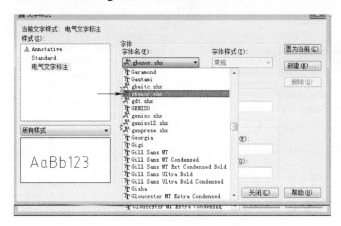

图 9-6　选择字体样式

接着选中"SHX 字体"下拉列表框下的"使用大字体"复选框，在右侧的"大字体"下拉列表中选择 gbcbig.shx 字体。在"大小"选项组下设置"高度"为 200，如图 9-7 所示。

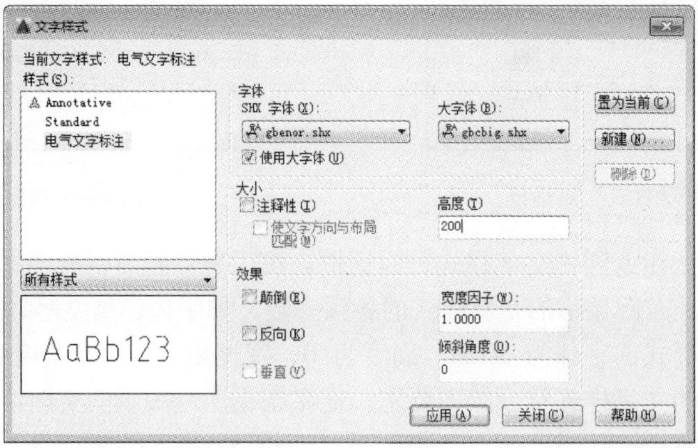

图 9-7　设置参数

单击右下角的"应用"按钮，将所创建的文字样式应用到当前图形中，接着单击右上角的"置为当前"按钮，将新样式设置为当前正在使用的文字样式，如图 9-8 所示。单击"关闭"按钮，关闭对话框以完成创建文字样式的操作。

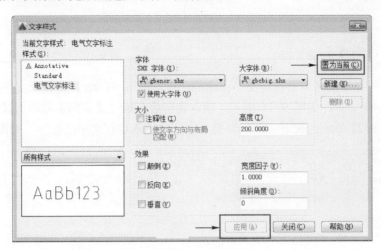

图 9-8　完成样式参数的设置

 提示：　Annotative 文字样式为默认的注释样式，在需要绘制注释性文字标注时可以使用该样式，或者在设置新样式参数时选择"大小"选项组下的"注释性"复选框，同样可以将注释性赋予指定的文字样式。

9.2　输入与编辑单行文字

输入单行文字来标注图形是常见的操作方式之一，而所输入的文字又不总是符合实际的绘图情况，因此需要对文字的大小、排列样式等进行编辑，本节介绍输入及编辑单行文字的操作方法。

9.2.1　输入单行文字

绘制简短的文字来标注图形是绘制 AutoCAD 图形的惯用操作技法，可以通过调用"单行文字"命令来实现。

调用"单行文字"命令的方式如下：

➢ 面板：单击"注释"面板上的"单行文字"命令按钮囚。

➢ 命令行：在命令行中输入 TEXT 并按下〈Enter〉键。

执行命令后，操作过程如下：

命令：TEXT↙

当前文字样式："电气文字标注"　文字高度：200.0000　注释性：否　对正：左

指定文字的起点 或 [对正(J)/样式(S)]:　　　　　//如图 9-9 所示

指定文字的旋转角度 <0>:　　　　　　　　　//如图 9-10 所示

图 9-9　指定起点　　　　　　　　　图 9-10　按下〈Enter〉键默认角度值

　　调用命令后在绘图区单击指定文字标注的起点，按下〈Enter〉键设置文字的旋转角度为 0，接着输入标注文字，如图 9-11 所示；输入完毕后在标注文字的末尾单击以结束文字的输入操作，如图 9-12 所示；按下〈Enter〉键可以完成输入单行文字的操作，如图 9-13 所示。

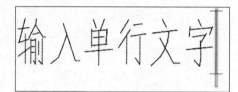

图 9-11　输入文字　　　　　　　　　图 9-12　单击左键

$$输入单行文字$$

图 9-13　输入结果

> **提示：** 在命令行提示"指定文字的旋转角度 <0>"时，用户可以自定义文字的旋转角度，如 90°、270°、45° 等常见的倾斜角度，如图 9-14 所示。

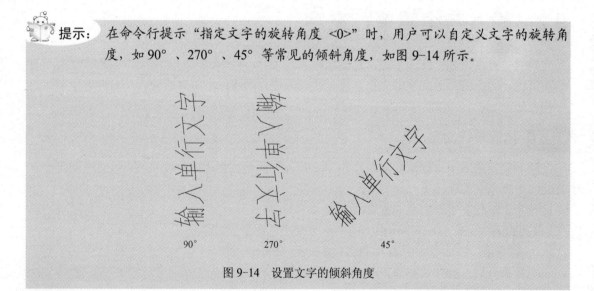

图 9-14　设置文字的倾斜角度

9.2.2　案例——绘制单行文字标注

　　本节介绍调用"单行文字"命令为电路图绘制文字标注的操作方式。

步骤 1 打开素材。按下〈Ctrl+O〉组合键，打开配套光盘提供的"第 9 章\9.2.2 案例——绘制单行文字标注.dwg"文件，如图 9-15 所示。

步骤 2 单击"注释"面板上的"单行文字"命令按钮A，单击指定文字的起点，输入文字的旋转角度为 0。

步骤 3 接着在在位编辑框中输入标注文字，并在在位编辑框外单击，按下〈Enter〉键可完成绘制单行文字的操作，如图 9-16 所示。

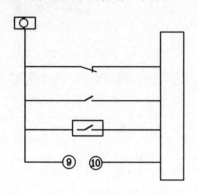
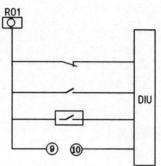
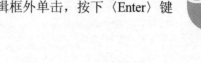

图 9-15　打开素材　　　　　　　　　　图 9-16　绘制单行文字

步骤 4 按下〈Enter〉键重复调用"单行文字"命令，完成电路图的文字标注，结果如图 9-17 所示。

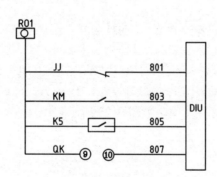

图 9-17　标注结果

9.2.3 对齐单行文字

执行对齐单行文字命令，可以对齐并间隔排列选定的文字对象。

调用对齐单行文字命令的方式如下：

➤ 面板：单击"注释"面板上的"文字对齐"命令按钮。

➤ 命令行：在命令行中输入 TEXTALIGN 并按下〈Enter〉键。

执行命令后，操作过程如下：

命令：TEXTALIGN↙

当前设置：对齐 = 左对齐，间距模式 = 当前垂直

选择要对齐的文字对象 [对齐(I)/选项(O)]: 找到 1 个　　　　//如图 9-18 所示

选择要对齐到的文字对象　[点(P)]:　　　　　　　　　//如图 9-19 所示

间距模式：当前垂直

拾取第二个点或 [选项(O)]:　　　　　　　　　　　//如图 9-20 所示

图 9-18　选择源对象

图 9-19　选择目标对象

依次选取对齐源对象与对齐目标对象，移动鼠标指定对齐的第二个点，单击即可完成对齐操作，如图 9-21 所示。

图 9-20　指定对齐点

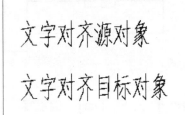

图 9-21　文字对齐

系统默认的对齐方式为"垂直对齐"，通过选择"选项（O）"选项，可以调用其他的对齐方式。

在命令行提示"选择要对齐的文字对象 [对齐(I)/选项(O)]"时，选择"对齐(I)"选项，在弹出的列表中显示了多种对齐方式，如图 9-22 所示。选择其中的一种，系统可按照所指定的对齐方式来对齐选中的标注文字，如图 9-23 所示。

图 9-22　对齐方式列表　　　　　　　　　图 9-23　居中对齐

选择"选项(O)"选项，在弹出的列表中可以设置对齐的间距及对齐的样式。如选择"设置间距"选项，命令行提示如下：

命令：TEXTALIGN↙

当前设置：对齐 = 居中，间距模式 = 设置间距(0)

选择要对齐的文字对象 [对齐(I)/选项(O)]: O↵

输入选项 [分布(D)/设置间距(S)/当前垂直(V)/当前水平(H)] <设置间距>: S↵
//选择"设置间距(S)"选项

设置间距 <0>: 300↵　　　　　　　　　//设置间距参数值

当前设置: 对齐 = 居中，间距模式 = 设置间距(300)

选择要对齐的文字对象 [对齐(I)/选项(O)]: 找到 1 个

选择要对齐到的文字对象 [点(P)]:　　　　//分别选择对齐源对象及目标对象

间距模式: 设置间距(300)

拾取第二个点或 [选项(O)]:　　//指定第二个点可以按照所设定的间距值对齐对象，如图 9-24 所示

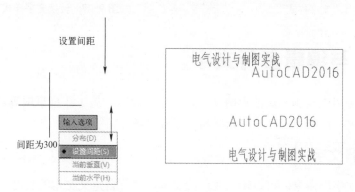

图 9-24　设置对齐间距

9.2.4　编辑单行文字

对单行文字可以执行的编辑操作包括更改其文字内容及文字样式，本节介绍编辑单行文字的操作方法。

将光标置于待编辑的单行文字上，双击进入在位编辑状态，于在位编辑框中输入新的文字标注内容，接着在文字的末尾单击，按下〈Enter〉键可以完成编辑单行文字内容的操作，如图 9-25 所示。

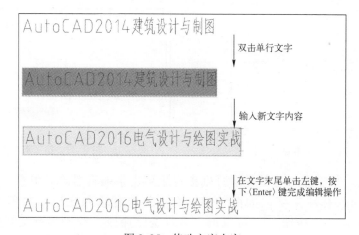

图 9-25　修改文字内容

选中单行文字，单击"注释"面板上的"文字样式"按钮，在弹出的列表中选择其他样式，如图 9-26 所示，可以将所选的文字样式指定给选中的单行文字，如图 9-27 所示。

图 9-26　选择"文字样式"

图 9-27　转换文字样式

9.3　输入与编辑多行文字

多行文字命令用来绘制长篇的说明文字，如设计说明、施工注意事项等。因其便利的输入与编辑得到广大用户的喜爱，本节介绍输入与编辑多行文字的操作方法。

9.3.1　输入多行文字

调用"多行文字"命令，可以输入成段的文本，并可自定义文本的长度。

调用"多行文字"命令的方式如下：

➤ 面板：单击"注释"面板上的"多行文字"命令按钮Ａ。

➤ 命令行：在命令行中输入 MTEXT/MT 并按下〈Enter〉键。

执行命令后，操作过程如下：

命令:MTEXT↙

当前文字样式:"电气文字标注"　文字高度：　200　注释性：　否

指定第一角点：　　　　　　　　　　　　　　　　　　　　//如图 9-28 所示

指定对角点或 [高度(H)/对正(J)/行距(L)/旋转(R)/样式(S)/宽度(W)/栏(C)]：　//如图 9-29 所示

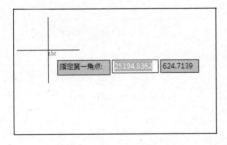

图 9-28　指定第一角点

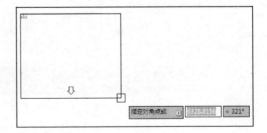

图 9-29　指定对角点

执行命令后，根据命令行的提示分别指定矩形文字编辑器的对角点，接着在弹出的文字编辑器中输入标注文字，如图 9-30 所示。内容输入完毕后，单击面板右上角的"关闭文字编辑器"按钮⊠，可以退出多行文字命令。绘制多行文字标注的结果如图 9-31 所示。

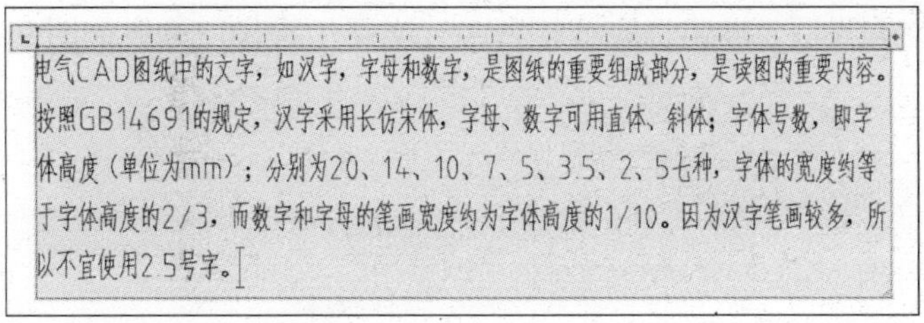

电气CAD图纸中的文字，如汉字，字母和数字，是图纸的重要组成部分，是读图的重要内容。按照GB14691的规定，汉字采用长仿宋体，字母、数字可用直体、斜体；字体号数，即字体高度（单位为mm）；分别为20、14、10、7、5、3.5、2、5七种，字体的宽度约等于字体高度的2/3，而数字和字母的笔画宽度约为字体高度的1/10。因为汉字笔画较多，所以不宜使用2.5号字。

图 9-30　输入文字内容

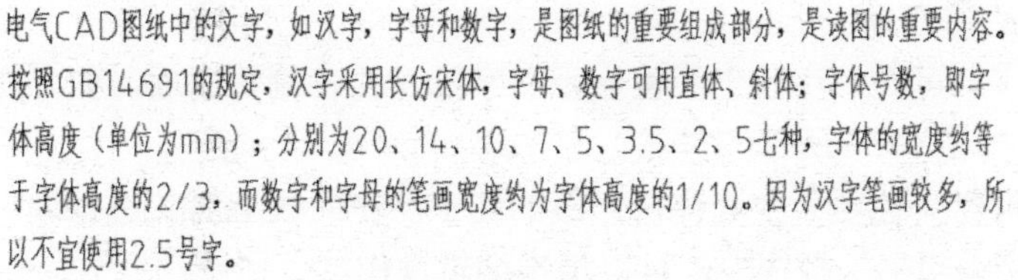

电气CAD图纸中的文字，如汉字，字母和数字，是图纸的重要组成部分，是读图的重要内容。按照GB14691的规定，汉字采用长仿宋体，字母、数字可用直体、斜体；字体号数，即字体高度（单位为mm）；分别为20、14、10、7、5、3.5、2、5七种，字体的宽度约等于字体高度的2/3，而数字和字母的笔画宽度约为字体高度的1/10。因为汉字笔画较多，所以不宜使用2.5号字。

图 9-31　绘制多行文字

提示：　在输入多行文字内容时，按下〈Enter〉键可以换行。将光标置于文字编辑器的边框，待边框转换成双箭头样式时，按住鼠标左键不放移动鼠标，可调整文字编辑器的长宽尺寸。

9.3.2 案例——绘制电动机电路图设计说明

本节介绍通过调用"多行文字"命令来绘制电动机电路图设计说明的操作方法。

步骤 1 单击"注释"面板上的"多行文字"命令按钮Ａ，分别单击以指定在位编辑框的对角点，在弹出的在位编辑框中输入设计说明的标题文字，如图 9-32 所示。

设计说明：

图 9-32　输入标题文字

步骤 2 按下〈Enter〉键转换至下一行，输入设计说明的内容，如图 9-33 所示。

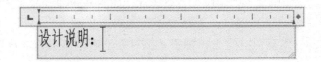

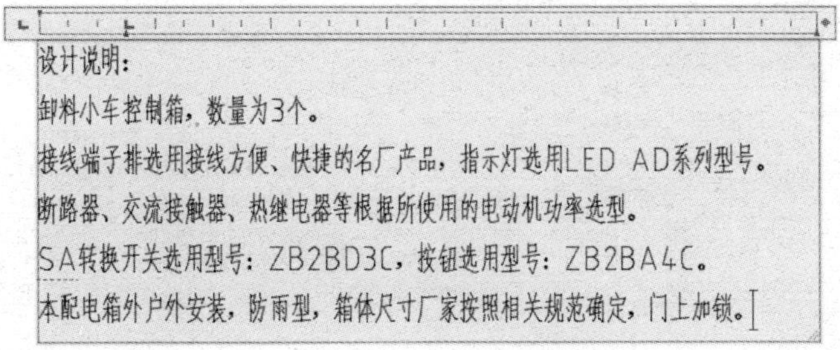

设计说明：
卸料小车控制箱，数量为3个。
接线端子排选用接线方便、快捷的名厂产品，指示灯选用LED AD系列型号。
断路器、交流接触器、热继电器等根据所使用的电动机功率选型。
SA转换开关选用型号：ZB2BD3C，按钮选用型号：ZB2BA4C。
本配电箱外户外安装，防雨型，箱体尺寸厂家按照相关规范确定，门上加锁。

图 9-33　输入说明内容

步骤 3 于在位编辑框外单击以完成输入多行文字的操作，结果如图 9-34 所示。

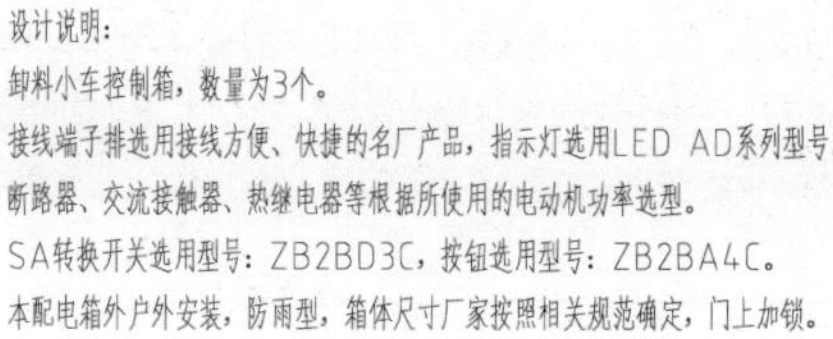

> 设计说明：
> 卸料小车控制箱，数量为3个。
> 接线端子排选用接线方便、快捷的名厂产品，指示灯选用LED AD系列型号。
> 断路器、交流接触器、热继电器等根据所使用的电动机功率选型。
> SA转换开关选用型号：ZB2BD3C，按钮选用型号：ZB2BA4C。
> 本配电箱户外安装，防雨型，箱体尺寸厂家按照相关规范确定，门上加锁。

图 9-34　输入完毕

9.3.3　编辑多行文字

双击多行文字，可在"注释"面板显示文字标注的各编辑选项，如"样式""格式""段落""插入"等，如图 9-35 所示。

在"文字编辑器"选项卡中选择待修改的文字，在面板上对其进行编辑修改，单击面板右侧的"关闭文字编辑器"按钮，可以退出编辑操作。

图 9-35　各编辑选项区域

- "样式"列表框：在其中显示了当前图形所包含的各类文字样式，单击选择其中的一种可以将其指定为多行文字标注。
- "注释性"选项：为新的或选中的多行文字启用或禁用注释性。
- "文字高度"选项：为新的或选定的文字对象设置字符高度，所采用的单位为当前的图形单位。
- "遮罩"选项：单击此按钮，弹出"背景遮罩"对话框，选中"使用背景遮罩"复选框，可以为选中的文字对象添加背景遮罩，如图 9-36 所示。在"填充颜色"选项组下可以选择背景遮罩的颜色，选择"使用图形背景颜色"选项，则使用当前图形背景的颜色作为遮罩颜色，将光标置于文字对象上可以显示遮罩背景颜色，如图 9-37 所示。
- "匹配文字格式"按钮：可将选中的文字格式应用到相同的多行文字对象中的其他字符。在面板上再次单击该按钮或者按下〈Esc〉键可以退出匹配操作。
- "粗体"按钮：选中字符单击该按钮，可以加粗文字。

电气CAD图纸中的文字，如汉字、字母和数字，是图纸的重要组成部分，是读懂图纸的重要内容。按照GB14691的规定，汉字采用长仿宋体，字母、数字可用直体、斜体；字体号数、即字体高度（单位为mm）；分别为20、14、10、7、5、3.5、2.5七种，字体的宽度均等于字体高度约2/3，而数字和字母的笔画宽度均为字体高度的1/10。因为汉字笔画较多，所以不宜使用2.5号字。

图 9-36　添加背景遮罩

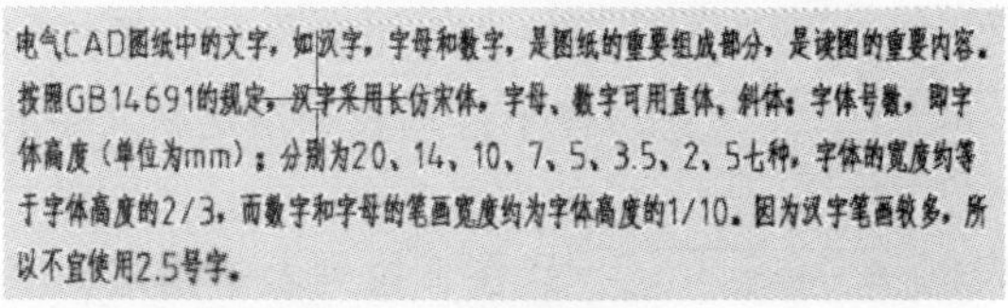

电气CAD图纸中的文字，如汉字、字母和数字，是图纸的重要组成部分，是读图的重要内容。按照GB14691的规定，汉字采用长仿宋体，字母、数字可用直体、斜体；字体号数，即字体高度（单位为mm）：分别为20、14、10、7、5、3.5、2、5七种，字体的宽度约等于字体高度的2/3，而数字和字母的笔画宽度约为字体高度的1/10。因为汉字笔画较多，所以不宜使用2.5号字。

图 9-37　使用图形背景颜色

- "斜体"按钮 $\boxed{I}$ ：可以为新的或者选中的文字对象启用或禁用斜体格式。
- "删除线"按钮 $\boxed{A}$ ：选中标注文字，单击此按钮可为其添加删除线，如图 9-38 所示。

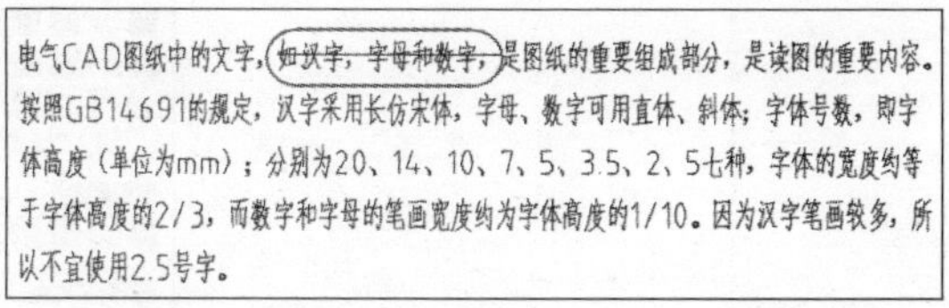

电气CAD图纸中的文字，~~如汉字、字母和数字~~，是图纸的重要组成部分，是读图的重要内容。按照GB14691的规定，汉字采用长仿宋体，字母、数字可用直体、斜体；字体号数，即字体高度（单位为mm）：分别为20、14、10、7、5、3.5、2、5七种，字体的宽度约等于字体高度的2/3，而数字和字母的笔画宽度约为字体高度的1/10。因为汉字笔画较多，所以不宜使用2.5号字。

图 9-38　添加删除线

- "下画线"选项 $\boxed{U}$ ：在文字编辑器中选中标注文字，单击面板上的"下画线"按钮 $\boxed{U}$ ，可以为选中的文字添加下画线，如图 9-39 所示。

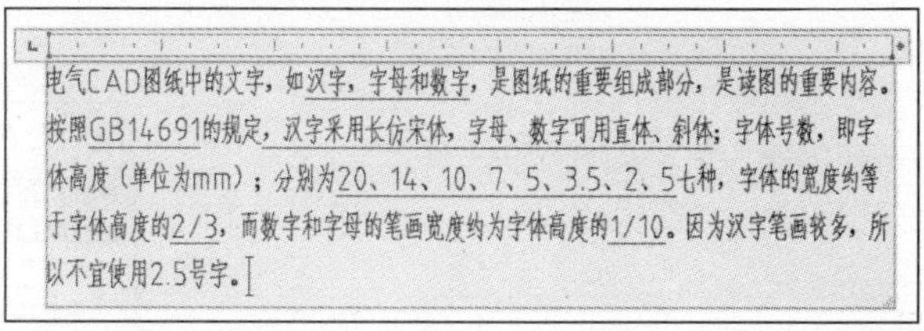

电气CAD图纸中的文字，如汉字、字母和数字，是图纸的重要组成部分，是读图的重要内容。按照GB14691的规定，汉字采用长仿宋体，字母、数字可用直体、斜体；字体号数，即字体高度（单位为mm）；分别为20、14、10、7、5、3.5、2、5七种，字体的宽度约等于字体高度的2/3，而数字和字母的笔画宽度约为字体高度的1/10。因为汉字笔画较多，所以不宜使用2.5号字。

图 9-39　添加下画线

- "上画线"按钮 $\boxed{O}$ ：单击该按钮为选中的字符添加上画线。
- "堆叠"按钮 $\boxed{b}$ ：单击该按钮，可以使用斜线（/）垂直堆叠分数，使用磅字符（#）沿对角方向堆叠分数，使用插入符号（^）堆叠公差。
- "上标"按钮 $\boxed{x}$ ：单击该按钮将选定的文字转为上标或者将其切换为关闭状态，如图 9-40 所示。
- "下标"按钮 $\boxed{x}$ ：单击该按钮将选定的文字转为下标或者将其切换为关闭状态，如图 9-41 所示。

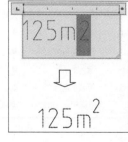

图 9-40　上标

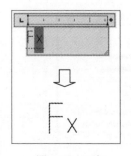

图 9-41　下标

● "大写"按钮⊞、"小写"按钮⊞：更改选定文字的大小写。
● "字体"按钮 ▨ gbenor ▾：在下拉列表中指定新文字的字体或者更改选中文字的字体，如图 9-42 所示。
● "颜色"下拉列表框 ■ ByLayer ▾：在下拉列表中指定新字体的颜色或者更改选定字体的颜色，如图 9-43 所示。

图 9-42　文字格式列表

图 9-43　颜色列表

● "清除"按钮▨：清除选定的格式，如字符格式、段落格式等，如图 9-44 所示。
● "对正"按钮▨：在下拉列表中选择文字对正的方式并将其应用于选中的文字，如图 9-45 所示。

图 9-44　清除格式

图 9-45　对正方式

● "项目符号和编号"下拉按钮：为选定的文字创建标记符号，标记符号的类型有数字、字母等，如图 9-46 所示。

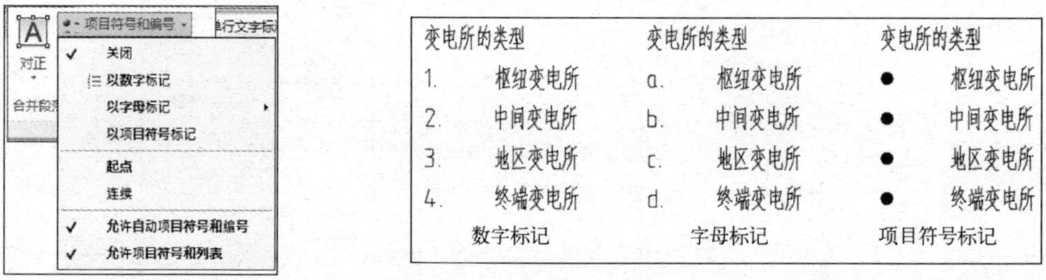

变电所的类型		变电所的类型		变电所的类型	
1.	枢纽变电所	a.	枢纽变电所	●	枢纽变电所
2.	中间变电所	b.	中间变电所	●	中间变电所
3.	地区变电所	c.	地区变电所	●	地区变电所
4.	终端变电所	d.	终端变电所	●	终端变电所
	数字标记		字母标记		项目符号标记

图 9-46　创建标记符号

● "行距" 按钮 ⊟：设置选定段落的行距，如图 9-47 所示。

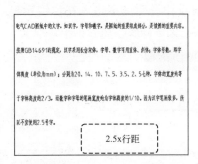

图 9-47　设置行距

● "默认" ▣、"左对齐" ▣、"居中" ▣、"右对齐" ▣、"对正" ▣、"分散对齐" ▣ 按钮：对选定的段落文字执行对齐操作。

● "符号" 按钮 @：在段落中添加特殊字符，例如度数、角度、直径等，如图 9-48 所示。

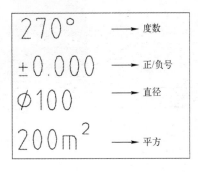

图 9-48　添加特殊字符

● "标尺" 按钮 ▭ 标尺：显示或者隐藏编辑器顶部的标尺，如图 9-49 所示。

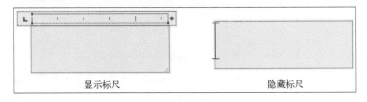

图 9-49　显示/隐藏标尺

9.3.4　案例——编辑设计说明文字

本节介绍编辑在 9.3.2 小节中所绘制的电动机电路图设计说明文字的操作方式。

步骤 1 双击设计说明文字进入在位编辑框，选择标题文字，在"注释"选项卡中的"样式"面板内的"文字高度"组合框中修改文字高度为350，如图9-50所示。

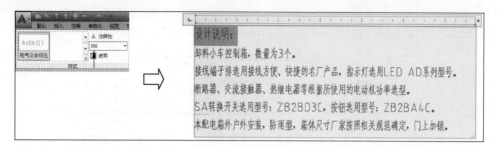

图9-50 修改字高

步骤 2 选中说明内容文字，在"注释"选项卡中的"段落"面板内的"项目符号和编号"下拉列表中选择"以数字标记"选项，对段落文字进行标记的结果如图9-51所示。

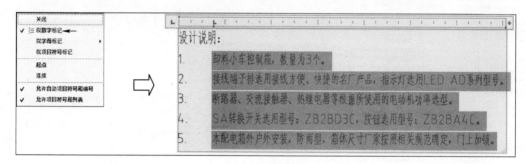

图9-51 标记结果

步骤 3 在"段落"面板内的"行距"列表中选择 1.5x 的行间距值，调整段落文字的行距，结果如图9-52所示。

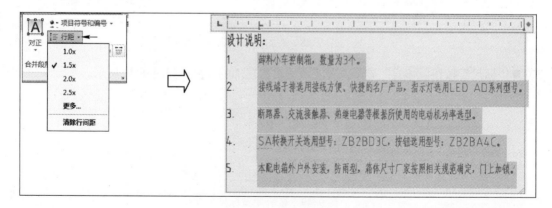

图9-52 调整行距

步骤 4 单击"格式"面板内单击"下画线"按钮 U，为段落中的重点文字添加下画线，如图9-53所示。

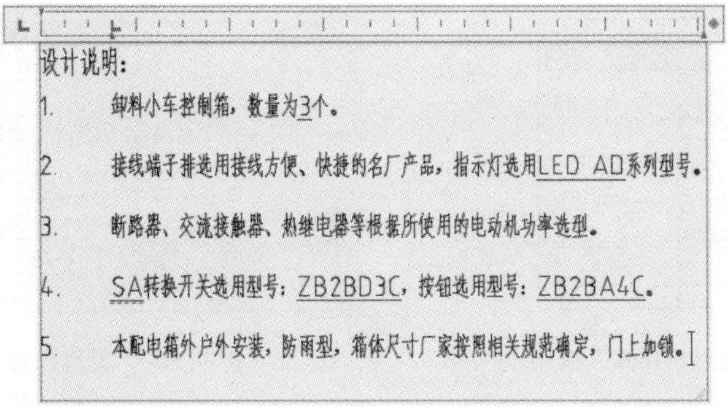
设计说明:
1. 卸料小车控制箱，数量为3个。
2. 接线端子排选用接线方便、快捷的名厂产品，指示灯选用LED AD系列型号。
3. 断路器、交流接触器、热继电器等根据所使用的电动机功率选型。
4. SA转换开关选用型号：ZB2BD3C，按钮选用型号：ZB2BA4C。
5. 本配电箱外户外安装，防雨型，箱体尺寸厂家按照相关规范确定，门上加锁。

图 9-53 添加下画线

步骤 5 于在位编辑框外单击，完成编辑多行文字的操作结果如图 9-54 所示。

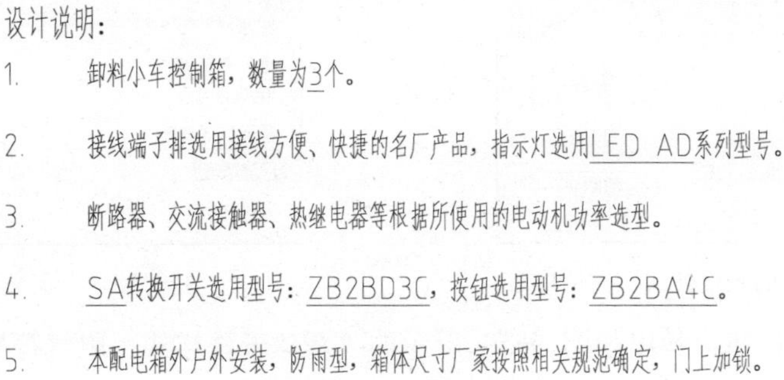
设计说明:
1. 卸料小车控制箱，数量为3个。
2. 接线端子排选用接线方便、快捷的名厂产品，指示灯选用LED AD系列型号。
3. 断路器、交流接触器、热继电器等根据所使用的电动机功率选型。
4. SA转换开关选用型号：ZB2BD3C，按钮选用型号：ZB2BA4C。
5. 本配电箱外户外安装，防雨型，箱体尺寸厂家按照相关规范确定，门上加锁。

图 9-54 编辑结果

9.4 创建表格

在电气图纸中，表格通常用来绘制电气图例表。电气图例表由电气符号与说明文字组成，用来说明符号的名称。本节介绍创建表格及往表格中添加内容的操作方法。

9.4.1 创建表格样式

调用表格样式命令，通过设置表格的文字、边框及颜色等常规特性来创建表格样式。

调用表格样式命令的方式如下：

- 面板：在“注释”面板上单击“表格样式”选项，在弹出的列表中选择“管理表格样式”选项，如图 9-55 所示。
- 命令行：在命令行中输入 TABLESTYLE 并按下〈Enter〉键。

执行上述任意一项命令后，系统弹出如图 9-56 所示的“表格样式”对话框。系统默认创建名称为 Standard 的表格样式，用户可以修改默认样式的参数来使其符合使用要求，也可以重新创建表格样式。

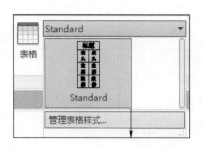

图 9-55 选择"管理表格样式"选项

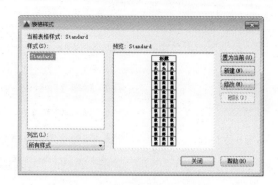

图 9-56 "表格样式"对话框

单击右上角的"新建"按钮，弹出如图 9-57 所示的"创建新的表格样式"对话框。在对话框中以 Standard 为基础样式，默认新样式的名称为"Standard 副本"，可以使用默认样式名称，也可以自定义新样式名，如图 9-58 所示。

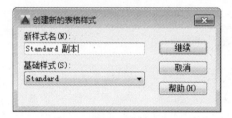

图 9-57 "创建新的表格样式"对话框

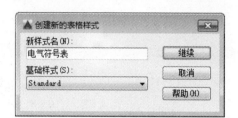

图 9-58 自定义新样式名

单击"继续"按钮，弹出如图 9-59 所示的"新建表格样式：电气符号表"对话框。在"常规"选项卡中可以设置单元格的填充颜色、单元格文字的对齐方式、数据格式的类型等，通常情况下将"对齐"方式设置为"正中"，其他选项保持默认设置。

选择"文字"选项卡，在"文字样式"下拉列表框中选择"电气文字标注"样式（也可以保持默认的文字样式），"文字高度"选项的值是所选样式的参数值，通过单击"文字样式"选项后的矩形按钮□调出【文字样式】对话框来修改。

文字的颜色默认为黑色，在下拉列表中可以修改文字的颜色。文字角度保持 0° 即可，如图 9-60 所示。

图 9-59 "新建表格样式：电气符号表"对话框

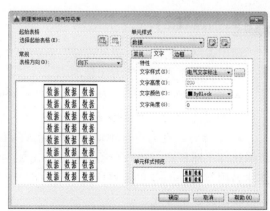

图 9-60 "文字"选项卡

选择"边框"选项卡，在其中设置边框的线宽、线型、颜色特性，通过单击右侧的特性按钮，可以将选中的特性赋予表格边框，如图 9-61 所示。

单击"确定"按钮返回【表格样式】对话框，单击"置为当前"按钮，将新样式置为当前正在使用的样式，如图 9-62 所示，单击"关闭"按钮关闭对话框可以完成创建新表格样式的操作。

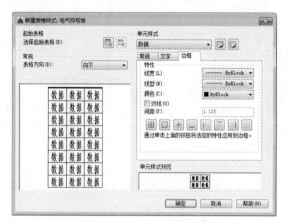

图 9-61　"边框"选项卡

图 9-62　"表格样式"对话框

提示：在"注释"选项卡的"表格"面板中单击右下角的箭头，如图 9-63 所示，同样可以打开"表格样式"对话框。

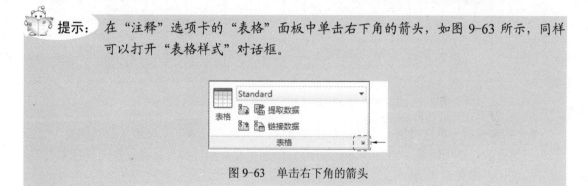

图 9-63　单击右下角的箭头

9.4.2　新建表格

调用"表格"命令，可以创建新的空白表格。其中表格的样式可以选择默认样式，也可以选择自定义的表格样式。

调用"表格"命令的方式如下：

➢ 面板：单击"注释"选项卡"表格"面板上的"表格"命令按钮。

➢ 命令行：在命令行中输入 TABLE 并按下〈Enter〉键。

执行上述任意一项操作，弹出如图 9-64 所示的"插入表格"对话框，在其中显示了当前正在使用的表格样式，以及系统默认设置的表格参数。

"表格样式"下拉列表框：在其下拉列表中显示了当前图形中所包含的所有表格样式，单击"启动表格样式"按钮，可以弹出"表格样式"对话框，在其中可以新建或者编辑表格样式。

图 9-64 "表格样式"对话框

1. "插入方式"选项组

● "指定插入点"单选按钮：通过指定插入点来创建表格，如图 9-65 所示。

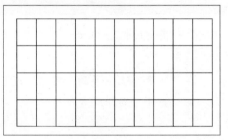

图 9-65 "指定插入点"创建表格

● "指定窗口"单选按钮：选择该单选按钮后，"列和行设置"选项组下的"列宽""数据行数"选项暗显（如图 9-66 所示），即列宽及数据行数可以通过拖动鼠标来自定义，如图 9-67 所示。

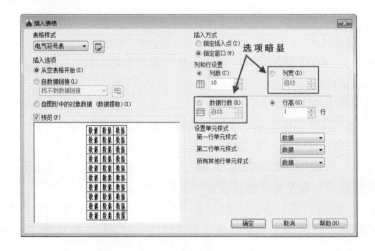

图 9-66 选择"指定窗口"单选按钮

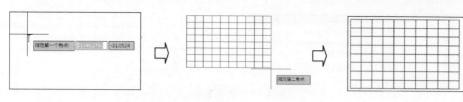

图 9-67 "指定窗口"创建表格

2. "列和行设置"选项组

"列数""列宽"单选按钮：设置表格的列数及列宽。

"数据行数""行高"单选按钮：设置表格的行数及行高。

3. "设置单元样式"选项组

在此选项组可以设置单元样式，有 3 种样式可供选择，分别为"标题""表头""数据"。

9.4.3 编辑表格

在空白表格中的单元格双击，进入在位编辑状态后就可以在单元格内输入文字了。每个单元格所需要容纳的内容都不一定相同，但是在创建表格时所有单元格的高、宽均是相同的，为了方便单元格能容纳相应的内容，需要对单元格进行编辑操作。

本节介绍在表格中输入内容及编辑单元格的操作方法。

1. 合并单元格

单击激活表格单元格，如图 9-68 所示；框选待合的多个单元格，如图 9-69 所示；单击鼠标右键，在弹出的快捷菜单中选择"合并"|"全部"命令，如图 9-70 所示，表示合并全部选中的单元格，合并单元格的操作结果如图 9-71 所示。

图 9-68 激活表格单元格

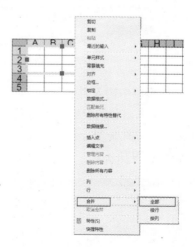

图 9-69 框选单元格

图 9-70 选择"合并"|"全部"命令

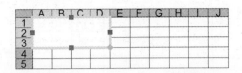
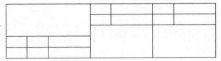

图 9-71 合并表格

2. 调整表格列宽 / 行高

单击表格可显示其夹点，如图 9-72 所示；将光标置于列夹点上，待夹点显示为红色时表示夹点已被激活，如图 9-73 所示；按住鼠标左键不放向右拖动夹点可以更改列宽，如图 9-74 所示。

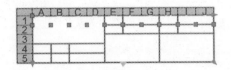

图 9-72 显示夹点 图 9-73 激活夹点

将光标置于表格左下角的三角形夹点上，如图 9-75 所示；按下鼠标左键并向下拖动鼠标以修改行高，结果如图 9-76 所示。

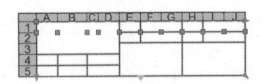
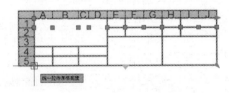

图 9-74 更改列宽 图 9-75 激活三角形夹点

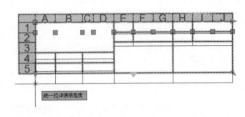

图 9-76 修改行高

3. 往表格中输入内容

在待输入内容的表格单元格双击，待进入在位编辑状态后（如图 9-77 所示）可以输入标注文字（如图 9-78 所示）。文字输入完毕后，在绘图区的空白区域单击以退出输入操作，结果如图 9-79 所示。

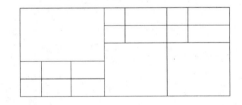

图 9-77 进入在位编辑状态 图 9-78 输入标注文字

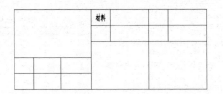

图 9-79 输入结果

9.4.4 案例——绘制电气符号表

本节介绍电气符号表格的绘制方式。

步骤 1 在命令行中输入 TABLE 并按下〈Enter〉键，在"插入表格"对话框中设置表格的插入方式为"指定窗口"，参数设置如图 9-80 所示。

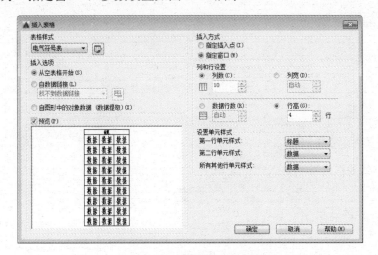

图 9-80 "插入表格"对话框

步骤 2 单击"确定"按钮，分别指定对角点来创建表格，如图 9-81 所示。

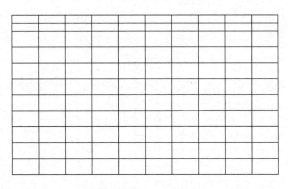

图 9-81 创建表格

步骤 3 选择单元格，单击鼠标右键弹出快捷菜单，选择"合并"|"全部"命令，合并单元格的结果如图 9-82 所示。

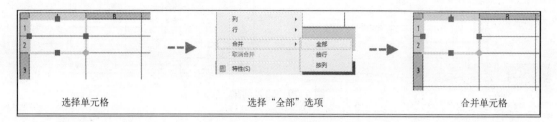

图 9-82　合并操作示意

步骤 4 继续对表格单元格执行合并操作，结果如图 9-83 所示。

步骤 5 选中表格，激活表格右上角的夹点以更改列宽，如图 9-84 所示。

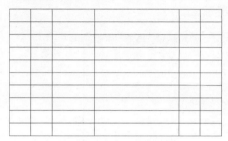

图 9-83　合并表格

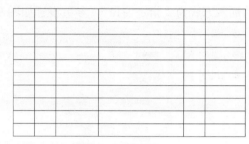

图 9-84　调整列宽

步骤 6 在单元格内双击进入在位编辑状态，输入标题文字，如图 9-85 所示。

序号	符号	名称	型号及规格	数量	备注

图 9-85　输入标题文字

步骤 7 在表格内输入内容文字，完成电气符号表的绘制，如图 9-86 所示。

序号	符号	名称	型号及规格	数量	备注
1	QF	断路器	S5N（S6-630操作机构）	1	
2	KM	接触器（315A）	AF580-30	1	
3	RQ	软启动器	PSTB370	1	
4	TAv	电流互感器		1	
5	HR.HG	信号灯	CL-523G　CL523R	2	红、绿各一个
6	QFa	断路器	DZ47-60　5A	1	
7	SA1、TA	控制按钮	CP1-10G-11　CP1-10R-11	2	红、绿各一个
8	QK	万能转换开关	LW12-16/3	1	
9	JJ、KA	继电器	LY4J　220VAC	2	欧姆龙

图 9-86　输入内容文字

9.5 设计专栏

9.5.1 上机实训

为如图 9-87 所示的发电厂主接线图绘制图形标注。

该变电所为一 35/6kV 的降压变电所，装有 1000kVA、35/6.3kV 的主变压器两台，因为该厂负荷变动较大，主变需要经常切换，而电源线路不长，检修和故障机会较少，因此35kV 侧采用外桥形接线。6kV 侧采用单母线分段接线，提高了用电的可靠性。

绘制步骤如下：

● 调用 MT（多行文字）命令，为电气元件绘制文字标注。

● 调用 TABLE（表格）命令，绘制表格并在单元格中输入标注文字。

● 调用 MT（多行文字）命令，绘制图名标注。

● 调用 PL（多段线）命令，绘制下画线。

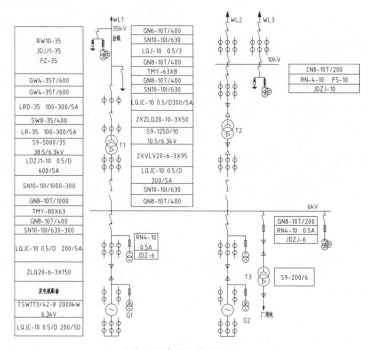

图 9-87　发电厂电气主接线图

9.5.2 绘图锦囊

在输入文字后，不要立刻按下〈Esc〉键退出，而是应单击绘图区任意一点后再退出编辑状态，否则会丢失已经输入的单行文字。

文字边框用于定义多行文字对象中段落的宽度。多行文字对象的长度取决于文字量，而不是边框的长度。

表格的标题行、列标题行和数据行的边框可以具有不同的线宽设置和颜色。

在"插入表格"对话框中选择"指定窗口"的插入方式后，在创建表格时，可以通过移动光标来手动指定行数和列宽。

更改表格的高度或宽度时，只有与所选夹点相邻的行或列被更改，表格的高度或宽度不变。

不同的单元行可以设置不同的样式，用户也可以为不同的文字与网格线设置不同的对正方式与外观。

除了双击单元格进入编辑状态外，用户还可以在选择单元格后〈F2〉键，从而启用编辑状态。

假如需要选择多个单元格，用户可以单击其中的一个单元格后拖动鼠标来选择。

假如文字样式中的高度为 0，则在设置表格样式时，可以自定义文字高度；假如文字样式中的高度为具体值，则在设置表格样式时，无法更改文字高度。

如果向表格中插入图块，图块将自动适应单元格的大小。

第 **10** 章

尺寸标注

在 AutoCAD 中使用尺寸标注来标注图形的尺寸，如长度、宽度、高度、半径、直径等，不同的图形所需要标注的尺寸类型也不相同，为此 AutoCAD 开发了多种类型的尺寸标注以供用户调用。例如，在标注长方形时，可以调用线性标注来标注其长宽尺寸；在标注三角形边长时可以调用对齐标注；在标注圆形时可以使用半径标注来标注其半径；使用直径标注来标注其直径，等等。

本章介绍各类尺寸标注的绘制及编辑方法。

10.1 尺寸标注规则

国家电气制图标注对各类尺寸标注的绘制都有相关的规定，如线性标注、半径标注、角度标注在绘制时的注意事项。在为图形绘制尺寸标注时，应该了解相关尺寸标注的标注规则，以免出现错误。

本节介绍尺寸标注的相关规则及尺寸标注的组成要素。

10.1.1 尺寸标注的组成

尺寸标注由尺寸线、尺寸数字、尺寸界线等组成，缺一不可，如图 10-1 所示。

尺寸数字是用于指示测量值的文本字符串，文字还可以包含前缀、后缀和公差。

尺寸线用来指示标注的方向和范围，对于角度标注来说，尺寸线是一段圆弧。

尺寸起止符号显示在尺寸线的两端，可以为箭头或标记指定不同的尺寸和形状。

尺寸界线也称为投影线，从部件延伸到尺寸线。

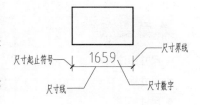

图 10-1　尺寸标注的组成

10.1.2 尺寸标注的基本规则

不同类型的尺寸标注会有不同的标注规则，本节介绍常用的线性标注、半径标注、直径标注的标注规则。

1．线性标注

线性标注的尺寸界线应使用细实线来绘制，与被标注长度垂直，图样轮廓线可以用做尺寸界线。尺寸线也应使用细实线来绘制，与被标注长度平行，此外，图样本身的任何图线都不得用做尺寸线。

尺寸起止符号使用中粗斜短线来绘制，其倾斜方向应与尺寸界线成顺时针 45°角，也可以用黑色圆点来绘制，如图 10-2 所示。

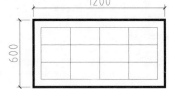

图 10-2　线性标注

2．半径标注

半径的尺寸线应一端从圆心开始，另一端画箭头指向圆弧。半径数字前应加注半径符号"R"。

加注半径符号 R 时，"R125"不能注写为"R=125"、"r=125"，如图 10-3 所示。

3．直径标注

标注圆的直径尺寸时，直径数字前应加直径符号 ϕ。在圆内标注的尺寸线应通过圆心，两端画箭头指向至圆弧。

加注直径符号 ϕ 时，"ϕ"不能注写为"ϕ=150"、"D=150"、"d=150"，如图 10-4 所示。

4．角度、弧长标注

角度的尺寸线应以圆弧来表示。该圆弧的圆心应是该角的顶点，角的两条边为尺寸界

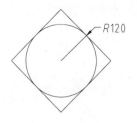

图 10-3 半径标注

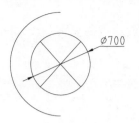

图 10-4 直径标注

线。起止符号应以箭头表示，假如没有足够的位置画箭头，可以用圆点来代替，角度数字应沿尺寸线方向注写，如图 10-5 所示。

标注圆弧的弧长时，尺寸线应以与该圆弧同心的弧线表示，尺寸界线应指向圆心，起止符号用箭头来表示，弧长数字上方应加注圆弧符号"⌒"，如图 10-6 所示。

图 10-5 角度标注

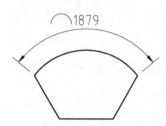

图 10-6 弧长标注

10.2 尺寸标注样式

尺寸标注由尺寸线、尺寸界线、起止符号、尺寸数字组成，通过调整尺寸标注样式的参数，可以控制各类元素的样式、大小等特性。

本节介绍创建尺寸标注样式的操作方法。

10.2.1 创建标注样式

调用"标注样式"命令，通过设置尺寸线、符号、文字等参数来控制各类尺寸标注的显示效果。

调用"标注样式"命令的方式如下：

➢ 面板：在"注释"选项卡中单击"标注样式"选项，在弹出的列表中选择"管理标注样式"选项，如图 10-7 所示。

➢ 命令行：在命令行中输入 DIMSTYLE/D 并按下〈Enter〉键。

执行上述任意一项操作，系统弹出如图 10-8 所示的"标注样式管理器"对话框。在对话框中系统默认创建了 3 个标注样式，分别为 Annotative、ISO—25、Standard，其中 Annotative 为注释性标注样式。

用户可以选择其中的一个默认样式，单击"修改"按钮，通过修改参数来达到符合使用要求的目的，也可以单击"新建"按钮重新创建一个标注样式。

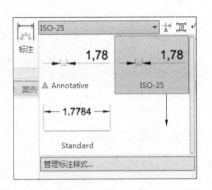

图 10-7 选择"管理标注样式"选项

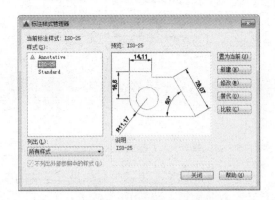

图 10-8 "标注样式管理器"对话框

单击"新建"按钮，弹出如图 10-9 所示的"创建新标注样式"对话框，在其中以 ISO—25 为基础样式，默认新样式的名称为"副本 ISO—25"。用户可以沿用系统所定义的默认样式名称，也可以自行修改，如图 10-10 所示。

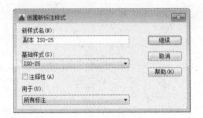

图 10-9 "创建新标注样式"对话框

图 10-10 自定义样式名称

单击"继续"按钮进入"新建标注样式：电气尺寸标注"对话框。

首先在"线"选项卡中设置"超出尺寸线""起点偏移量"的距离参数，如图 10-11 所示。接着单击"符号和箭头"选项卡，在其中选择箭头的样式及修改其箭头大小参数，如图 10-12 所示。选择"文字"选项卡，单击"文字样式"后的矩形按钮[...]，如图 10-13 所示；在弹出的"文字样式"对话框中选择 Standard 样式，设置其字体样式，如图 10-14 所示。

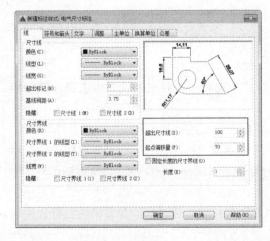

图 10-11 "线"选项卡

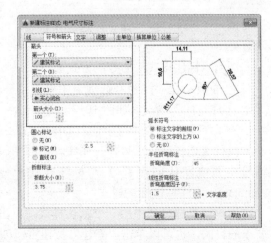

图 10-12 "符号和箭头"选项卡

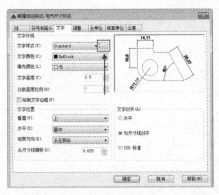 

图 10-13 "文字"选项卡　　　　　　　　图 10-14 "文字样式"对话框

然后返回"新建标注样式：电气尺寸标注"对话框中，在其中设置文字高度值，如图 10-15 所示。单击"主单位"选项卡，在"精度"下拉列表中设置精度值为 0，如图 10-16 所示。

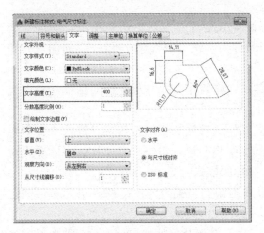 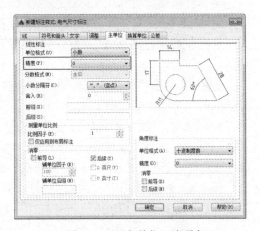

图 10-15 设置文字高度　　　　　　　　图 10-16 "主单位"选项卡

单击"确定"按钮返回"标注样式管理器"对话框，如图 10-17 所示；单击右上角的"置为当前"按钮，将新样式设置当前正在使用的标注样式，最后单击"关闭"按钮关闭对话框可以完成创建标注样式的操作，如图 10-18 所示。

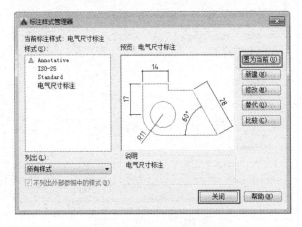 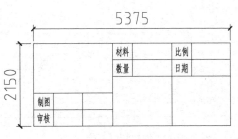

图 10-17 "标注样式管理器"对话框　　　　图 10-18 创建结果

提示：在"注释"选项卡单击"标注"面板中右下角的箭头，如图 10-19 所示，同样可以弹出"标注样式管理器"对话框。

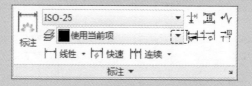

图 10-19　单击右下角的箭头

10.2.2　案例——创建建筑电气尺寸标注样式

本节介绍建筑电气尺寸标注的操作方法。

步骤 1 调用 D（标注样式）命令，在"标注样式管理器"对话框中单击"新建"按钮，在"创建新标注样式"对话框中设置新样式名称为"建筑电气尺寸标注"，如图 10-20 所示。

步骤 2 单击"继续"按钮进入"新建标注样式：建筑电气尺寸标注"对话框，单击选择其中的"文字"选项卡。

步骤 3 在"文字外观"选项组单击"文字样式"选项后的矩形按钮，进入"文字样式"对话框后选择 Standard 文字样式，在右侧的"字体"选项组下设置 SHX 字体样式为 gbenor.shx，选择"使用大字体"复选框，设置大字体的样式为 gbcbig.shx。

步骤 4 单击"应用"按钮，接着单击对话框右上角的"关闭"按钮，关闭对话框返回"新建标注样式：建筑电气尺寸标注"对话框。

步骤 5 在"文字高度"数值框中设置参数为 350，在"从尺寸线偏移"数值框中设置参数值为 60，如图 10-21 所示。

图 10-20　"创建新标注样式"对话框

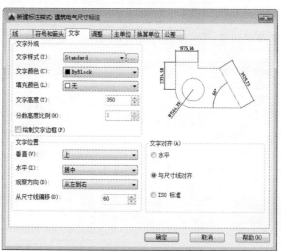

图 10-21　设置文字参数

步骤 6 在"符号和箭头"选项卡中设置尺寸起止符号的样式。在"箭头"选项组下设置"第一个""第二个"均为"倾斜",默认保持"引线"下拉列表中的参数。设置"箭头大小"参数为100,如图10-22所示。

步骤 7 在"线"选项卡中设置尺寸界线"超出尺寸线"的距离为100,设置起点偏移量为150,如图10-23所示。

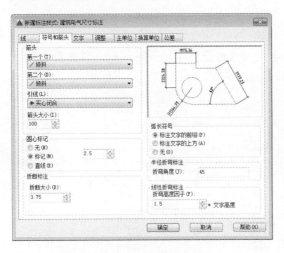

图 10-22 设置箭头样式及其大小

图 10-23 设置"线"选项卡参数

步骤 8 选择"主单位"选项卡,在"线性标注"选项组下设置"精度"为0。

步骤 9 单击"确定"按钮返回"标注样式管理器"对话框,选择"建筑电气尺寸标注"样式,单击"置为当前"按钮,如图10-24所示,单击"关闭"按钮关闭对话框可完成创建标注样式的操作,如图10-25所示。

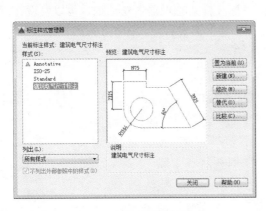

图 10-24 将样式置为当前

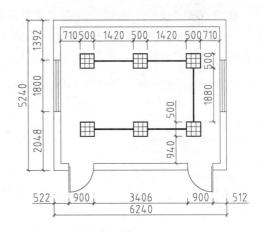

图 10-25 标注图形

10.2.3 创建标注样式的子样式

在绘制电气图纸时需要用到多种类型的尺寸标注,如线性标注、半径标注、直径标注等。为了适合绘制不同尺寸标注的需要,应为各类尺寸标注设置相应的标注样式,以方便随时调用。

在创建半径标注样式时，可以将已有的标注样式做为基础样式来创建，这样能够减少系统的内存，也可以通过使用基础样式的某些参数来避免重复设置参数而达到节省时间的目的。

调用 D（标注样式）命令，在"标注样式管理器"对话框中选择基础样式，单击"新建"按钮，在"创建新标注样式"对话框中的"用于"下拉列表中选择"半径标注"选项，如图 10-26 所示。

单击"继续"按钮进入"新建标注样式：电气尺寸标注：半径"对话框。首先在"符号和箭头"选项卡中设置箭头的样式，如图 10-27 所示。

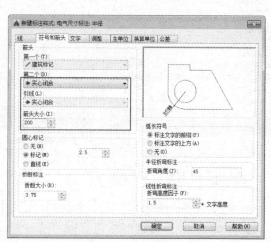

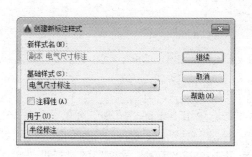

图 10-26 "创建新标注样式"对话框　　　　　图 10-27 "符号和箭头"选项卡

接着选择"文字"选项卡，在"文字对齐"选项组下设置文字的对齐方式为"ISO 标准"，如图 10-28 所示。单击"确定"按钮返回"标注样式管理器"对话框，可以发现在基础样式（电气尺寸标注）下以列表的形式显示了新创建的半径标注，如图 10-29 所示。

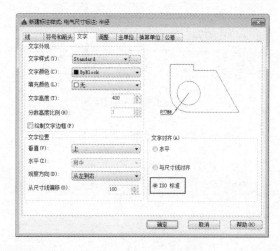

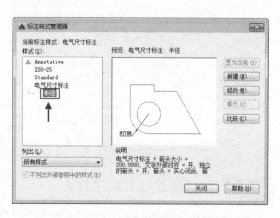

图 10-28 "文字"选项卡　　　　　　　　图 10-29 创建"半径标注"

单击"关闭"按钮关闭对话框可以完成半径标注样式的创建，如图 10-30 所示。

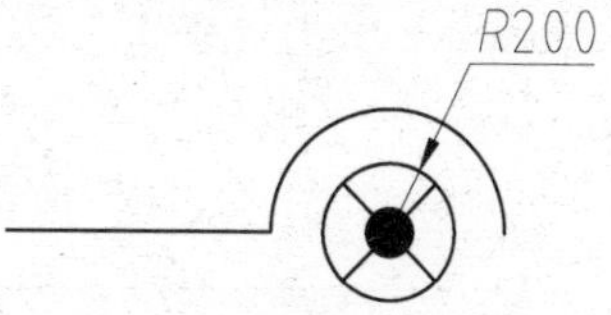

图 10-30　半径标注

10.2.4　案例——创建直径标注样式

本节介绍创建直径标注样式的操作方法。

步骤 1 打开"标注样式管理器"对话框后在其中选择基础样式，接着单击右侧的"新建"按钮，在"创建新标注样式"对话框中的"用于"下拉列表中选择"直径标注"，表明该标注样式应用于直径标注，如图 10-31 所示。

步骤 2 单击"继续"按钮，进入"新建标注样式：电气尺寸标注：直径"对话框；在其中选择"符号和箭头"选项卡，设置箭头的样式为"实心闭合"，如图 10-32 所示。

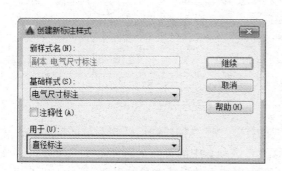

图 10-31　"创建新标注样式"对话框

图 10-32　"符号和箭头"选项卡

步骤 3 在"文字"选项卡中设置文字的对齐方式为"ISO 标准"，如图 10-33 所示。

步骤 4 在"调整"选项卡中选择"文字和箭头"的标注效果样式，如图 10-34 所示。

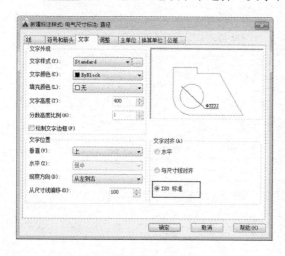

图 10-33　"文字"选项卡

图 10-34　"调整"选项卡

步骤 5 单击"确定"按钮返回"标注样式管理器"对话框，可以发现在基础样式（电气尺寸标注）下以列表的形式显示了新创建的直径标注，如图 10-35 所示。

步骤 6 单击"关闭"按钮关闭对话框可以完成直径标注样式的创建，如图 10-36 所示。

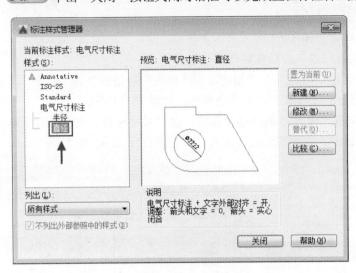

图 10-35 "标注样式管理器"对话框   图 10-36 直径标注

10.2.5 替代标注样式

替代标注样式指临时覆盖指定尺寸标注样式的样式。在"替代当前样式"对话框中的各选项卡与"新建标注样式"对话框相同，分别修改各选项卡中的参数来覆盖原来的设置。替代标注样式的参数仅对指定的尺寸标注起作用，不会影响当前尺寸变量的设置。

调用 D（标注样式）命令，在"标注样式管理器"对话框中选择基础样式，单击右侧的"替代"按钮，如图 10-37 所示，打开"替代当前样式：电气尺寸标注"对话框。

在对话框中选择待修改的选项卡，如选择"线"选项卡，在其中设置超出尺寸线及起点偏移量的参数，如图 10-38 所示。

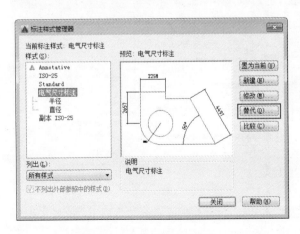

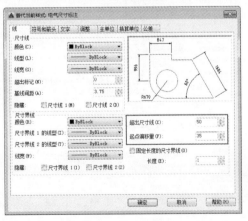

图 10-37 单击"替代"按钮   图 10-38 "线"选项卡

选择"符号和箭头"选项卡，在其中可以修改箭头的样式及箭头的大小，如图 10-39 所示。

选择"文字"选项卡，修改文字的高度及从尺寸线偏移的距离参数，如图 10-40 所示，单击"确定"按钮完成修改参数的操作。

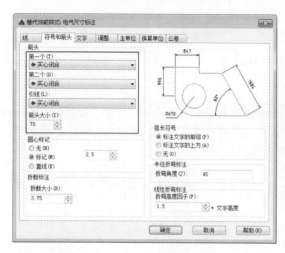

图 10-39 "符号和箭头"选项卡

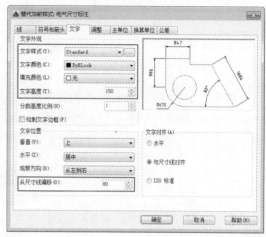

图 10-40 "文字"选项卡

在"标注样式管理器"对话框中的基础样式下以列表的样式显示所创建的替代样式，选择替代样式，单击右侧的"置为当前"按钮，将替代样式置为当前正在使用的样式，如图 10-41 所示。

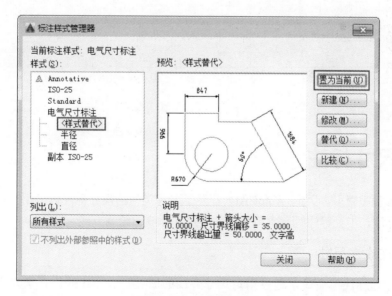

图 10-41 创建替代样式

调用 DLI（线性标注）命令对图形执行标注操作，查看替代样式的操作结果，如图 10-42 所示（所标注图形为"打印机"电气符号）。

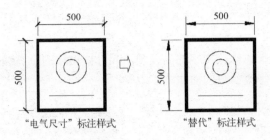

"电气尺寸"标注样式   "替代"标注样式

图 10-42 标注图形尺寸

> **提示：** 假如将其他标注样式置为当前正在使用的样式，则系统弹出如图 10-43 所示的提示对话框，提示替代样式将被放弃，此时单击"确定"按钮，则替代样式被删除，将所选的样式设置为当前正在使用的样式。

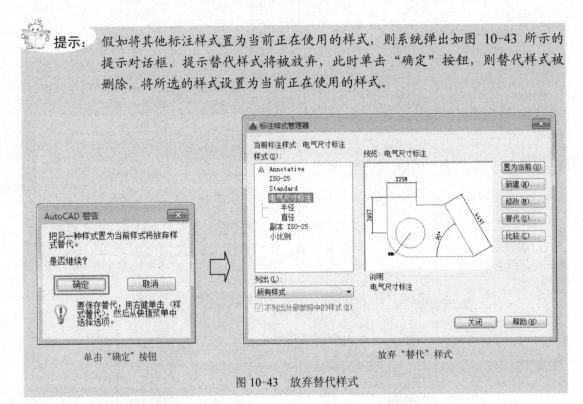

单击"确定"按钮   放弃"替代"样式

图 10-43 放弃替代样式

10.3 尺寸标注

由于图形种类繁多，因此 AutoCAD 开发了多种类型的尺寸标注以供用户调用。如线性标注、角度标注、半径标注等，本节介绍各类尺寸标注的绘制方式。

10.3.1 标注线性尺寸

调用"线性标注"命令，通过指定尺寸界线的原点及尺寸线的位置来为图形创建线性标注。

调用"线性标注"命令的方式如下：

➢ 面板：单击"注释"选项卡中"标注"面板中"线性标注"命令按钮🔲。

➢ 命令行：在命令行中输入 DIMLINEAR/DLI 并按下〈Enter〉键。

执行命令后，操作过程如下：

命令: DIMLINEAR/DLI↙

指定第一个尺寸界线原点或 <选择对象>:   //如图 10-44 所示

指定第二条尺寸界线原点: //如图 10-45 所示

指定尺寸线位置或[多行文字(M)/文字(T)/角度(A)/水平(H)/垂直(V)/旋转(R)]:   //如图 10-46 所示

标注文字 = 700

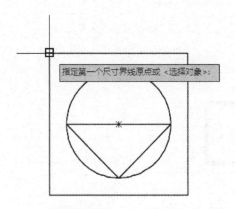

图 10-44 指定第一个尺寸界线原点

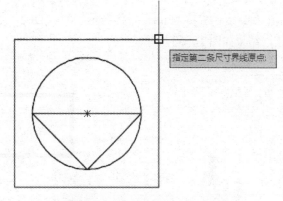

图 10-45 指定第二条尺寸界线原点

执行命令后，根据命令行的提示，在图形上单击指定第一个尺寸界线的原点，接着向右移动鼠标并单击，指定第二个尺寸界线原点，向上移动鼠标，指定尺寸线的位置，即可完成线性标注的绘制，如图 10-47 所示。

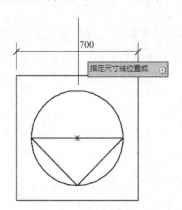

图 10-46 指定尺寸线位置

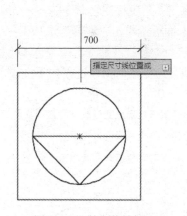

图 10-47 绘制线性标注

10.3.2 案例——绘制线性标注

本节介绍调用"线性标注"命令来标注电阻箱图形的操作方法。

步骤 1 打开素材。按下〈Ctrl+O〉组合键，打开配套光盘提供的"第 10 章\10.3.2 案例——绘制线性标注.dwg"文件，如图 10-48 所示。

步骤 2 调用 DLI（线性标注）命令，标注电阻箱水平方向及垂直方向上的尺寸，如图 10-49 所示。

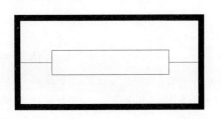

图 10-48 打开素材

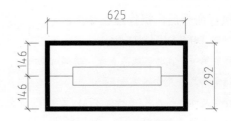

图 10-49 标注外部尺寸

步骤 3 按下〈Enter〉键，继续调用 DLI（线性标注）命令，标注电阻箱内部图形的尺寸，结果如图 10-50 所示。

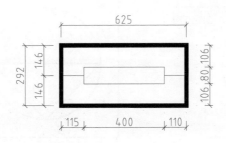

图 10-50 标注内部尺寸

10.3.3 标注角度尺寸

调用"角度标注"命令，可以为选定的直线、圆、圆弧创建角度标注。

调用"角度标注"命令的方式如下：

➤ 面板：单击"注释"选项卡中"标注"面板中的"角度标注"命令按钮△。

➤ 命令行：在命令行中输入 DIMANGULAR 并按下〈Enter〉键。

执行命令后，操作过程如下：

命令: DIMANGULAR↙

选择圆弧、圆、直线或 <指定顶点>:   //如图 10-51 所示

选择第二条直线: //如图 10-52 所示

指定标注弧线位置或 [多行文字(M)/文字(T)/角度(A)/象限点(Q)]:   //如图 10-53 所示

标注文字 = 75

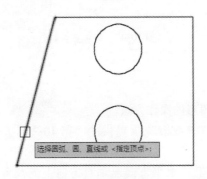

图 10-51 选择直线

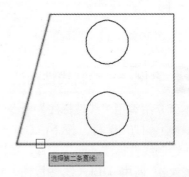

图 10-52 选择第二条直线

执行命令后，根据命令行的提示，分别指定第一条直线、第二条直线，移动鼠标指定标注弧线的位置，可以完成创建角度标注的操作，如图10-54所示。

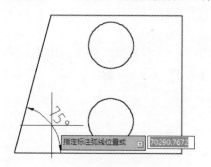

图 10-53　指定标注弧线位置

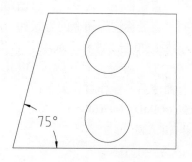

图 10-54　绘制角度标注

调用"角度标注"命令，对弧线、圆形执行标注操作的结果如图10-55所示。

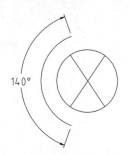
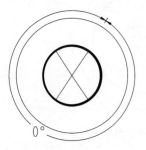

图 10-55　对圆弧及圆形执行标注操作

提示：在绘制角度标注之前，应将尺寸起止符号的样式修改为"实心闭合"，使用箭头表示。也可在"标注样式管理器"对话框中创建角度标注样式。

10.3.4　案例——绘制角度标注

本节介绍调用"角度标注"命令来标注电磁制动器图形的操作方法。

步骤 1 打开素材。按下〈Ctrl+O〉组合键，打开配套光盘提供的"第10章\10.3.4案例——绘制角度标注.dwg"文件，如图10-56所示。

步骤 2 单击"注释"选项卡中的"角度标注"命令按钮，分别选择左侧的斜线及下方的水平线段，创建角度标注的结果如图10-57所示。

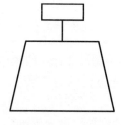

图 10-56　打开素材

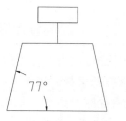

图 10-57　创建角度标注

10.3.5　标注直径尺寸

调用"直径标注"命令，可以创建圆或圆弧的直径标注。

调用"直径标注"命令的方式如下：

➤ 面板：单击"注释"选项卡中"标注"面板中的"直径标注"命令按钮⊘。

➤ 命令行：在命令行中输入 DIMDIAMETER 并按下〈Enter〉键。

执行命令后，操作过程如下：

命令：DIMDIAMETER↙

选择圆弧或圆：　　　　　　　　　　　　　　　　　　　//如图 10-58 所示

标注文字 = 1053

指定尺寸线位置或 [多行文字(M)/文字(T)/角度(A)]：　　//如图 10-59 所示

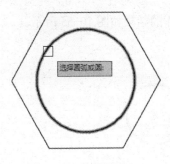

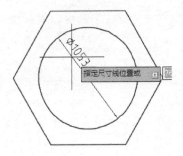

图 10-58　选择圆形　　　　　　　　　　图 10-59　指定尺寸线位置

执行命令后，根据命令行的提示，单击指定圆形，移动鼠标指定尺寸线的位置，可以完成创建直径标注的操作，如图 10-60 所示。

提示：　调用"直径标注"命令，还可以标注选定圆弧的直径参数，如图 10-61 所示。

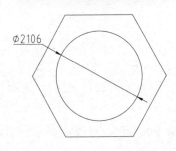

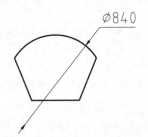

图 10-60　直径标注　　　　　　　　　　图 10-61　标注圆弧直径

10.3.6　案例——绘制直径标注

本节介绍通过调用"直径标注"命令为地面接线器图形绘制尺寸标注的操作方式。

步骤 1　打开素材。按下〈Ctrl+O〉组合键，打开配套光盘提供的"第 10 章\10.3.6 案例——绘制直径标注.dwg"文件，如图 10-62 所示。

步骤 2　单击"注释"选项卡下"标注"面板中的"直径标注"命令按钮⊘，选择待标注的圆形，移动鼠标指定尺寸线的位置，单击可以完成创建直径标注的操作，如图 10-63 所示。

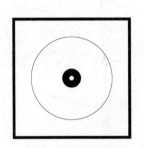

图 10-62　打开素材

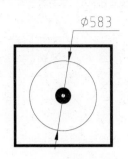

图 10-63　创建直径标注

10.3.7　标注半径尺寸

调用"半径标注"命令，可以创建圆或圆弧的半径标注。

调用"半径标注"命令的方式如下：

➢ 面板：单击"注释"选项卡中"标注"面板中的"半径标注"命令按钮▯。

➢ 命令行：在命令行中输入 DIMRADIUS 并按下〈Enter〉键。

执行命令后，操作过程如下：

命令: DIMRADIUS↙

选择圆弧或圆:　　　　　　　　　　　　　　　　　　　　//如图 10-64 所示

标注文字 = 264

指定尺寸线位置或 [多行文字(M)/文字(T)/角度(A)]:　　　　　//如图 10-65 所示

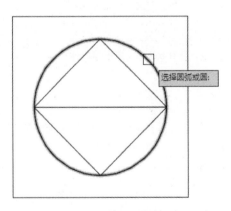

图 10-64　选择圆形

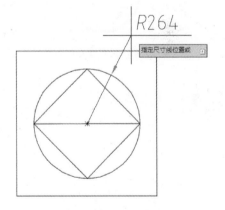

图 10-65　指定尺寸线位置

执行命令后，根据命令行的提示，用鼠标单击指定待标注的圆形，向上移动鼠标指定尺寸线的位置，单击即可完成创建半径标注的操作，如图 10-66 所示。

提示：调用"半径标注"命令，选择圆弧，可以标注其半径值，如图 10-67 所示。

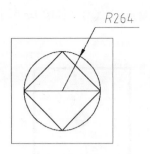

图 10-66　半径标注

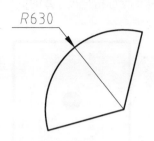

图 10-67　标注圆弧半径

10.3.8　案例——绘制半径标注

本节介绍调用"半径标注"命令为变压器图形绘制半径标注的操作方式。

步骤 1 打开素材。按下〈Ctrl+O〉组合键，打开配套光盘提供的"第 10 章\10.3.8 案例——绘制半径标注.dwg"文件，如图 10-68 所示。

步骤 2 单击"注释"选项卡中的"半径标注"命令按钮◎，选择圆形，移动鼠标单击以指定尺寸线的位置，创建半径标注的结果如图 10-69 所示。

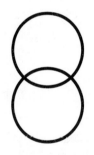

图 10-68　打开素材

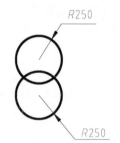

图 10-69　创建半径标注

10.3.9　标注连续尺寸

调用"连续标注"命令，系统将自动从创建的上一个线性约束、角度约束或坐标标注继续创建其他标注，或者从选定的尺寸界线继续创建其他标注，可自动排列尺寸线。

调用"连续标注"命令的方式如下：

➢ 面板：单击"注释"选项卡下"标注"面板中的"连续标注"命令按钮回。

➢ 命令行：在命令行中输入 DIMCONTINUE 并按下〈Enter〉键。

执行命令后，操作过程如下：

命令: DIMCONTINUE↙

指定第二个尺寸界线原点或 [选择(S)/放弃(U)] <选择>:　　　　　//如图 10-70 所示

标注文字 = 806

指定第二个尺寸界线原点或 [选择(S)/放弃(U)] <选择>:　　　　　//如图 10-71 所示

标注文字 = 806

首先调用"线性标注"命令，为图形创建线性标注。接着调用"连续标注"命令，根据命令行的提示，移动鼠标分别指定第二个尺寸界线的原点，创建连续标注的结果如图 10-72 所示。

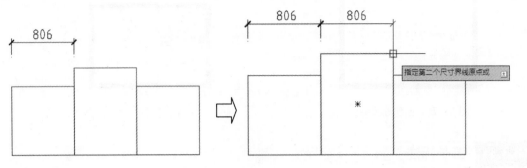

图 10-70　指定第二个尺寸界线原点

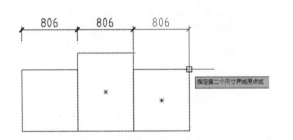

图 10-71　指定尺寸线原点

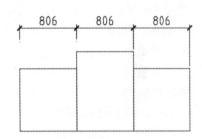

图 10-72　创建连续标注

10.3.10　案例——绘制连续标注

本节介绍调用"连续标注"命令为对讲电话分机图形绘制连续标注的操作方式。

步骤 1　打开素材。按下〈Ctrl+O〉组合键，打开配套光盘提供的"第 10 章\10.3.10 案例——绘制连续标注.dwg"文件，如图 10-73 所示。

步骤 2　调用 DLI（线性标注）命令，为图形绘制线性标注如图 10-74 所示。

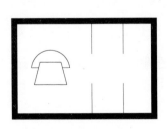

图 10-73　打开素材

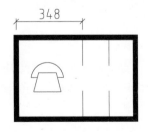

图 10-74　创建线性标注

步骤 3　调用 DCO（连续标注）命令，根据命令行的提示，移动鼠标指定第二个尺寸界线原点，创建连续标注的结果如图 10-75 所示。

步骤 4　重复调用 DLI（线性标注）命令、DCO（连续标注）命令，继续为图形绘制尺寸标注，结果如图 10-76 所示。

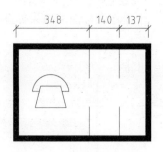

图 10-75　创建连续标注

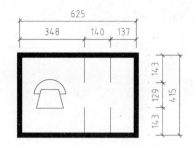

图 10-76　标注结果

10.3.11 弧长标注

调用"弧长标注"命令，可以为选定的弧线段或多段线圆弧段创建弧长标注。

调用"弧长标注"命令的方式如下：

➢ 面板：单击"注释"选项卡下"标注"面板中的"弧长标注"命令按钮 。

➢ 命令行：在命令行中输入 DIMARC 并按下〈Enter〉键。

执行命令后，操作过程如下：

命令: DIMARC↙

选择弧线段或多段线圆弧段:　　　　　　　　　　　　　　　　　　//如图 10-77 所示

指定弧长标注位置或 [多行文字(M)/文字(T)/角度(A)/部分(P)/引线(L)]:　//如图 10-78 所示

标注文字 ＝ 3034

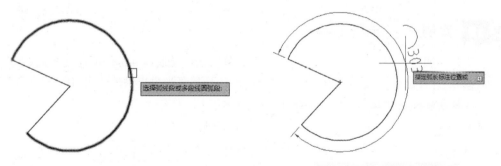

图 10-77　选择圆弧　　　　　　　　　　　　图 10-78　指定弧长标注位置

执行命令后，根据命令行的提示，单击指定待标注的圆弧，移动鼠标指定标注文字的位置，单击即可完成弧长标注的创建，结果如图 10-79 所示。

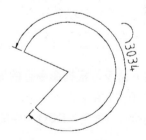

图 10-79　创建弧长标注

提示：使用"多段线"命令所绘制的圆弧段也可使用"弧长标注"命令来标注其弧长，如图 10-80 所示。

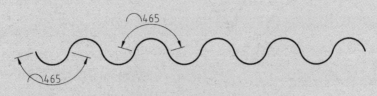

图 10-80 标注多段线圆弧段

10.3.12 案例——绘制弧长标注

本节介绍调出"弧长标注"命令为半球彩色摄像机图形绘制弧长标注的操作方式。

步骤 1 打开素材。按下〈Ctrl+O〉组合键，打开配套光盘提供的"第 10 章\10.3.12 案例——绘制弧长标注.dwg"文件，如图 10-81 所示。

步骤 2 单击"注释"选项卡中的"弧长标注"命令按钮，选择弧线段，移动鼠标单击以指定弧长标注的位置，创建弧长标注的结果如图 10-82 所示。

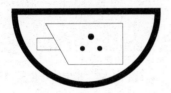

图 10-81 打开素材

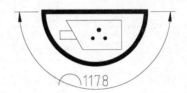

图 10-82 创建弧长标注

10.3.13 折弯标注

调用"折弯标注"命令，可以为选中的圆或圆弧创建折弯标注。

调用"折弯标注"命令的方式如下：

➢ 面板：单击"注释"选项卡下"标注"面板中的"折弯标注"命令按钮。

➢ 命令行：在命令行中输入 DIMJOGGED 并按下〈Enter〉键。

执行命令后，操作过程如下：

命令：DIMJOGGED↙

选择圆弧或圆： //如图 10-83 所示

指定图示中心位置： //如图 10-84 所示

标注文字 = 900

指定尺寸线位置或 [多行文字(M)/文字(T)/角度(A)]： //如图 10-85 所示

指定折弯位置： //如图 10-86 所示

调用命令后，根据命令行的提示指定待标注的圆弧，移动鼠标并单击以指定标注文字的中心位置，接着再分别指定尺寸线的位置、折弯位置，完成创建折弯标注的结果如图 10-87 所示。

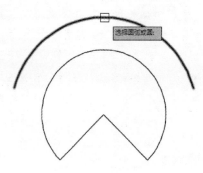

图 10-83 选择圆弧

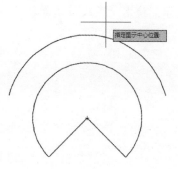

图 10-84 指定图示中心位置

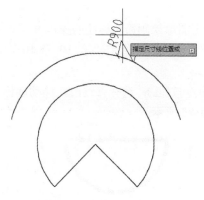

图 10-85 指定尺寸线位置

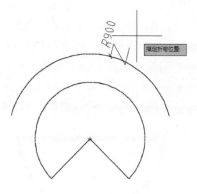

图 10-86 指定折弯位置

- 多行文字(M)：选择该选项可以进入在位编辑状态，用户可以输入文字标注。
- 文字(T)：选择该选项，命令行提示"输入标注文字 <900>："，此时可重新定义标注文字参数值。
- 角度(A)：选择该选项，命令行提示"指定标注文字的角度："，用户可设置标注文字的旋转角度。

10.3.14 创建多重引线样式

多重引线样式用来控制多重引线标注的显示效果，

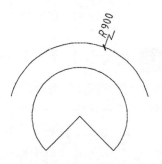

图 10-87 创建折弯标注

包括引线标注的引线格式、内容等。本节介绍创建多重引线样式的操作方法。

多重引线样式在"多重引线标注样式管理器"对话框中设置，弹出该对话框的方式如下：

- ➢ 面板：在"注释"选项卡的"引线"面板中单击"多重引线样式"选项，在弹出的列表中选择"管理多重引线样式"选项，如图 10-88 所示。
- ➢ 命令行：在命令行中输入 MLEADERSTYLE 并按下〈Enter〉键。

图 10-88 选择"管理多重引线样式"选项

执行上述任意一项操作，弹出"多重引线样式管理器"对话框，在对话框中显示了当前图形中已包含的引线样式，如图 10-89 所示。单击对话框右侧的"新建"按钮，弹出【创建新多重引线样式】对话框，在其中系统默认设置了新样式的名称，用户可以沿用系统所设定的名称，也可以自定义样式名称，如图 10-90 所示。

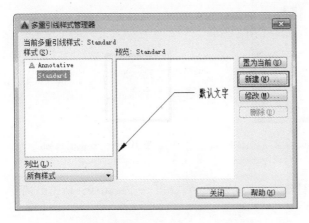

图 10-89 "多重引线样式管理器"对话框

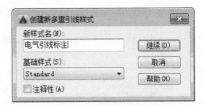

图 10-90 自定义样式名称

单击"继续"按钮，进入"修改多重引线样式：电气引线标注"对话框。在"引线格式"选项卡中设置箭头的样式为"实心闭合"，如图 10-91 所示。

选择"内容"选项卡，设置文字样式为"电气文字标注"样式，也可使用系统默认的文字样式。系统默认引线的连接样式为"保持水平"，如图 10-92 所示；通常情况下使用默认样式即可，用户也可根据绘图情况来选择其他类型的连接样式。

图 10-91 "引线格式"选项卡

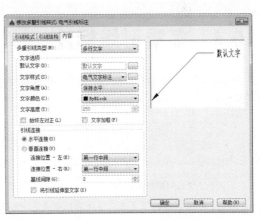

图 10-92 "内容"选项卡

单击"确定"按钮返回"多重引线样式管理器"对话框，单击"置为当前"按钮，将新样式置为当前正在使用的引线样式，如图 10-93 所示。

单击"关闭"按钮关闭对话框以完成创建多重引线样式的操作，如图 10-94 所示。

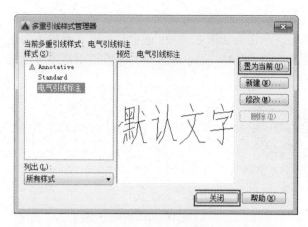

图 10-93　将样式置为当前正在使用的样式

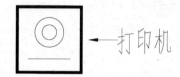

图 10-94　多重引线标注

提示：在"注释"选项卡中单击"引线"面板右下角的箭头，如图 10-95 所示，同样可以弹出"多重引线样式管理器"对话框。

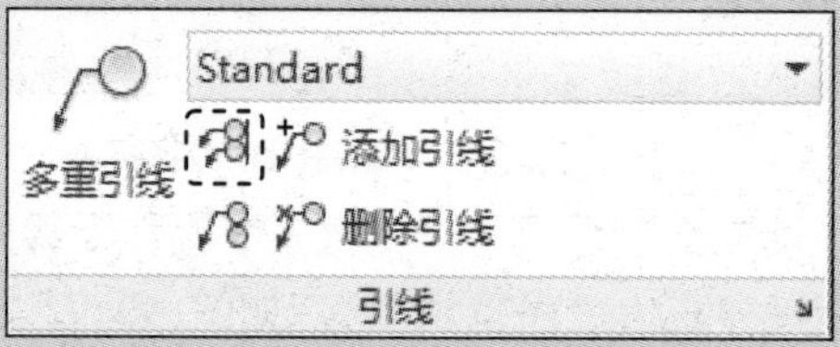

图 10-95　单击箭头

10.4　多重引线标注

调用"多重引线"命令，可以创建多重引线对象以标注图形对象。

调用"多重引线"命令的方式如下：

➤ 面板：单击"注释"面板上的"多重引线"命令按钮。

➤ 命令行：在命令行中输入 MLEADER/MLD 并按下〈Enter〉键。

执行命令后，操作过程如下：

命令: MLEADER/MLD↙

指定引线箭头的位置或 [引线基线优先(L)/内容优先(C)/选项(O)] <选项>:　　//如图 10-96 所示

指定引线基线的位置:　　//如图 10-97 所示

执行命令行后，根据命令行的提示单击指定引线箭头的位置，向上移动鼠标，单击以指定引线基线的位置。此时显示文字的在位编辑状态，在在位编辑框中输入标注文字，如图 10-98 所示；然后在空白区域单击即可完成创建多种引线标注的操作，如图 10-99 所示。

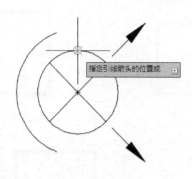

图 10-96 指定引线箭头

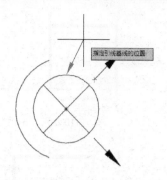

图 10-97 指定引线基线的位置

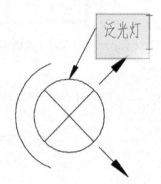

图 10-98 输入标注文字

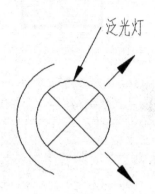

图 10-99 创建多重引线标注

● 引线基线优先(L)：选择该选项，通过先确定基线的位置来创建引线标注，如图 10-100 至图 10-103 所示。

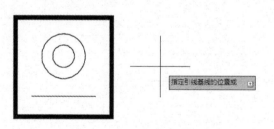

图 10-100 指定引线基线位置

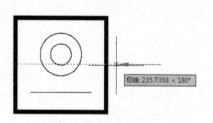

图 10-101 指定基线端点

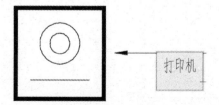

图 10-102 输入标注文字

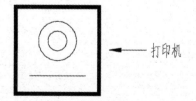

图 10-103 创建多重引线标注

● 内容优先(C)：选择该选项，通过先指定文字的输入区域来创建引线标注，如图 10-104 至图 10-107 所示。

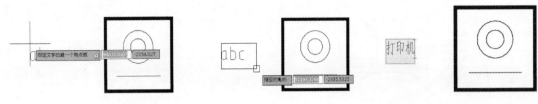

图 10-104　指定对角点　　　　　　　　　　　图 10-105　输入标注文字

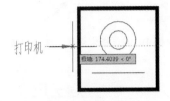

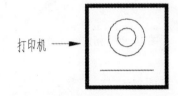

图 10-106　指定基线端点　　　　　　　　　　图 10-107　创建多重引线标注

● 选项(O)：选择该选项，命令行提示"输入选项[引线类型(L)/引线基线(A)/内容类型(C)/最大节点数(M)/第一个角度(F)/第二个角度(S)/退出选项(X)] <退出选项>:"，选择相应选项后的字母可以选择指定的选项。

10.4.1　案例——绘制多重引线标注

本节介绍调用"多重引线"命令为照明系统图创建引线标注的方式。

步骤 1 打开素材。按下〈Ctrl+O〉组合键，打开配套光盘提供的"第 10 章\10.3.16 案例——绘制多重引线标注.dwg"文件，如图 10-108 所示。

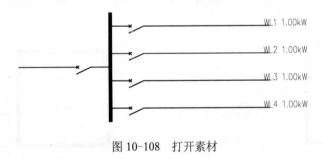

图 10-108　打开素材

步骤 2 标注开关。调用 MLD（多重引线）命令，根据命令行的提示，分别指定引线箭头的位置、引线基线的位置，标注开关的结果如图 10-109 所示。

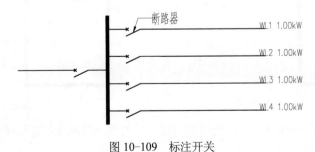

图 10-109　标注开关

步骤 3 标注其他图形。按下〈Enter〉键继续调用 MLD（多重引线）命令，对入户线、干线、支线图形绘制引线标注，结果如图 10-110 所示。

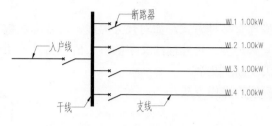

图 10-110　标注其他图形

10.4.2　打断标注

调用"打断"标注命令，在标注与其他对象交叉处折断尺寸标注。

调用"打断"标注命令的方式如下：

➢ 面板：单击"注释"面板上的"打断"命令按钮⊞。

➢ 命令行：在命令行中输入 DIMBREAK 并按下〈Enter〉键。

执行命令后，操作过程如下：

命令: DIMBREAK↙

选择要添加/删除折断的标注或 [多个(M)]:　　　　　　　　　　//如图 10-111 所示

选择要折断标注的对象或 [自动(A)/手动(M)/删除(R)] <自动>: M↙

指定第一个打断点:　　　　　　　　　　　　　　　　　　//如图 10-112 所示

指定第二个打断点:　　　　　　　　　　　　　　　　　　//如图 10-113 所示

1 个对象已修改

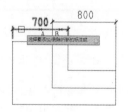

图 10-111　选择尺寸标注

图 10-112　指定第一个打断点

执行命令后，选择待打断的尺寸标注，根据命令行的提示，输入 M 选择"手动(M)"选项，手动指定第一个、第二个打断点，打断选定的尺寸标注的结果如图 10-114 所示。

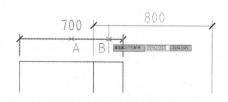

图 10-113　指定第二个打断点

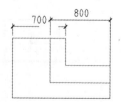

图 10-114　打断标注

10.5 编辑标注

对尺寸标注的编辑操作有多种方式，如对尺寸界线、尺寸标注数字等进行编辑修改。其中可以修改尺寸界线的倾斜角度、尺寸标注文字的参数值。另外，还可以对多重引线标注进行修改，修改其指示箭头及标注文字。

本节介绍各类编辑标注的操作方法。

10.5.1 调整间距

调用"调整间距"命令，可以调整线性标注之间的间距。

调用"调整间距"命令的方式如下：

> **面板**：单击"注释"面板上的"调整间距"命令按钮圖。

> **命令行**：在命令行中输入 DIMSPACE 并按下〈Enter〉键。

执行命令后，操作过程如下：

命令:DIMSPACE↙

选择基准标注: //如图 10-115 所示

选择要产生间距的标注:找到 3 个，总计 3 个   //如图 10-116 所示

输入值或 [自动(A)] <自动>:   //如图 10-117 所示

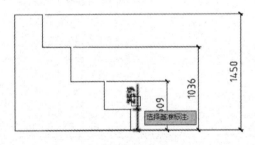

图 10-115　选择基准标注

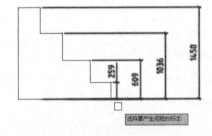

图 10-116　选择要产生间距的标注

调用命令后，根据命令行的提示，选择基准标注，接着分别单击选择待产生间距的尺寸标注，选择"自动"选项，默认使用系统所定义的距离值来调整标注间距，也可在命令行中自定义距离参数值，调整尺寸标注间距的结果如图 10-118 所示。

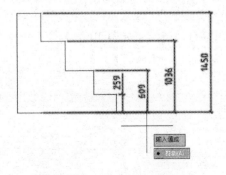

图 10-117　选择"自动"选项

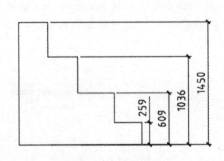

图 10-118　调整间距

10.5.2 调整尺寸界线倾斜度

调用"倾斜"命令，可以使线性标注的延伸线倾斜。

调用"倾斜"命令的方式如下：

➤ 面板：单击"注释"面板上的"倾斜"命令按钮⊟。

➤ 命令行：在命令行中输入 DIMEDIT 并按下〈Enter〉键。

执行命令后，操作过程如下：

命令: DIMEDIT↙

输入标注编辑类型 [默认(H)/新建(N)/旋转(R)/倾斜(O)] <默认>: O↙

选择对象: 找到 1 个　　　　　　　　　　　　//如图 10-119 所示

输入倾斜角度 (按 ENTER 表示无): 60↙　　　//如图 10-120 所示

执行命令后，选择待编辑的尺寸标注，按下〈Enter〉键指定其倾斜角度，调整尺寸界线角度的操作结果如图 10-121 所示。

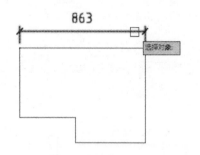

图 10-119　选择对象

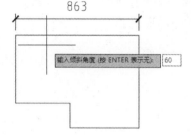

图 10-120　输入倾斜角度

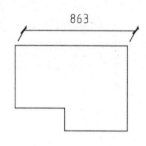

图 10-121　调整尺寸界线角度

10.5.3 调整尺寸标注文字角度

本节介绍调整尺寸标注文字旋转角度的操作方法。

调用 DIMEDIT 命令，操作过程如下：

命令: DIMEDIT↙

输入标注编辑类型 [默认(H)/新建(N)/旋转(R)/倾斜(O)] <默认>: R↙　　　//如图 10-122 所示

指定标注文字的角度: 60↙　　　　　　　　　　　　　　　//如图 10-123 所示

选择对象: 找到 1 个　　　　　　　　　　　　　　　　　//如图 10-124 所示

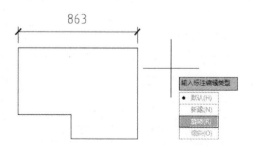

图 10-122　选择对象

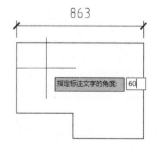

图 10-123　输入倾斜角度

执行命令后，根据命令行的提示，选择"旋转"选项，接着输入旋转角度，选择标注文字对象，按下〈Enter〉键可完成旋转文字的操作，如图 10-125 所示。

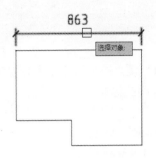

图 10-124 选择对象

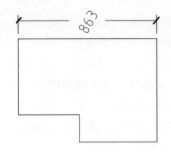

图 10-125 调整倾斜角度

10.5.4 新建标注文字

本节介绍重新定义标注文字的操作方法。

调用 DIMEDIT 命令，操作过程如下：

命令： DIMEDIT↙

输入标注编辑类型 [默认(H)/新建(N)/旋转(R)/倾斜(O)] <默认>: N↙   //如图 10-126 所示

选择对象: 找到 1 个   //如图 10-127 所示

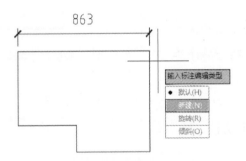

图 10-126 输入标注编辑类型

图 10-127 选择对象

执行命令后，根据命令行的提示选择"新建"选项，此时调出在位编辑框，输入标注文字，如图 10-128 所示；选择待修改的标注文字，按下〈Enter〉键可完成新建标注文字参数值的操作，如图 10-129 所示。

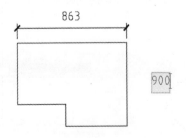

图 10-128 输入标注文字

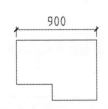

图 10-129 新建标注文字

10.5.5 案例——调整标注间距

本节介绍通过调用"调整间距"命令来调节可视对讲机图形标注间距的操作方法。

步骤 1 打开素材。按下〈Ctrl+O〉组合键，打开配套光盘提供的"第 10 章\10.4.2 案例——调整标注间距.dwg"文件，如图 10-130 所示。

步骤 2 单击"注释"面板上的"调整间距"命令按钮 ，选择标注文字为 348 的尺寸标注为基准标注，接着依次选择其他两项标注为要产生间距的标注。

步骤 3 按下〈Enter〉键，此时命令行提示"输入值或 [自动(A)] <自动>"，输入距离值 100，按下〈Enter〉键可完成调整标注间距的操作，结果如图 10-131 所示。

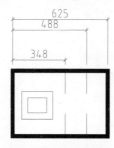

图 10-130 打开素材

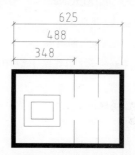

图 10-131 调整标注间距

10.5.6 案例——新建尺寸标注文字

本节介绍新建带录音机图形半径标注文字的操作方式。

步骤 1 打开素材。按下〈Ctrl+O〉组合键，打开配套光盘提供的"第 10 章\10.4.3 案例——新建尺寸标注文字.dwg"文件，如图 10-132 所示。

步骤 2 调用 DIMEDIT 命令，输入 N 选择"新建(N)"选项，在调出的在位编辑框中输入新的标注文字，如图 10-133 所示。

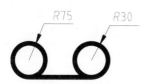

图 10-132 打开素材

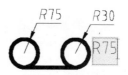

图 10-133 输入新的标注文字

步骤 3 选择标注文字为 R30 的半径标注，按下〈Enter〉键可完成新建标注文字的操作，如图 10-134 所示。

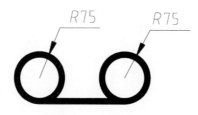

图 10-134 新建标注文字

提示： 在重新定义半径标注文字时，不要忘记在标注文字前输入半径标注的前缀 R。

10.5.7　对齐引线

调用"对齐"命令，可将选定的多重引线对象按照一定的间距排列。

调用"对齐"命令的方式如下：

➤ 面板：单击"注释"面板上的"对齐"命令按钮。

➤ 命令行：在命令行中输入 MLEADERALIGN 并按下〈Enter〉键。

执行命令后，操作过程如下：

命令: MLEADERALIGN↙

选择多重引线: 找到 3 个，总计 3 个　　　　　　//如图 10-135 所示

当前模式: 使用当前间距

选择要对齐到的多重引线或 [选项(O)]:　　　　　//如图 10-136 所示

指定方向:　　　　　　　　　　　　　　　　　//如图 10-137 所示

标注已解除关联。

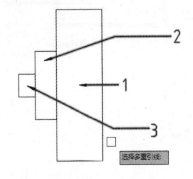
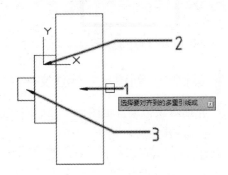

图 10-135　选择多重引线　　　　　　　　图 10-136　选择要对齐到的多重引线

执行命令后，选择待标注的多重引线。接着选择其中一个引线标注作为基准标注，移动鼠标指定对齐方向，单击即可完成对齐引线标注的操作，如图 10-138 所示。

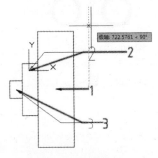
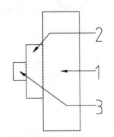

图 10-137　指定方向　　　　　　　　　　图 10-138　对齐引线

10.5.8　添加引线

调用"添加引线"命令，可以将引线添加至现有的引线标注。

调用"添加引线"命令的方式如下：

➤ 面板：单击"注释"面板上的"添加引线"命令按钮 。

➤ 命令行：在命令行中输入 AIMLEADEREDITADD 并按下〈Enter〉键。

执行命令后，操作过程如下：

命令:AIMLEADEREDITADD↙

选择多重引线：   //如图 10-139 所示

找到 1 个

指定引线箭头位置或 [删除引线(R)]：   //如图 10-140 所示

执行命令后，选择待添加引线的引线标注，移动鼠标，指定引线箭头的位置，单击即可完成添加引线的操作，按下〈Esc〉键退出命令，结果如图 10-141 所示。

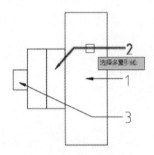
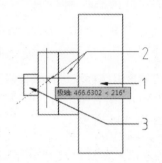
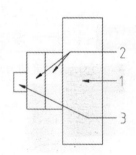

图 10-139　选择多重引线　　　图 10-140　指定引线箭头位置　　　图 10-141　添加引线

10.5.9　删除引线

调用"删除引线"命令，可将现有的引线从引线标注中删除。

调用"删除引线"命令的方式如下。

➤ 面板：单击"注释"面板上的"删除引线"命令按钮 。

➤ 命令行：在命令行中输入 AIMLEADEREDITREMOVE 并按下〈Enter〉键。

执行命令后，操作过程如下：

命令: AIMLEADEREDITREMOVE↙

选择多重引线：   //如图 10-142 所示

找到 1 个

指定要删除的引线或 [添加引线(A)]：   //如图 10-143 所示

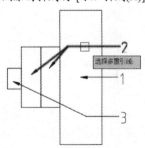
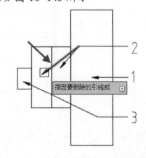

图 10-142　选择多重引线　　　　　　　图 10-143　指定要删除的引线

执行命令后，选择待删除引线的多重引线标注，接着单击需要删除的引线，按下〈Enter〉键可完成删除引线的操作，如图 10-144 所示。

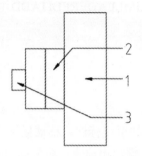

图 10-144 删除引线

10.5.10 案例——添加引线

本节介绍对建筑动力系统图的多重引线标注进行编辑修改的操作方式。

步骤 1 打开素材。按下〈Ctrl+O〉组合键，打开配套光盘提供的"第 10 章\10.4.5 案例——添加引线.dwg"文件，如图 10-145 所示。

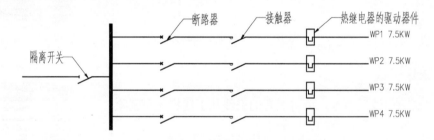

图 10-145 打开素材

步骤 2 单击"注释"面板上的"添加引线"命令按钮，选择标注文字为"断路器"的引线标注，移动鼠标单击指定引线箭头位置，操作结果如图 10-146 所示。

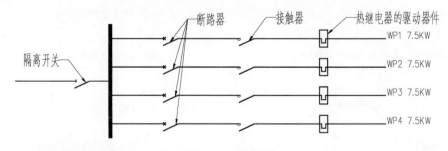

图 10-146 添加引线

步骤 3 按下〈Enter〉键继续调用"添加引线"命令，编辑引线标注的结果如图 10-147 所示。

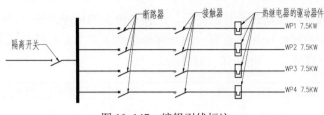

图 10-147　编辑引线标注

10.5.11　标注更新

调用标注"更新"命令，可以使用当前的标注样式更新标注对象。

调用标注"更新"命令的方式如下：

➢ 面板：单击"注释"面板上的"更新"命令按钮回。

➢ 命令行：在命令行中输入 DIMSTYLE 并按下〈Enter〉键。

执行命令后，操作过程如下：

命令: DIMSTYLE↙

当前标注样式: ISO-25　　注释性: 否

输入标注样式选项

[注释性(AN)/保存(S)/恢复(R)/状态(ST)/变量(V)/应用(A)/?] <恢复>: _apply↙

选择对象: 找到 3 个，总计 3 个

如图 10-148 所示为当前标注样式的主要参数设置，如图 10-149 所示是为目标图形绘制线性标注的结果。

图 10-148　"电气尺寸标注"样式原始参数　　　　图 10-149　绘制线性标注

在"标注样式管理器"对话框中将 ISO-25 样式置为当前正在使用的样式，如图 10-150 所示为 ISO-25 样式主要参数的设置。

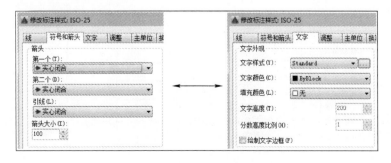

图 10-150　ISO-25 标注样式参数

调用"更新"命令，根据命令行的提示，选择待更新的标注，按下〈Enter〉键，可使用当前样式来更新选中的尺寸标注，更新后的尺寸标注继承了当前标注样式各属性，如箭头样式、箭头大小、文字样式等，如图 10-151 所示。

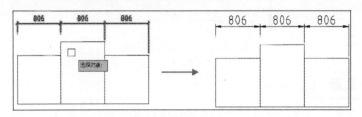

图 10-151　标注更新

> **提示：** 在命令行提示"输入标注样式选项 [注释性(AN)/保存(S)/恢复(R)/状态(ST)/变量(V)/应用(A)/?]"时，输入 R，选择"恢复(R)"选项，输入需要置为当前的标注样式名称，可将所指定的样式置为当前正在使用的样式。接着再次调用"更新"命令，可用当前样式更新选中的尺寸标注。

10.5.12　使用快捷菜单编辑标注

选中尺寸标注（如图 10-152 所示）单击鼠标右键，通过选择快捷菜单中的各命令可以对尺寸标注执行各项编辑，如图 10-153 所示。

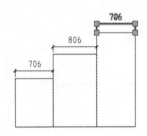

图 10-152　选择尺寸标注

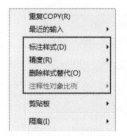

图 10-153　快捷菜单

在快捷菜单中选择【标注样式】|【ISO-25】命令，可将选中的尺寸标注的样式修改为ISO-25，如图 10-154 所示。也可将其他的标注样式用于选中的尺寸标注。

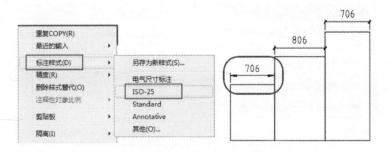

图 10-154　修改尺寸标注样式

选择"标注样式"|"另存为新样式"命令，在弹出的"另存为新标注样式"对话框中设置样式名称，如图 10-155 所示，可将选中的尺寸标注所使用的样式保存至当前图形中，并可随时调用。

图 10-155 "另存为新标注样式"对话框

单击快捷菜单中的"精度"命令后的向右实心箭头，在弹出的子菜单中显示了标注文字的精度类型，选中其中的一种，可将其赋予选中的尺寸标注。如图 10-156 所示为不同类型精度的尺寸标注文字的表示效果。

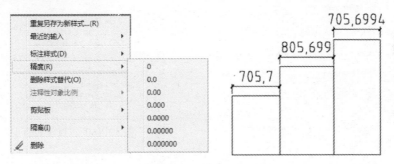

图 10-156 修改标注精度

选择"删除样式替代"命令，可清除所选标注样式中所包含的样式替代。

假如所选中的尺寸标注为注释性标注，则快捷菜单中的"注释对象比例"命令可亮显，在其子菜单中显示了编辑注释对象的各选项，如图 10-157 所示。

选中多重引线标注单击鼠标右键，在快捷菜单中可以执行添加/删除引线的操作，还可修改选中的引线标注的标注样式，如图 10-158 所示。

图 10-157 "注释性对象比例"菜单

图 10-158 多重引线标注编辑菜单

10.5.13 使用"特性"选项板编辑尺寸标注

本节介绍通过使用"特性"选项编辑标注的操作方法。

选中尺寸标注，按下〈Ctrl+1〉组合键，弹出"特性"选项板，选项板各选项栏如图 10-159 至图 10-164 所示。

通过在"特性"选项板中修改参数，可实时更改尺寸标注。

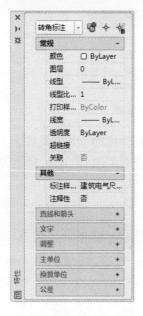

图 10-159 "常规"/"其他"选项栏

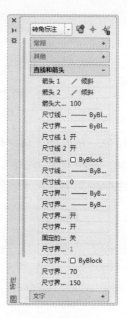

图 10-160 "直线和箭头"选项栏

图 10-161 "文字"选项栏

图 10-162 "调整"/"主单位"选项栏

图 10-163 "换算单位"选项栏

图 10-164 "公差"选项栏

1. "其他"选项栏

在"其他"选项栏中的"标注样式"下拉列表中选择 ISO-25 样式，可将样式用于选中的尺寸标注，如图 10-165、图 10-166 所示。

图 10-165 选择"ISO-25"样式

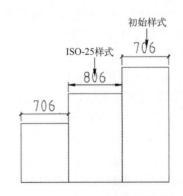

图 10-166 修改标注样式

2. "直线和箭头"选项栏

选择"直线和箭头"选项栏，在其中可设置尺寸标注的箭头样式、大小、尺寸线的线型、颜色等参数。在"箭头1""箭头2"下拉列表中选择箭头样式，在"箭头大小"下拉列表中修改大小参数，如图10-167、图10-168、图10-169所示。

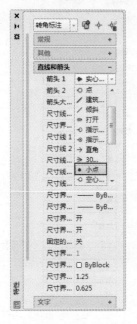  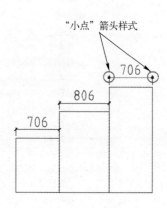

图 10-167　设置"箭头1"的样式　　图 10-168　设置"箭头2"的样式　　图 10-169　修改结果

- 在"尺寸线线宽""尺寸界线线宽"下拉列表中选择线宽参数。
- 在"尺寸线1""尺寸线2"下拉列表中选择"开""关"选项，以控制是否显示尺寸线。
- "尺寸线颜色"下拉列表中提供了各种颜色类型，单击以选择并将其赋予选定的尺寸标注。选择"选择颜色"选项还可在"选择颜色"对话框中来选择或者设置其他类型的颜色。
- 在"尺寸线线型"下拉列表中设置其线型样式。
- "尺寸线范围"下拉列表用来指定尺寸线超出尺寸界线的量。
- 在"尺寸界线1线型""尺寸界线2线型"下拉列表中设置尺寸界线的线型。
- "尺寸界线1""尺寸界线2"下拉列表中有两个选项，分别是开、关，用户可自定义开启或关闭尺寸界线。
- "固定的尺寸界线"下拉列表用来设定是否消去尺寸界线固定长度。
- "尺寸界线的固定长度"下拉列表用来设定尺寸界线固定长度。
- "尺寸界线颜色"下拉列表用来设定尺寸界线的颜色。
- "尺寸界线范围"选项用来指定尺寸界线超出尺寸线的量。
- 在"尺寸界线偏移"选项中指定尺寸界线从原点的偏移量。

3. "文字"选项栏

- "填充颜色"下拉列表用来指定标注文字的背景颜色。
- 在"分数类型"下拉列表中设置标注文字的分数类型。

- "文字颜色"下拉列表用来指定标注文字的颜色。
- "文字高度"下拉列表用来修改标注文字的高度。
- "文字偏移"下拉列表用来指定在打断尺寸线、放入标注文字时，标注文字与尺寸线之间的距离。
- 在"文字界外对齐"下拉列表中设置是否将标注文字放在尺寸界线外侧。
- 在"水平放置文字"下拉列表中指定水平标注文字的位置。
- "垂直放置文字"下拉列表用来指定标注文字相对于尺寸线的垂直位置。
- "文字样式"下拉列表用来指定标注文字的样式。
- 在"文字界内对齐"下拉列表中设置是否在尺寸界线内侧显示标注文字。
- 在"文字位置 X 坐标"、"文字位置 Y 坐标"选项中设置标注文字位置和拾取点。
- "文字旋转"选项用来设置文字的旋转角度，如图 10-170 所示。

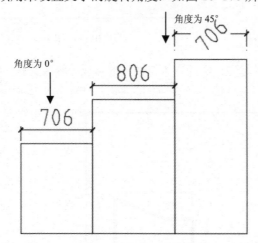

图 10-170　编辑文字角度

- 在"文字观察方向"下拉列表中指定文字的观察方向，分为从左到右、从右到左两种类型。
- 在"测量单位"选项中指定标注测量值。
- "文字替代"选项用来指定标注的文字字符串。

10.5.14　案例——在"特性"选项板中编辑尺寸标注

本节介绍在"特性"选项板中编辑扬声器图形尺寸标注的操作方法。

步骤 1 打开素材。按下〈Ctrl+O〉组合键，打开配套光盘提供的"第 10 章\10.4.9 案例——在（特性）选项板中编辑尺寸标注.dwg"文件，如图 10-171 所示。

步骤 2 选择尺寸标注，按下〈Ctrl+1〉组合键打开"特性"选项板。

步骤 3 单击展开"直线和箭头"选项栏，修改其中的"箭头 1""箭头 2""箭头大小"选项的参数，尺寸标注可实时显示修改结果，如图 10-172 所示。

步骤 4 单击展开"文字"选项栏，在"文字旋转"选项中修改旋转角度为 0，修改尺寸标注的结果如图 10-173 所示。

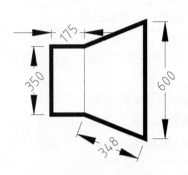

图 10-171　打开素材

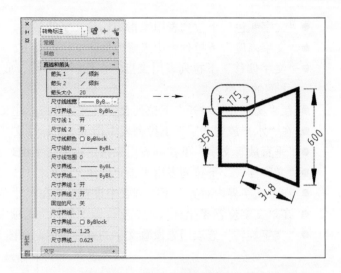

图 10-172　修改"直线和箭头"样式

步骤 5 选择其他尺寸标注，继续在"特性"选项板中修改其属性参数，结果如图 10-174 所示。

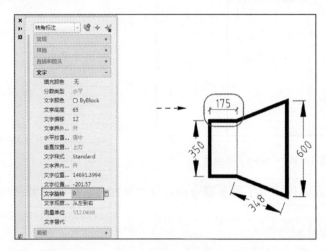

图 10-173　调整文字角度

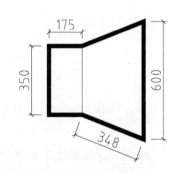

图 10-174　编辑结果

提示： 调用 MA（特性匹配）命令，以标注文字为 175 的尺寸标注为源对象，以剩下的尺寸标注为目标对象，将源对象的属性匹配至目标对象上，也可实现编辑标注的目的。

10.5.15　使用"特性"选项板编辑多重引线标注

选择多重引线标注，按下〈Ctrl+1〉组合键打开"特性"选项板，在其中可以编辑多重引线标注的各属性，如颜色、图层、引线类型、引线颜色，以及箭头样式、箭头大小及标注文字的内容、样式等，如图 10-175、图 10-176、图 10-177 所示。

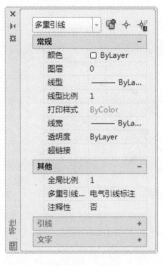

图 10-175　"常规"/"其他"选项栏

图 10-176　"引线"选项栏

图 10-177　"文字"选项栏

1. "常规"选项栏

● "颜色"下拉列表用来设置引线标注的颜色。
● "图层"下拉列表用来更改引线标注的图层。
● 在"线型"下拉列表中更改引线的线型。
● "线型比例"选项用来更改线型的比例。
● 在"打印样式"下拉列表中指定对象的打印样式名。
● 在"线宽"下拉列表中指定对象的线宽。
● 在"透明度"下拉列表中指定对象的透明度。

2. "其他"选项栏

● "全局比例"选项用来指定此多重引线对象的全局比例因子。
● 在"多重引线样式"下拉列表中指定多重引线对象的样式名称。
● "注释性"下拉列表用来设置多重引线对象是否为注释性。

3. "引线"选项栏

● 在"引线类型"下拉列表中指定引线类型，有 3 种类型供选择，分别为"直线""样条曲线""无"。
● "引线颜色"下拉列表用来设置引线的颜色。
● "引线线型"下拉列表用来指定引线的线型。
● "引线线宽"下拉列表用来指定引线的线宽。
● 在"箭头"下拉列表中设置引线箭头的样式，如图 10-178 所示。
● 在"箭头大小"选项中设置箭头的大小。
● 在"水平基线"下拉列表中启用/禁用水平基线。
● "基线距离"选项用来指定基线的距离。

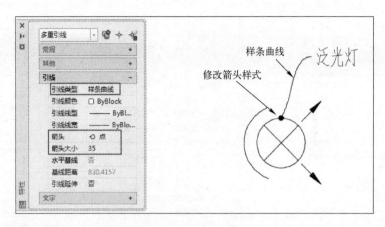

图 10-178　编辑结果

- 在"引线延伸"下拉列表中将水平多行引线延伸至多行文本。

4. "文字"选项栏

- "内容"下拉列表用来设置引线标注的内容。
- "文字样式"下拉列表用来修改标注文字的文字样式。
- 在"对正"下拉列表中指定多行文字的附着点。
- "方向"下拉列表用来指定多行文字的绘制方向。
- "宽度""高度"选项用来指定多行文字的宽度、高度。
- "旋转"选项用来指定标注文字的旋转角度。
- 在"行距比例"选项中指定多行文字的行间距比例。
- 在"行间距"选项中指定多行文字的行间距。
- "行距样式"下拉列表用来指定多行文字的行间距样式。
- "背景遮罩"下拉列表用来启用/关闭背景遮罩。
- 在"连接类型"下拉列表中指定引线与文字是水平相连还是垂直相连。
- "连接位置—左"下拉列表用来指定左侧引线与文字如何连接。
- "连接位置—右"下拉列表用来获取特定引线的基线方向。
- 在"基线间隙"选项中设置文字基线间隙。
- 在"文字加框"下拉列表中控制显示/隐藏多重引线内容的文字边框。

10.5.16　案例——在"特性"选项板中编辑引线标注

本节介绍在"特性"选项板中编辑光发射机图形引线标注的操作方式。

步骤 1 打开素材。按下〈Ctrl+O〉组合键，打开配套光盘提供的"第 10 章\10.4.11 案例——在'特性'选项板中编辑引线标注.dwg"文件，如图 10-179 所示。

步骤 2 选择引线标注，按下〈Ctrl+1〉组合键调出"特性"选项板。

步骤 3 展开"引线"选项栏，在"引线类型""箭头""箭头大小"选项中修改参数，引线标注的同步更新结果如图 10-180 所示。

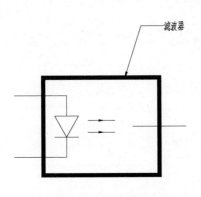

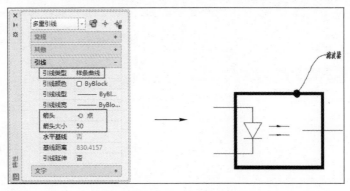

图 10-179　打开素材　　　　　　　　　图 10-180　修改引线样式

步骤 4 展开"文字"选项栏，单击"内容"选项后的矩形按钮，进入引线标注文字在位编辑状态，输入新的标注文字并单击。

步骤 5 在"高度"选项中修改文字高度，编辑结果如图 10-181 所示。

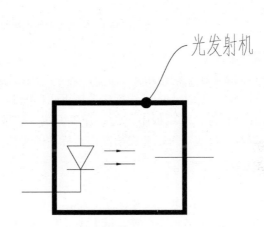

图 10-181　编辑结果

10.6　设计专栏

10.6.1　上机实训

为如图 10-182 所示的有线电视系统图绘制多重引线标注。

从下一页的图 10-182 中可以看出，该共用天线电视系统采用分配—分支方式。系统干线选用 SYKV—75—9 型同轴电缆，用管径为 25mm 的水煤气钢管穿管埋地引入，在 3 层处由二分配器分为两条分支线，分支线采用 SYKV—75—7 型同轴电缆，穿管径为 20mm 的硬塑料管暗敷设。在每一楼层用四分支器将信号通过 SYKV—75—5 型同轴电缆传输至用户端，穿管径为 16mm 的硬塑料管暗敷设。

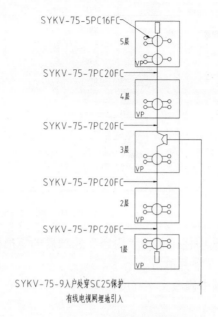

图 10-182 住宅楼有线电视系统图

绘制步骤如下：

步骤 1 调用 MLD（多重引线）命令，为系统图绘制引线标注。

步骤 2 选择图名标注上的引线标注，按下〈Ctrl+1〉组合键，调出"特性"选项板。

步骤 3 在"特性"选项板中单击展开"引线"选项栏，在"箭头"下拉列表中设置箭头样式为"倾斜"，修改后可以完成绘制引线标注的操作。

10.6.2 绘图锦囊

在"新建标注样式：电气尺寸标注"对话框中，"调整"选项卡下"标注特征比例"中的比例值仅改变标注文字、箭头等显示大小。"主单位"选项卡下"测量单位比例"的比例因子，将改变实际绘图的尺寸值，显示为实际绘图尺寸值乘以测量比例因子。

线性标注虽然也能标注倾斜直线，但是需要提前知道倾斜的角度，而且在角度更改时标注的尺寸并不会随着角度的变化而变化，所以在标注倾斜直线时最后使用对齐标注。

对齐标注也可以标注水平或垂直直线，但是当标注完成后，再重新调节标注位置时，往往得不到想要的结果，因此在绘制水平或垂直尺寸时最好使用线性标注。

通常情况下，当圆弧的两个端点与圆心点的夹角大于等于 180°时用直径标注，小于 180°时用半径标注。

使用标注间距命令需满足以下条件：标注必须是线性或角度标注，而且对于线性标注必须是平行的，对于角度标注必须是同心的，所有的标注必须共享一条尺寸线。

在调用 MLD（多重引线）命令时，命令行里的各选项与"多重引线管理器"对话框中的各选项卡的内容相同。

只有多重引线的文字类型为块，而不是多行文字，才可以对多重引线进行合并操作。

下篇
综合案例篇

第 **11** 章

绘制电力电气工程图

本章要点

- 电力电气工程简介
- 绘制变电站防雷平面图
- 绘制电机外引端子接线图
- 绘制水电站电气主接线图
- 绘制供电系统图
- 设计专栏

由发电厂产生出来的电能需要经过升压变电站将电压升高，然后由高压输电线路送至距离较远的负荷中心，再经过降压变电站将电压降低到用户所需要的电压等级，最后分配给电能用户使用。

本章介绍电力电气工程的相关知识及其电气图纸的绘制。

11.1　电力电气工程简介

电力系统由发电厂、电力网及用户组成，系统中有多重电力设备支撑系统的运转，如高压电气设备、低压电气设备、变配电设备等，本节介绍这些设备的相关知识。

11.1.1　电力系统的组成

由发电厂、电力网、用户组成的统一整体称为电力系统，如图 11-1 所示为电力系统的示意图。图中的 T1 表示升压变压器，发电厂的电能经过升压变压器后被送至电网进行远距离传输。T2 表示降压变电器，电网高电压经降压变压器后变为低电压，最后供给用户。

1. 发电厂

在发电厂中，可以把自然界中的一次能源转换为用户可以直接使用的二次能源，即电能，因此发电厂是生产电能的场所。

根据发电厂所选用的一次能源的不同，发电形式可分为多种，如火力发电、风力发电、潮汐发电、水力发电、太阳能发电、核能发电和地热发电等形式。但是无论发电厂选用何种发电方式，最后都是由发电机将其他能源转换为电能的。

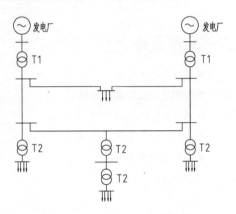

图 11-1　电力系统图

2. 变电所

变电所由变压器、配电装置组成，是变换电压、交换电能和分配电能的场所。

按照变电所的地位及作用不同，可区分为枢纽变电所、地区变电所及用户变电所 3 类。按照变压的性质和作用不同又可分为升压变电所和降压变电所两类。

3. 电力网

电力网由升压和降压变电所和与之相对应的电力线路组成，主要作用是变换电压、传送电能，其任务是将发电厂生产的电能经过输电线路，供给用户使用。

4. 电力用户

电力用户统指消耗电能的场所，有家庭用电用户和工业用电用户两类。将电能通过用电设备转换为满足用户需求的其他形式的能量，如电动机将电能转换为机械能、电热设备将电能转换为热能、照明设备将电能转换为光能等。

电力用户又可根据供电电压分为高压用户及低压用户，高压用户额定电压 1kV 以上（工业用电用户），低压用户的额定电压一般为 220V/380V（家庭用电用户）。

11.1.2　高压电气设备

一次电路或主电路是指在变电所中承担传输和分配电能到各用电场所的配电线路，电路中所有的电气设备称为一次设备。

1. 电力变压器

变配电系统中使用的变压器一般为三相电力变压器，是用来变换电压等级的电气设备。

因为电气变压器容量大，工作温度升高，因此要采用不同的结构方式来散热。电力变压器按照散热方式的不同可以分为油浸式和干式两种。油浸式变压器型号多为 S 型或 SL 型，干式变压器的型号有 SC 型。

电力变压器的型号编写如图 11-2 所示。

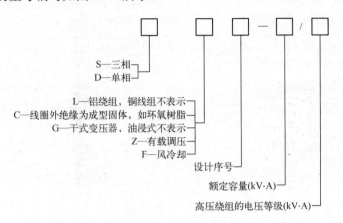

图 11-2　电力变压器型号的编写方式

如 S6-500/10 表示三相铜绕组油浸自冷式变压器，设计序号为 6，容量为 500kV·A，高压绕组额定电压为 10kV。

2. 高压断路器

高压断路器用来控制和保护电气设备。正常时用来接通和切断负荷电流。当发生断路故障或者严重过负荷时，借助断电保护装置的作用，自动、迅速地切断故障电流。断路器应在尽可能短的时间内熄灭电弧，因而具有可靠的灭弧装置。断路器工作性能的优劣，直接影响供配电系统的运行状况。

高压断路器型号的编写方式如图 11-3 所示。

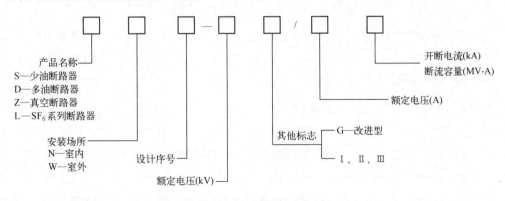

图 11-3　高压断路器型号的编写方式

3. 高压隔离开关

高压隔离开关主要由固定在绝缘子上的静触座和可分合的闸刀两部分组成，主要功能是隔离高压电源，用来保证其他设备和线路的安全检修及人身安全。隔离开关断开后具有明显的可见断开间隙，保证绝缘可靠。

隔离开关没有专门灭弧装置，不许带负荷操作，可以用来通断一定的小电流，如励磁电流不超过 2A 的空载变压器、电容电流不超过 5A 的空载线路及电压互感器和避雷器电路等。

高压隔离开关有户内式、户外式两种，按有无接地可分为不接地、单接地和双接地 3 种。

高压隔离开关的型号编写如图 11-4 所示。

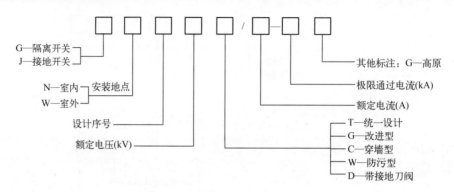

图 11-4　高压隔离开关的型号编写

型号 GN22-10/2000-40 的解释说明如下：

G——隔离开关；N——户内型；22——设计序号；10——额定电压（kV）；2000——额定电流（A）；40——2s 热稳定电流有效值（kA）。

10kV 高压隔离开关型号较多，经常用到的有 GN8、GN9、GN24、GN28、GN30 等。

4. 高压负荷开关

高压负荷开关是介于隔离开关与高压断路器之间的开关电器。在结构上，它与高压隔离开关类似，开关断开后具有明显的断开间隙，同样具有隔离电源、保证安全检修的功能。

高压负荷开关的型号编写如图 11-5 所示。

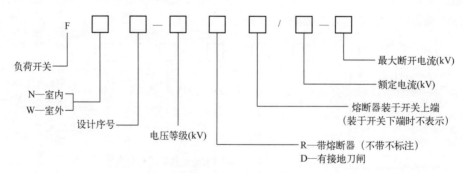

图 11-5　高压负荷开关的型号编写

型号 FN5-10R/400 的解释说明如下：

F——负荷开关；N——户内型；5——设计序号；10——额定电压（kV）；R——带熔断器；400——额定电流（A）。

5. 高压熔断器

高压熔断器主要是利用熔体电流超过一定值时，熔体本身产生的热量自动地将熔体熔断从而切断的一种保护设备，与高压负荷开关配合使用时，既能通断正常负载电流，又能起到对电力系统和电力变压器的过载和断路保护作用。

高压熔断器的型号编写如图 11-6 所示。

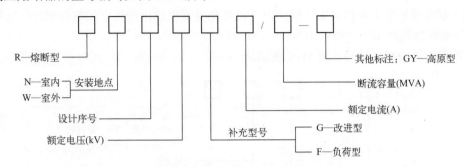

图 11-6　高压熔断器的型号编写

型号 RN5-10/400 的解释说明如下：

R——熔断器；N——户内型；3——设计序号；10——定额电压（kV）；400——额定电流（A）。

6. 电压互感器

电压互感器可以将一次侧的高电压降至 100V，并供给仪表或继电器用电的专用设备。

电压互感器的型号编写如图 11-7 所示。

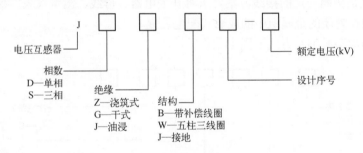

图 11-7　电压互感器的型号编写

7. 电流互感器

电流互感器是指将一次侧的大电流，按比例变为适合通过仪表或继电器使用的、额定电流为 5A 的低压小电流的设备。

电流互感器的型号编写方式如图 11-8 所示。

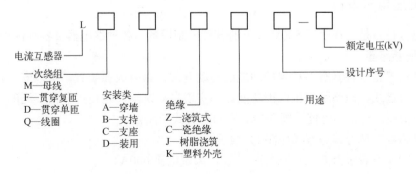

图 11-8　电流互感器的型号编写

8. 高压避雷器

高压避雷器是电力保护系统中保护电气设备免受雷电或由操作引起的内部过电压损害的设备，一般装在高压架空线路的末端。

高压避雷器的型号编号如图 11-9 所示。

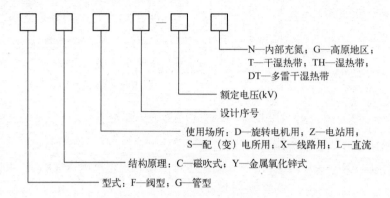

图 11-9　高压避雷器的型号编号

9. 高压开关柜

高压开关柜是按照一定的接线方案要求将开关电器、母线、测量仪表、保护继电器及辅助装置等，组装在封闭的金属柜中的成套式配电装置。

高压开关柜的型号编写方式如图 11-10 所示。

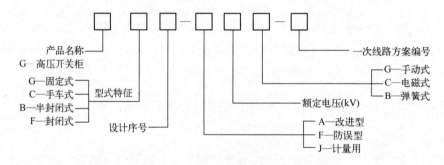

图 11-10　高压开关柜的型号编写

11.1.3　低压电气设备

低压电气设备是指在电压 500V 以下的各种控制设备、各种继电器及各种保护设备等。

1. 低压断路器

低压断路器是一种具有多种保护功能的自动开关，具有灭弧装置，可以安全带负荷通断电路，并具有过载、短路及失压保护功能，即实现自动跳闸，是使用非常广泛的一种低压电器，有两种类型，分别是万能式断路器和塑料外壳式断路器。

低压断路器的型号编写方式如图 11-11 所示。

DW10-600/35 表示万能式短路器系列 10，额定电流 600A。

DZ20-600/334 表示塑料外壳式断路器系列 20，额定电流 600A，3 极。

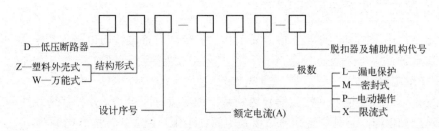

图 11-11　低压断路器的型号编写方式

脱扣器代号：0—无脱扣器；1—热扣器；2—电磁脱扣器；33—复式脱扣器；4—分励辅助触点；5—分励失压；6—两组辅助触头；7—失压辅助触头；90—电磁有液压延时自动脱扣器。

2. 低压刀开关

低压刀开关又称为低压隔离开关，一般安装在低压配电柜中使用，主要用来隔离电源和分断交直流电路。

按照闸刀的投放位置来分，分为单投刀开关、双投刀开关两类。

按照极数来分，可以分为单级、双级、三级。

按照灭弧结构分，可以分为灭弧罩、带灭弧罩两类。

低压刀开关的型号编写方式如图 11-12 所示。

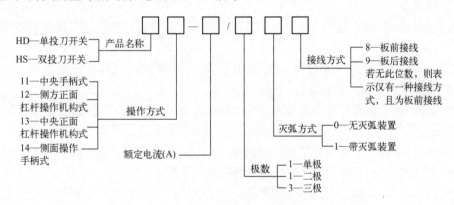

图 11-12　低压刀开关的型号编写

3. 低压熔断器

熔断器是一种保护电器，由熔断管、熔体和插座 3 部分组成。主要功能是实现低压配电系统的短路保护，有的熔断器也能实现负荷保护。

低压熔断器的类型主要有插入式、螺旋式和密闭管式等型号。

4. 低压开关柜

低压开关柜又称为低压配电屏，是按照一定的线路方案将低压设备组装在一起的成套配电装置。

其结构形式有固定式和抽屉式两类。

11.1.4　变配电二次系统设备

二次电路指用来测量、控制、信号显示和保护一次设备运转的电路，其中所有的电气设备称为二次设备。

1. 保护继电器

继电器是一种根据输入的特定信号达到某一预定值时而自动动作，接通或断开所控制的回路的自动控制电器。这种特定信号可以是电流、电压、温度、压力和时间等。

2. 控制开关

控制开关是断路器控制回路的主要控制元件，由运行人员操作使用断路器合、跳闸。控制开关由多对触点通过旋转接触接通每对触头，多用在二次回路中断路器的操作、不同控制回路的切换、电压表的换相测量及小型三相电机启动切换变速开关。

在变配电系统中，常用的主令电器有复合开关和控制按钮等。

3. 电气计量表

在变配电线路中需要通过安装各种电气测量仪表来监测电路的运行情况和计量用电量。电气测量表的种类很多，有电流表、电压表、工具表、频率表、有功电度表、有功功率表及相位表等。

根据结构和作用原理的不同，电气测量仪表可以分为磁电系、电磁系、电动系、静电系和感应系等，一般装在配电柜的面板上，因此这类仪表也称为开关面板表。

4. 信号设备

变配电系统中所用的信号设备分为正常运行显示信号设备、事故信号设备和指挥信号设备等。

正常运行的信号设备一般为不同颜色的信号灯、光字牌，常用于电源指示（有、无相别）、开关通断位置指示、设备运行与停止显示等。

事故信号设备包括事故预告信号设备和事故已发生信号设备（又称事故信号设备）。

事故预告信号是指当电气设备或系统出现了某些事故预兆或某些不正常的情况，例如绝缘不良、中性点不接地、三相系统中一相接地、轻度过度负荷、设备温升偏高等，但是尚未达到设备或系统即刻不能运行的严重程度时所发出的信号。

事故已发信号设备是指当电气设备或系统故障已经发生、自动开关已跳闸时所发出的信号。

指挥信号设备主要用于不同地点，如控制室和操作间之间的信号联络与信号指挥，多采用光字牌、音响等。

11.1.5　变配电工程图

变配电工程图的种类很多，有变配电系统主接线图（如图 11-13 所示）、变配电平面图、变配电剖面图、变配电系统图（如图11-14所示）等。

变配电工程图表达了输电、变电、配电过程中的设备与线路的连接情况，用统一、直观的标准来表达变配电工程的各个方面。

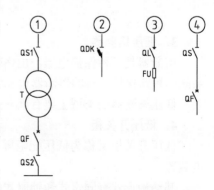

图 11-13　变配电系统主接线图

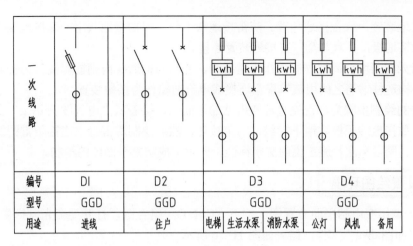

一次线路									
编号	D1	D2		D3			D4		
型号	GGD	GGD		GGD			GGD		
用途	进线	住户		电梯	生活水泵	消防水泵	公灯	风机	备用

图 11-14 变配电系统图

11.2 绘制变电站防雷平面图

防雷平面图表示了避雷带的布置及其保护范围，本节介绍如图 11-15 所示的变电站防雷平面图的绘制方法。

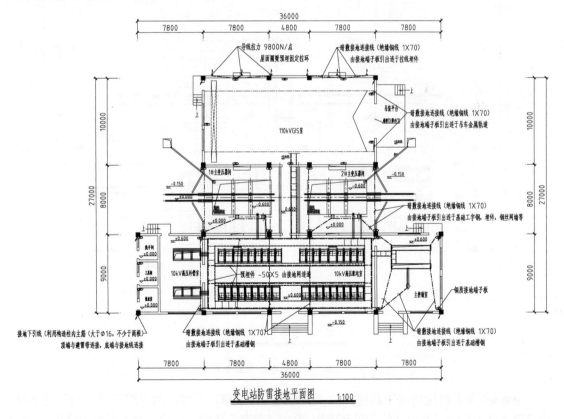

图 11-15 变电站防雷接地平面图

本例接地装置为联合接地装置。防雷接地与工作、保护接地共用一套接地装置。利用基础钢筋网做接地极，并且与全厂主接地装置连接。

屋顶沿天沟暗埋一周镀锌扁钢作为避雷带，并且与构造柱内钢筋焊接作为接地引下线，基础钢筋及构造柱钢筋之间用镀锌扁钢连接成电气通路作为接地装置。

平面图的绘制步骤为，首先整理变电站的平面图，接着从"电气图例.dwg"文件中调入防雷图例，如接地端子板、地下引线、固定拉环，然后绘制避雷带来连接防雷图例，最后绘制引线标注、图名标注及施工说明文字标注，即可完成防雷平面图的绘制。

11.2.1 设置绘图环境

步骤 1 调用变电站平面布置图。按下〈Ctrl+O〉组合键，打开配套光盘提供的"第 11 章\变电站平面图.dwg"文件，结果如图 11-16 所示。

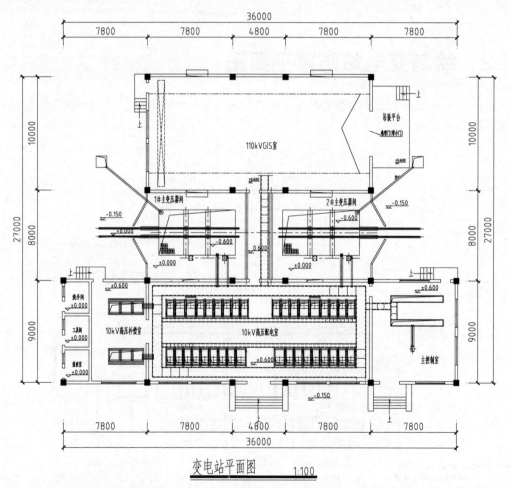

图 11-16　调用变电站平面布置图

步骤 2 单击快速访问工具栏上的"另存为"按钮，在弹出的"图形另存为"对话框中设置文件名称为"变电站防雷平面图"，单击"保存"按钮，完成另存为图形的操作。

步骤 3 创建图层。调用 LA（图层特性）命令，弹出"图层特性管理器"选项板，参照

表 11-1 中给出的图层属性参数来创建并编辑图层。

表 11-1　图层属性

名称	颜色	线型	线宽
电气元件	黄	Continuous	默认
标注	绿	Continuous	默认
线路	白	Continuous	默认

11.2.2　绘制防雷平面图图形

防雷平面图由防雷设备图例，以及避雷带和图形标注组成，本节介绍防雷平面图的绘制。本节所涉及的设备图例有 3 种，分别是接地端子板、地下引线和固定拉环，如图 11-17 所示。本章所提供的"电气图例.dwg"文件已包含了这3种图例，因此直接调用即可。

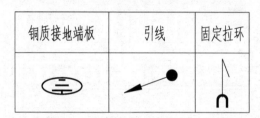

图 11-17　图例表

在绘制避雷带的时候，需要使用多段线来绘制。使用多段线来绘制的优点有两个，一是可以自定义线宽，二是绘制完成的线段是一个整体，方便选中对其进行编辑。

步骤 1 将"电气元件"图层置为当前图层。

步骤 2 布置铜质接地端子板。按下〈Ctrl+O〉组合键，打开配套光盘提供的"第 11 章\电气图例.dwg"文件，选择其中的铜质接地端子板图例，复制粘贴至平面图中，结果如图 11-18 所示。

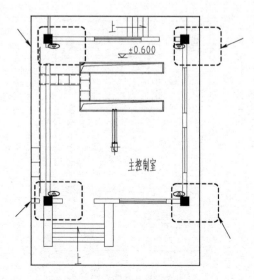

图 11-18　布置铜质接地端子板

步骤 3 调用 CO（复制）命令，选择调入的铜质接地端子板图例，将其移动复制至平面图各区域，结果如图 11-19 所示。

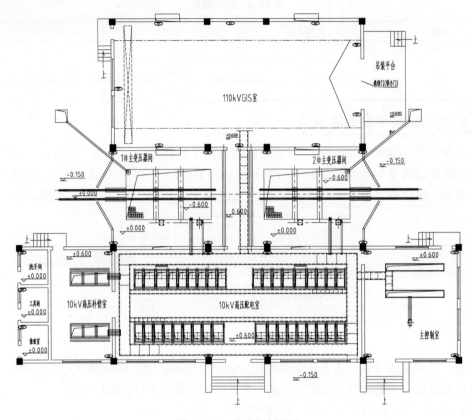

图 11-19 移动复制图形

步骤 4 布置引线图例。在"第 11 章\电气图例.dwg"文件中选择引线图例，将其复制粘贴至平面图中，结果如图 11-20 所示。

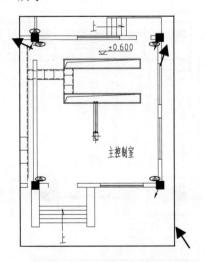

图 11-20 布置引线图例

步骤 5 调用 CO（复制）命令，移动复制引线图形，结果如图 11-21 所示。

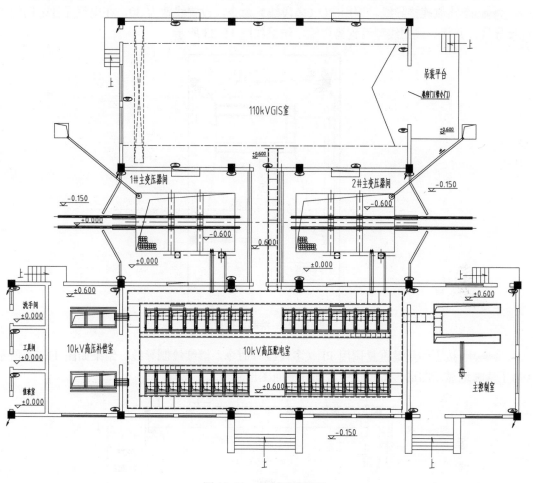

图 11-21 复制引线图例

步骤 6 布置固定拉环图例。在"第 11 章\电气图例.dwg"文件中选择固定拉环图例，将其复制粘贴至平面图中，结果如图 11-22 所示。

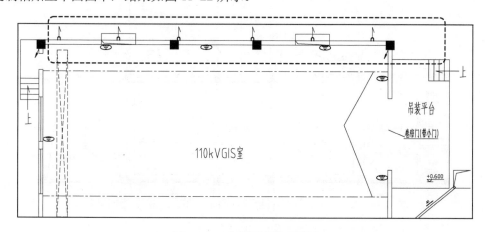

图 11-22 布置固定拉环图例

步骤 7 将"线路"图层置为当前图层。

步骤 8 绘制连接导线。调用 PL（多段线）命令，设置线宽为 30，在电气元件之间绘制连接导线，并将导线的线型设置为虚线，结果如图 11-23 所示。

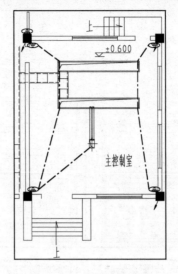

图 11-23　绘制连接导线

步骤 9 按下回车键重复调用 PL（多段线）命令，继续绘制导线，结果如图 11-24 所示（为了清晰地显示图形，本步骤中将部分平面图形隐藏）。

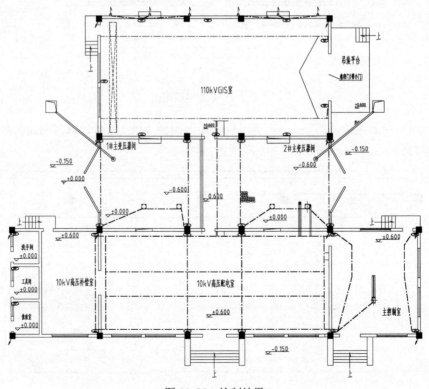

图 11-24　绘制结果

11.2.3 绘制图形标注

步骤 1 将"标注"图层置为当前图层。

步骤 2 调用 MLD（引线标注）命令，为防雷平面图绘制引线标注，结果如图 11-25 所示。

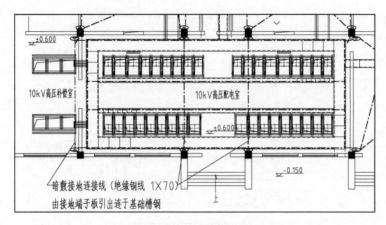

图 11-25 绘制引线标注

步骤 3 按下回车键重复调用 MLD（多重引线）命令，继续为平面图绘制标注文字，结果如图 11-26 所示。

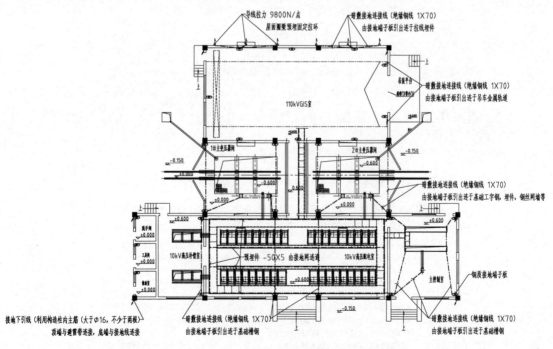

图 11-26 绘制结果

步骤 4 调用 MT（多行文字）命令，绘制图名与比例标注，调用 PL（多段线）命令，绘制宽度为 100 的粗实线，调用 L（直线）命令，绘制细实线，完成图名标注及下画线的绘制，结果如图 11-27 所示。

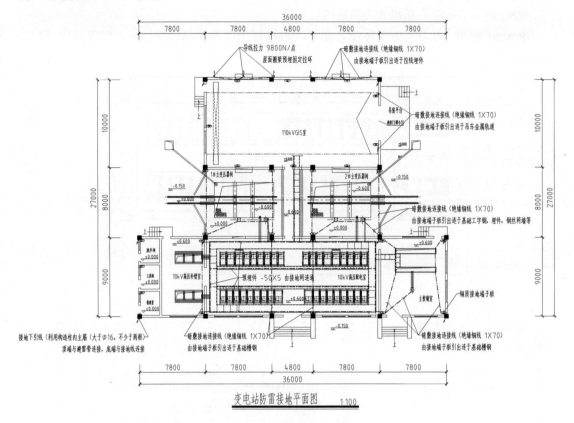

变电站防雷接地平面图 1:100

图 11-27　绘制图名标注

提示：施工说明文字如图 11-28 所示，预知本工程详细情况可参阅施工说明。

施工说明

1. 本建筑物按二类防雷建筑设计，室外防雷设置两座独立避雷针，位置见总体部分。
2. 本接地装置为联合接地装置。防雷接地与工作，保护接地共用一套接地装置。利用基础钢筋网作接地极，并与全厂主接地装置连接，要求接地电阻小于0.5欧，若达不到要求，则应增加人工接地极及降阻剂。
3. 凡电气装置外露导电部分和装置外可导电部分，包括配控制设备金属外壳、桥架、金属保护管、电缆端头金属外皮、起重机车吊轨、金属楼梯栏杆、预埋金属构件、地上下管道及落水管、屋面的金属材料、预埋基础槽钢、工字钢、扁钢等，均应与接地网连接，以形成各操作面上的等电位，凡接地装置埋设于人行通道下时，其上部应敷设绝缘隔离层。
4. 屋顶沿天沟暗埋一周-25x4镀锌扁钢作为避雷带，并与构造柱内钢筋（大于φ16，不少于两根）焊接作为接地引线，基础钢筋及构造柱钢筋之间用-50x5镀锌扁钢连接成电气通路作为接地装置，构造柱、筋混凝土基础钢筋的接地连接参照03D501-3施工。
5. 变压器室内接地设施布置参照《04DX002》P18执行。
6. 凡屋面金属构件均应与屋顶避雷带可靠连接。
7. 接地装置埋深地坪下1.0m，除有注明外所有连接均采用焊接，其焊接面长度不小于60mm且焊接部位应刷防腐漆。
8. 预埋预留接地端子板及临时接线柱位置详见本布置图。
9. 电气施工注意与相关施工配合，做好预留预埋及封堵工作。
10. 本建筑防雷接地设计采用标准为：《建筑物防雷设计规范》GB50057-94（2000版）、《工业与民用电力装置的接地设计规范》GBJ65-83，以及国家标准图集D501-1-4/01J925-1。
11. 未尽事宜，按国家有关规范标准图集执行。

图 11-28　施工说明

11.3 绘制电机外引端子接线图

在绘制电气工程图时，为了减少绘图的工作量，并方便识图者安装、施工及检修，会绘制端子接线图来替代互连接线图，本节介绍如图 11-29 所示的端子接线图的绘制方式。

通常情况下，端子图表示的各单元的端子排列有规则，按纵向排列，电路图既表现规范，又方便读者识读。

图 11-29 端子接线图

11.3.1 设置绘图环境

步骤 1 新建文件。打开 AutoCAD 2016 应用程序，按下〈Ctrl+N〉组合键，在弹出的"选择样板"对话框中选择 acadiso 图形样板，如图 11-30 所示，单击"打开"按钮新建一个空白图形文件。

步骤 2 保存文件。按下〈Ctrl+S〉组合键，在"图形另存为"对话框中设置文件名称为"电机外引端子接线图"，如图 11-31 所示，单击"保存"按钮。

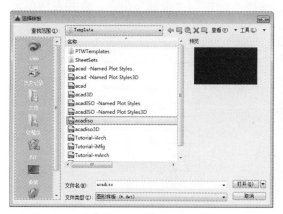

图 11-30 "选择样板"对话框

图 11-31 "图形另存为"对话框

步骤 3 创建图层。调用 LA（图层特性）命令，在"图层特性管理器"对话框中分别创建"线路"（颜色：白色）图层、"标注"（颜色：绿色）图层，图层的其他属性保持默认即可。

11.3.2 绘制接线图图形

步骤 1 将"标注"图层置为当前图层。

步骤 2 绘制表格。在"注释"面板上单击"表格"按钮，在"插入表格"对话框中设置表格的行列参数，如图 11-32 所示。

步骤 3 单击"确定"按钮，分别指定表格的对角点，创建表格的结果如图 11-33 所示。

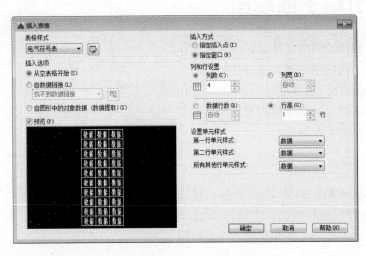

图 11-32 "插入表格"对话框

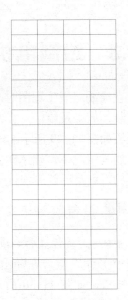

图 11-33 创建表格

步骤 4 选择表格的最后一行，单击鼠标右键，在快捷菜单中选择"行"|"在下方插入"命令，为表格添加表行，如图 11-34 所示。

步骤 5 选择单元格，调出右键快捷菜单，选择"合并"|"全部"命令，合并表格单元格的结果如图 11-35 所示。

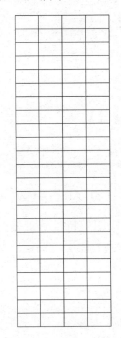

图 11-34 添加表行

图 11-35 合并表格

步骤 6 调用 L（直线）命令，在表格右上角绘制如图 11-36 所示的线段。

步骤 7 双击单元格进入在位编辑状态，输入标注文字，如图 11-37 所示。

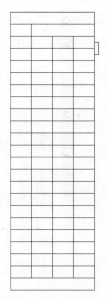

图 11-36　绘制线段

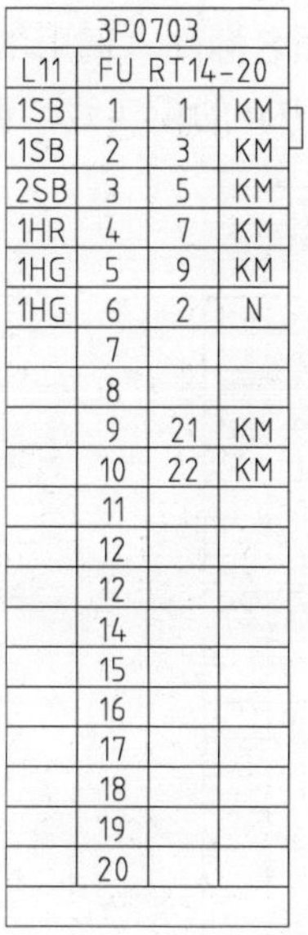
3P0703
L11 FU RT14-20
1SB 1 1 KM
1SB 2 3 KM
2SB 3 5 KM
1HR 4 7 KM
1HG 5 9 KM
1HG 6 2 N
7
8
9 21 KM
10 22 KM
11
12
12
14
15
16
17
18
19
20

图 11-37　输入标注文字

步骤 8 将“线路”图层置为当前图层。

步骤 9 绘制连接线路。调用 PL（多段线）命令，设置起点宽度为 30、端点宽度为 30，绘制连接线路，如图 11-38 所示。

步骤 10 按下回车键重新调用 PL（多段线）命令，设置起点宽度为 0，端点宽度为 424，绘制实心箭头，如图 11-39 所示。

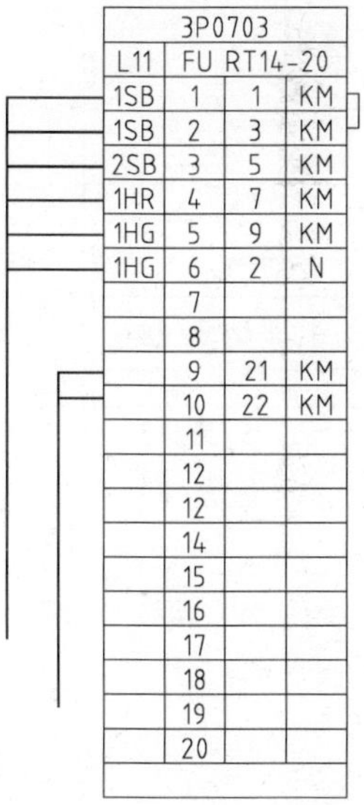
3P0703
L11 FU RT14-20
1SB 1 1 KM
1SB 2 3 KM
2SB 3 5 KM
1HR 4 7 KM
1HG 5 9 KM
1HG 6 2 N
7
8
9 21 KM
10 22 KM
11
12
12
14
15
16
17
18
19
20

图 11-38　绘制连接线路

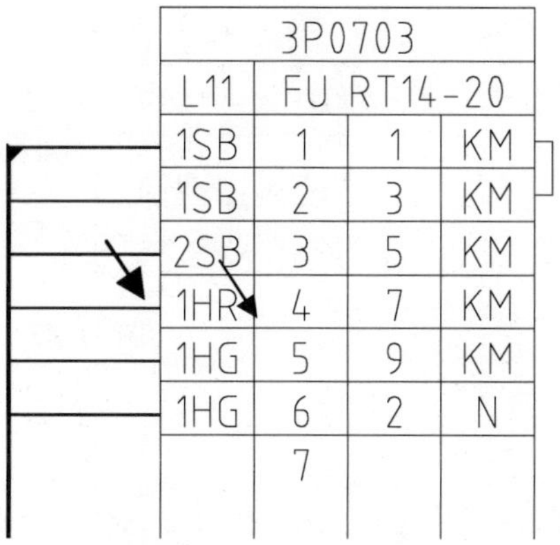
3P0703
L11 FU RT14-20
1SB 1 1 KM
1SB 2 3 KM
2SB 3 5 KM
1HR 4 7 KM
1HG 5 9 KM
1HG 6 2 N
7

图 11-39　绘制实心箭头

步骤 11 调用 CO（复制）命令，在接线图中移动复制实心箭头，如图 11-40 所示。

步骤 12 将“标注”图层置为当前图层。

步骤 13 调用 MT（多行文字）命令，绘制文字标注，如图 11-41 所示。

步骤 14 绘制图名标注。调用 MT（多行文字）命令，绘制标注文字，调用 PL（多段线）命令，绘制宽度为 100 的粗实线，调用 L（直线）命令，绘制细实线，结果如图 11-42 所示。

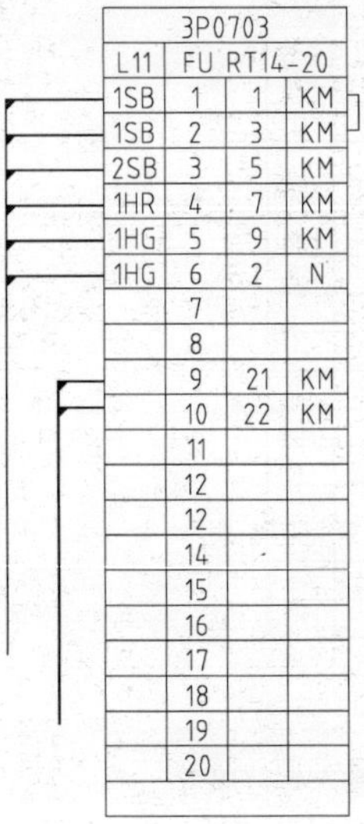

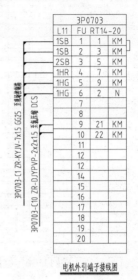

图 11-40　复制箭头 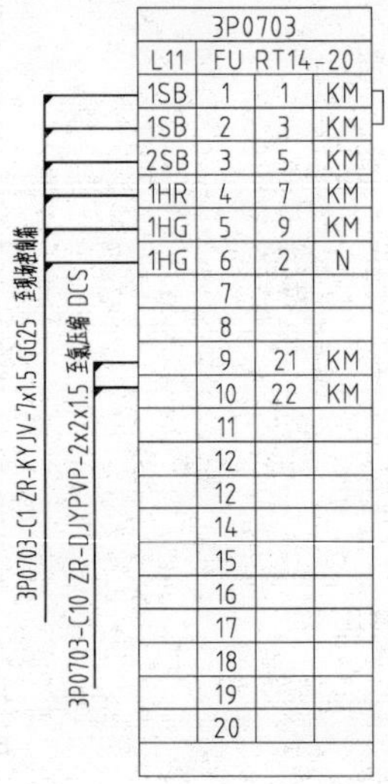　　　　　图 11-41　绘制文字标注　　　　　图 11-42　绘制图名标注

提示：如图 11-43 所示为电气符号表，可从表中查询端子接线图中的符号含义。如图 11-44 所示为在读图或施工时应注意的各事项，读图者及施工人员应仔细阅读。

序号	符号	名称	型号及规格	单位	数量	备注
			安装在配电柜内的设备			
1	QB	断路器	RMM1-100HZ/33002 口 A	只	1	
2	KM	交流接触器	B系列 线圈电压-220V	只	1	
3	KH	热继电器	T系列	只	1	
4	FU	熔断器	RT14-20/4A	只	1	
5	2HR/2HG/H	信号灯	AD11-25 -220V	只	3	红、绿、黄各一
			安装在现场的设备			
1	1SB/2SB	信号灯	FZC-S-A2D2g	只	2	红、绿、黄各一
2	1HR/2HG	启动、停止按钮		只	2	红、绿、黄各一

图 11-43　电气符号表

注意：

1. 本图适用于3P0703电机的控制。

2. 现场设开停车按钮，运行、停车指示。氯压缩DCS设电机运行信号装置。

3. 设备表中元件规格和整定值详见氯压缩子项配电系统图。

图 11-44　说明文字

11.4　绘制水电站电气主接线图

本节以如图 11-45 所示的水电站电气主接线图为例，介绍电气主接线图的绘制方法。通过阅读第一小节所介绍的电气主接线图基本形式的相关知识，可以对学习制图有一个基础理论知识的准备。

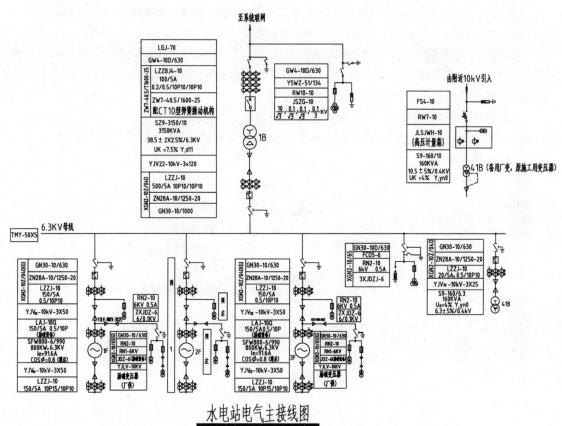

图 11-45　水电站电气主接线图

11.4.1　电气主接线图的基本形式

1. 电气主接线图简介

电气主接线图是指使用国家统一规定的电气符号按照制图规则表示一次电路中各电气设备相互连接顺序的图形。电气主接线图一般都使用单线来表示，即一相线就代表三相接线。但在三相接线不相同的局部位置要用三线图表示。

一幅完整的电气主接线图包括电路图（包含电气设备接线图及其型号规格）、主要电气设备材料明细表、技术说明及标题栏、会签表。

2. 对电气主接线图的基本要求和分类

① 根据系统和用户的要求，电气主接线要保证必要的供电可靠性和电能质量。

② 电气主接线不仅能适应各种运行方式，而且便于检修，在对其中一部分电路进行检修时，应尽量保证未检修回路能继续供电。

③ 电气主接线应简单清晰，布置对称合理、运行方便，使设备切换所需的操作步骤最少。

④ 电气主接线在满足可靠性、灵活性、操作方便这 3 个方面的基本前提下，应力求投资省、维护费用少。

⑤ 电气主接线除能满足当前的运行检修要求外，还应考虑将来有发展的可能性。

常用的主接线形式分为有母线、无母线的主接线两大类。

有母线的主接线形式包括单母线和双母线接线。单母线又分为单母线无分段、单母线分段、单母线分段带旁路母线等形式。双母线又分为双母线无分段、双母线分段、三分之二断路器双母线及带旁路母线的双母线等多种形式。

无母线的主接线主要有桥形接线、单元接线和多角形接线等。

有无母线即母线的结构形式是区分不同电气主接线的关键。电气主接线的基本形式如图 11-46 所示。

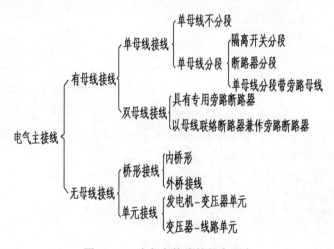

图 11-46　电气主接线的基本形式

11.4.2　设置绘图环境

步骤 1 新建文件。打开 AutoCAD 2016 应用程序，按下〈Ctrl+N〉组合键，在弹出的"选择样板"对话框中选择 acadiso 图形样板，单击"打开"按钮新建一个空白图形文件。

步骤 2 保存文件。按下〈Ctrl+S〉组合键，在"图形另存为"对话框中设置文件名称为"水电站电气主接线图"，单击"保存"按钮。

步骤 3 创建图层。调用 LA（图层特性）命令，在"图层特性管理器"选项板中分别创建"电气元件"（颜色：黄色）图层、"线路"（颜色：白色）图层、"标注"（颜色：绿色）图层，图层的其他属性保持默认即可。

11.4.3　绘制图形符号

步骤 1 将"电气元件"图层置为当前图层。

步骤 ② 绘制电流互感器。调用 C（圆）命令，绘制半径为 3 的圆形，如图 11-47 所示。

步骤 ③ 调用 CO（复制）命令，选择圆形向下复制，如图 11-48 所示。

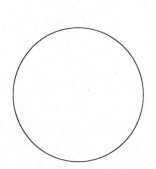

图 11-47 绘制圆形

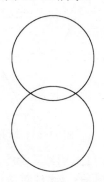

图 11-48 复制圆形

步骤 ④ 调用 L（直线）命令，绘制如图 11-49 所示的线段。

步骤 ⑤ 调用 RO（旋转）命令，设置旋转角度为-15°，调整线段角度的结果如图 11-50 所示。

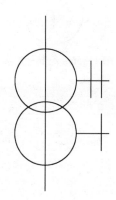

图 11-49 绘制线段

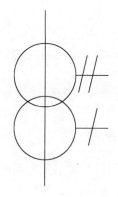

图 11-50 旋转线段

步骤 ⑥ 绘制三角形联结的三相绕组。调用 REC（矩形）命令，绘制尺寸为 7×7 的矩形，如图 11-51 所示。

步骤 ⑦ 调用 L（直线）命令，以矩形下方边的中点为起点绘制线段，如图 11-52 所示。

图 11-51 绘制矩形

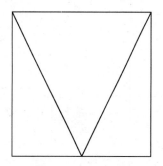

图 11-52 绘制线段

步骤 ⑧ 调用 TR（修剪）命令，修剪矩形边的结果如图 11-53 所示。

步骤 9 绘制Y-△联结的三相变压器。调用 C（圆）命令，绘制半径为 3 的圆形，如图 11-54 所示。

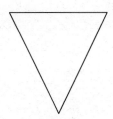

图 11-53 修剪线段

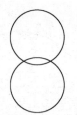

图 11-54 绘制圆形

步骤 10 调用 L（直线）命令，绘制等边三角形，如图 11-55 所示。

步骤 11 调用 MT（多行文字）命令，在下方的圆形内绘制标注文字 Y，如图 11-56 所示。

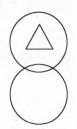

图 11-55 绘制等边三角形

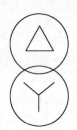

图 11-56 绘制标注文字

 提示：标注文字 Y 也可通过调用"直线"命令来绘制。

11.4.4 绘制连线图

步骤 1 将"线路"图层置为当前图层。

步骤 2 绘制线路结构。调用 PL"多段线"命令，绘制如图 11-57 所示的线路结构图。

步骤 3 调用 M"移动"命令，将绘制完成的图形符号移动到线路结构图中，如图 11-58 所示。

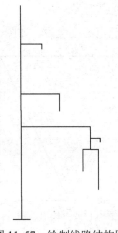

图 11-57 绘制线路结构图

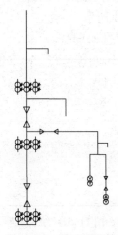

图 11-58 移动图形符号

步骤 4　将"电气元件"图层置为当前图层。

步骤 5　布置其他图例文件。按下〈Ctrl+O〉组合键，打开配套光盘提供的"第 11 章\电气图例.dwg"文件，选择其他电气图例，将其复制粘贴至接线图中，结果如图 11-59 所示。

步骤 6　调用 TR（修剪）命令，修剪线路，以免其遮挡电气元件符号，如图 11-60 所示。

步骤 7　绘制导线连接件。调用 C（圆）命令，绘制半径为 1 的圆形，调用 H（图案填充）命令，对圆形填充 SOLID 图案，如图 11-61 所示。

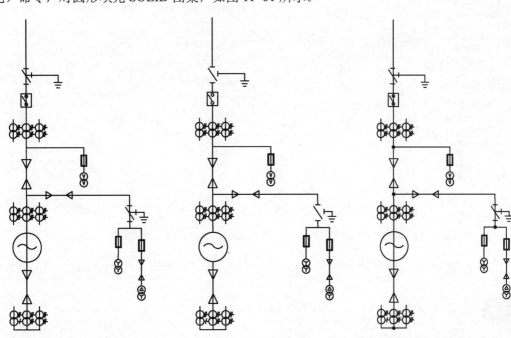

图 11-59　布置其他图例文件　　　　图 11-60　修剪线路　　　　图 11-61　绘制导线连接件

11.4.5　绘制文字标注

步骤 1　将"标注"图层置为当前图层。

步骤 2　绘制表格。调用 REC（矩形）】命令、X（分解）命令，绘制并分解矩形。

> 提示：表格的具体尺寸并没有硬性规定，读者可以以图形为参考依据来自定义表格的大小，在绘制文字标注后，还可以随时调整表格的大小以适应标注文字。

步骤 3　调用 O（偏移）命令，选择矩形边向内偏移，调用 TR（修剪）命令，修剪矩形边，结果如图 11-62 所示。

步骤 4　调用 MT（多行文字）命令，在单元格

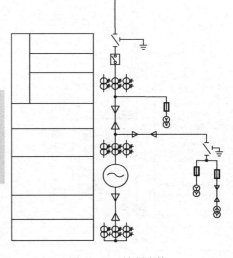

图 11-62　绘制表格

内绘制标注文字，结果如图 11-63 所示。

步骤 5 沿用上述绘制方法，继续绘制标注表格，结果如图 11-64 所示。

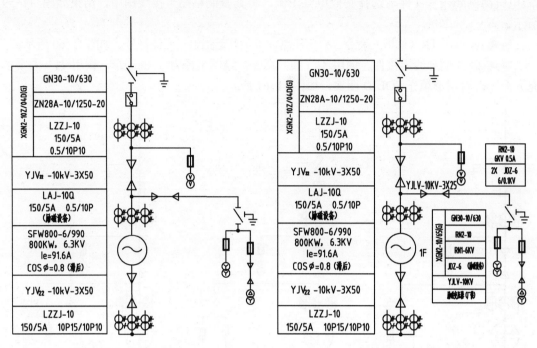

图 11-63　绘制标注文字　　　　　　　　　　　　　　图 11-64　绘制结果

11.4.6　组合电路图

步骤 1 将"线路"图层置为当前图层。

步骤 2 调用母线。调用 L（直线）命令，绘制如图 11-65 所示的线段。

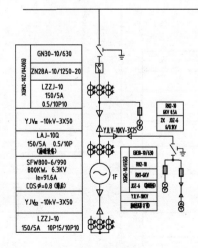

图 11-65　绘制母线

步骤 3 应用本节所介绍的内容，继续绘制其他分支的接线图，以完成水电站电气主接线图的绘制。

步骤 4 将"标注"图层置为当前图层。

步骤 5 调用 MT（多行文字）命令、PL（多段线）命令，绘制图名标注，结果如图 11-66 所示。

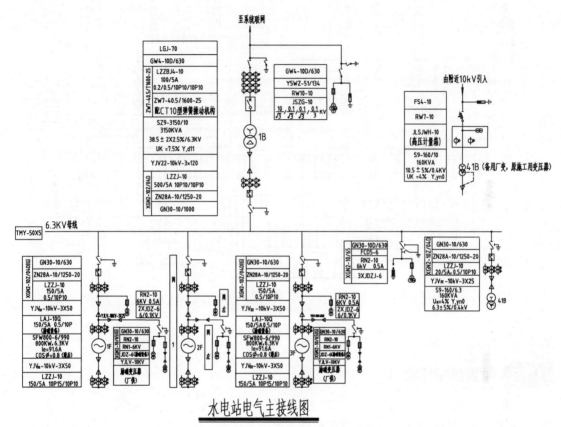

水电站电气主接线图

图 11-66　电气主接线图

11.5　绘制供电系统图

本节以如图 11-67 所示的工厂供电系统图为例，介绍电气工程图纸中供电系统图的绘制方法。其绘制步骤为，首先确定线路结构图的位置，通过调用"直线"命令与"偏移"命令来绘制线路，调用"修剪"命令修剪线路后即可以确定线路结构图的位置。

接着从本章所提供的图例文件中调入各类电气元件，如开关、继电器等，可以完成供电系统图的绘制。

最后分别绘制图形标注及图名标注，最终完成工厂供电系统图的绘制。

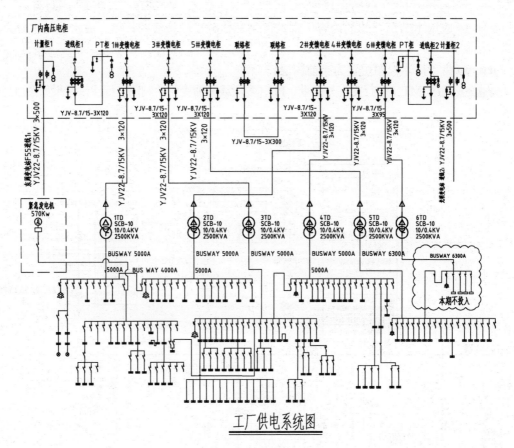

图 11-67　工厂供电系统图

11.5.1　设置绘图环境

步骤 1　新建文件。打开 AutoCAD 2016 应用程序，按下〈Ctrl+N〉组合键，在弹出的"选择样板"对话框中选择 acadiso 图形样板，单击"打开"按钮新建一个空白图形文件。

步骤 2　保存文件。按下〈Ctrl+S〉组合键，在"图形另存为"对话框中设置文件名称为"供电系统图"，单击"保存"按钮。

步骤 3　创建图层。调用 LA（图层特性）命令，在"图层特性管理器"选项板中分别创建"电气元件"（颜色：黄色）图层、"线路"（颜色：白色）图层、"标注"（颜色：绿色）图层，图层的其他属性保持默认即可。

11.5.2　绘制线路结构图

步骤 1　将"线路"图层置为当前图层。

步骤 2　绘制线路结构图。调用 L（直线）命令，绘制如图 11-68 所示的线路。

图 11-68　绘制线路

步骤 3　调用 L（直线）命令、O（偏移）命令、TR（修剪）命令，绘制如图 11-69 所示的线路结构图。

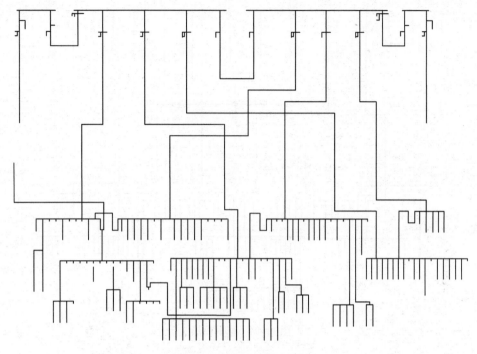

图 11-69　绘制线路结构图

步骤 4 调用 C（圆）命令，在线路结构图上绘制圆形，如图 11-70 所示。

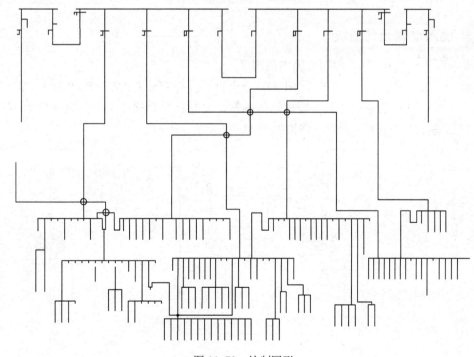

图 11-70　绘制圆形

步骤 5 调用 TR（修剪）命令，修剪圆形及线路，结果如图 11-71 所示。

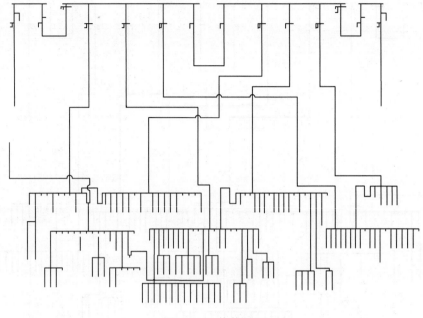

图 11-71　修剪图形

> **提示：** 因为线路结构图上的线路较多，限于篇幅，因此在书中不提供详细的尺寸，请读者参考本书配套光盘提供的本节实例文件。

11.5.3　插入电气元件图块

步骤 1 将"电气元件"图层置为当前图层。

步骤 2 调入电气图例。按下〈Ctrl+O〉组合键，打开配套光盘提供的"第 11 章\电气图例.dwg"文件，选择其中的开关、继电器等图例，复制粘贴至原理图中；调用 TR（修剪）命令，修剪遮挡电气图例的线路，结果如图 11-72 所示。

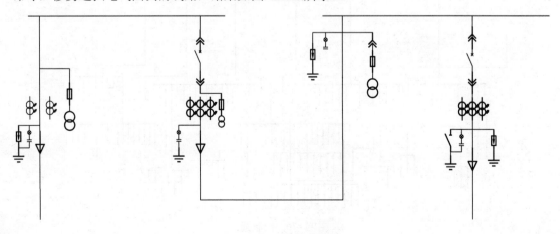

图 11-72　调入电气图例

步骤 3 绘制导线连接件。调用 C（圆）命令、H（图案填充）命令，在线路结构图上绘制导线连接件，结果如图 11-73 所示。

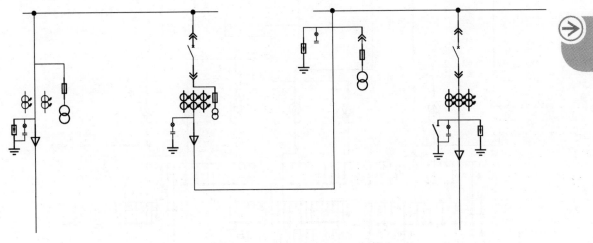

图 11-73　绘制导线连接件

步骤 4 参考上述操作方法，继续在线路结构图左下方布置电气元件，结果如图 11-74 所示。

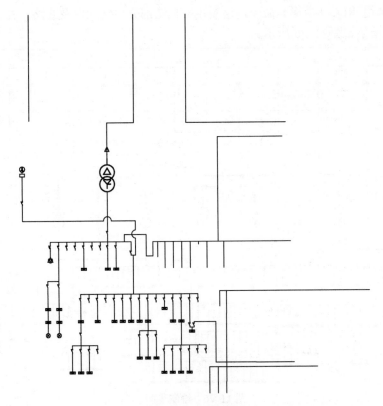

图 11-74　操作结果

步骤 5 重复上述操作，完成供电系统图电气元件的布置，结果如图 11-75 所示。

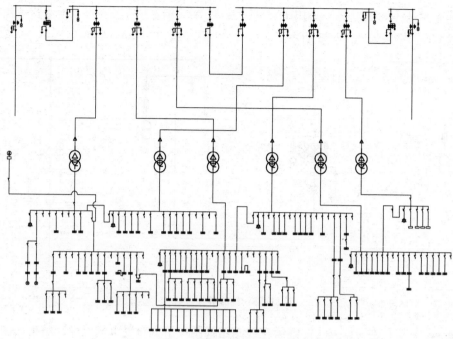

图 11-75　布置电气元件的结果

步骤 6 调用 REC（矩形）命令，绘制矩形框选部分电气元件及线路，并将矩形的线型设置为虚线，结果如图 11-76 所示。

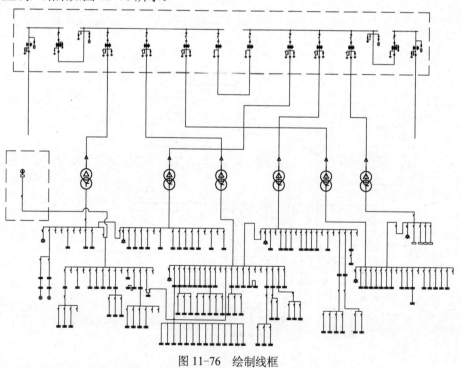

图 11-76　绘制线框

步骤 7 单击"绘图"面板上的"矩形修订云线"按钮，在系统图上绘制如图 11-77 所示的矩形修订云线。

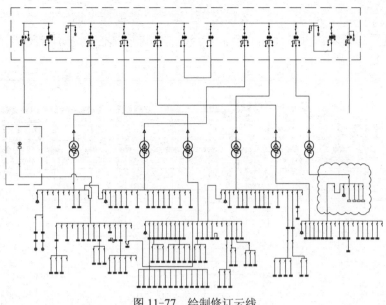

图 11-77 绘制修订云线

提示： 每个电气元件的大小都不一定相同，这主要根据线路结构图中各元件所处的位置来确定，通过调用 SC（缩放）命令，来调整电气元件大小以适应具体的情况。

11.5.4 绘制文字标注

步骤 **1** 将"标注"图层置为当前图层。

步骤 **2** 调用 MT（多行文字）命令，绘制文字以标注电气元件及线路，结果如图 11-78 所示。

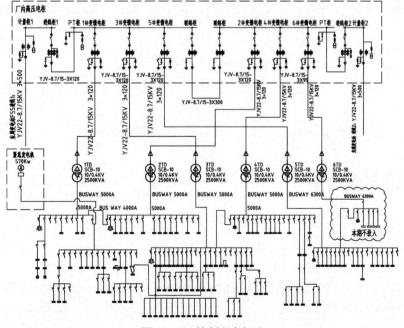

图 11-78 绘制文字标注

步骤 3 图名标注。调用 MT（多行文字）命令，绘制图名标注文字，调用 PL（多段线）命令，绘制粗实线，调用 L（直线）命令，绘制细实线，完成图名标注及下画线的绘制，结果如图 11-79 所示。

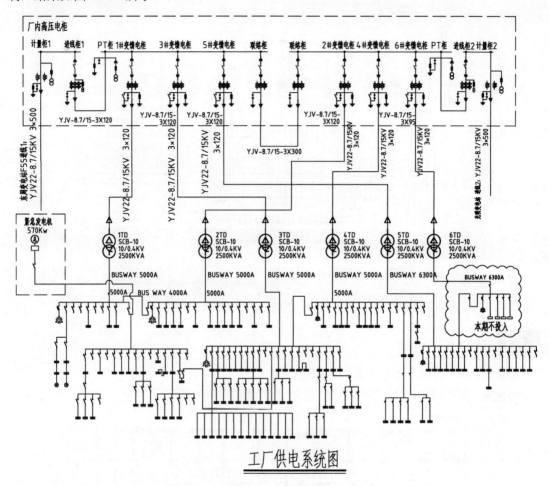

工厂供电系统图

图 11-79　绘制图名标注

 提示： 多段线的线宽并没有限制，只要与图形整体相协调即可。

11.6　设计专栏

11.6.1　上机实训

请绘制如图 11-80 所示的过电流展开式原理图。

展开式原理接线图简称展开图，以分散的形势表示二次设备之间的电气连接。它是将二次设备按线圈和触点的接线回路展开分别画出，组成多个独立回路，作为制造、安装、运行的重要技术图纸，也是绘制安装接线图的主要依据。

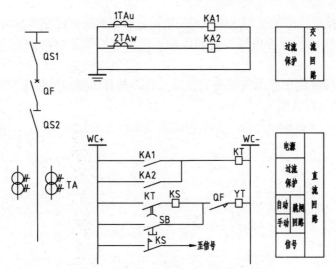

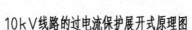

图 11-80 过电流展开式原理图

原理图的特点是，将交流电流回路、交流电压回路、直流回路分别画成几个彼此独立的部分；同一仪表的线圈、同一文件的线圈和触点分开画在各自的回路中，但是采用相同的文字符号；图形右边有对应的文字说明，用来表示回路名称、用途等；各导线端子有统一规定的回路编号；其优点是清晰，便于了解整套装置的动作程序和工作原理。

原理图的绘制步骤如下：

步骤 1 绘制线路结构图。调用 L（直线）命令、O（偏移）命令、TR（修剪）命令来绘制。

步骤 2 调入各类电气元件。可以自行绘制，也可以从本书所提供的"电气图例.dwg"文件中调入。

步骤 3 修剪线路，以防止线路遮挡电气元件。调用 TR（修剪）命令来修剪线路。

步骤 4 绘制电气元件的标注文字。调用 MT（多行文字）命令来绘制文字标注。

步骤 5 绘制右侧的表格。调用 REC（矩形）命令、X（分解）命令，绘制并分解矩形，调用 O（偏移）命令、TR（修剪）命令，偏移并修剪矩形边。

步骤 6 调用 MT（多行文字）命令，在表格中绘制标注文字。

步骤 7 调用 MT（多行文字）命令、PL（多段线）命令，绘制图名标注。

11.6.2 绘图锦囊

表示成套装置、设备、电气元件的连接关系，用以进行安装接线、检查、试验与维修的一种简图或表格，称为接线图或者接线表。

电气接线图的绘制原则如下：

步骤 1 电气接线图必须保证电气原理图中各电气设备和控制元件动作原理的实现。

步骤 2 电气接线图只标明电气设备和控制元件之间的相互连接线路，而不标明电气设备和控制元件的动作原理。

步骤 3 电气接线图中的控制元件位置要依据它所在的实际位置来绘制。

步骤 4 电气接线图中各电气设备和控制元件要按照国家标准规定的电气图形符号来绘制。

步骤 5 电气接线图中各电气设备和控制元件，其具体型号可标注在每个控制元件图形旁边，或者画表格进行说明。

步骤 6 实际电气设备和控制元件结构都很复杂，在画接线图时，只画出接线部件的电气图形符号即可。

第 **12** 章

绘制通信工程图

本章要点

- 通信工程简介
- 绘制程控交换机系统图
- 绘制综合布线系统图
- 设计专栏

通信工程图应用于通信领域，是电气工程图中较为特殊的一类图纸。本章以程控交换机系统图、传输设备供电系统图、综合布线系统图为例，介绍通信工程图的绘制方法。

12.1　通信工程简介

通信系统指传递信息所需要的一切技术设备及传输媒介，作用是提供信息的传递与交流。通信工程有两大类别，分别是固定通信和移动通信。

通信的核心是交换机。在通信的过程中，数据通过传输设备传输至交换机上，在交换机上进行交换，选择目的地，即可完成传输信息的过程。

如图 12-1 所示为通信过程示意图。

12.2　绘制程控交换机系统图

本节以如图 12-2 所示的电话程控交换机系统图为例，介绍电气工程图纸中程控交换机系统图的绘制方法。其绘制步骤为，首先绘制常见的电气设备元件，如数字中继设备、模拟用户板等。接着调用"直线"命令来绘制电缆以连接各电气设备图形，调用"多段线"命令绘制指示箭头来表示电流方向。最后绘制图形标注即可完成系统图的绘制。

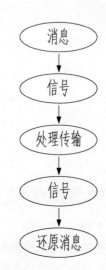

图 12-1　通信工程示意图

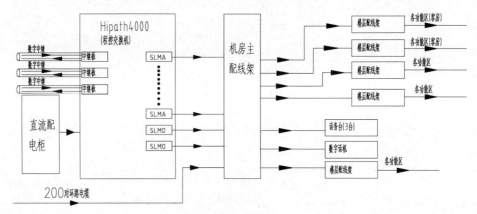

电话程控交换系统示意图

图 12-2　电话程控交换系统示意图

12.2.1　设置绘图环境

步骤 1 新建文件。打开 AutoCAD 2016 应用程序，按下〈Ctrl+N〉组合键，在弹出的"选择样板"对话框中选择 acadiso 图形样板，单击"打开"按钮新建一个空白图形文件。

步骤 2 保存文件。按下〈Ctrl+S〉组合键，在"图形另存为"选项板中设置文件名称为"程控交换机系统图"，单击"保存"按钮。

步骤 3 创建图层。调用 LA（图层特性）命令，在（图层特性管理器）选项板中分别创建"电气元件"（颜色：黄色）图层、"线路"（颜色：白色）图层、"标注"（颜色：绿色）图层，图层的其他属性保持默认即可。

12.2.2 绘制常见设备元件

步骤 1 将"电气元件"图层置为当前图层。

步骤 2 绘制数字中继设备。调用 REC（矩形）命令，绘制尺寸为 271×32 的矩形，如图 12-3 所示。

步骤 3 调用 EL（椭圆）命令，绘制长轴为 32、短轴为 6 的椭圆，如图 12-4 所示。

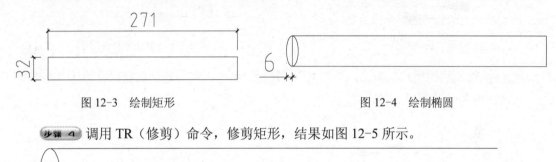

图 12-3 绘制矩形   图 12-4 绘制椭圆

步骤 4 调用 TR（修剪）命令，修剪矩形，结果如图 12-5 所示。

图 12-5 修剪矩形

步骤 5 调用 O（偏移）命令，选择矩形边向内偏移，结果如图 12-6 所示。

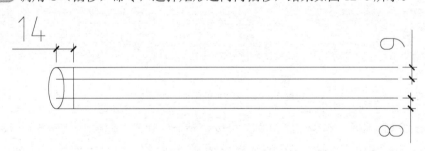

图 12-6 偏移矩形边

步骤 6 调用 TR（修剪）命令，修剪水平线段，调用 E（删除）命令，删除垂直线段，结果如图 12-7 所示。

步骤 7 调用 PL（多段线）命令，设置起点宽度为 14、端点宽度为 0，绘制指示箭头，如图 12-8 所示。

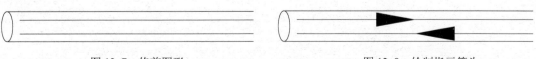

图 12-7 修剪图形   图 12-8 绘制指示箭头

步骤 8 调用 CO（复制）命令，选择绘制完成的图形向下移动复制，结果如图 12-9 所示。

步骤 9 绘制中继板图形。调用 REC（矩形）命令，绘制尺寸为 110×39 的矩形，如图 12-10 所示。

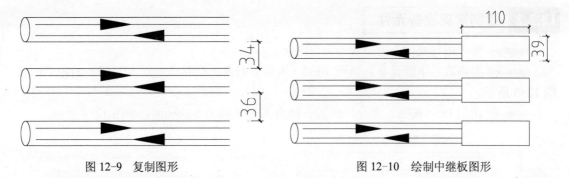

图 12-9 复制图形　　　　　　　　图 12-10 绘制中继板图形

步骤 10 绘制模拟用户板图形。调用 CO（复制）命令，向右移动复制尺寸为 110×39 的矩形，操作结果如图 12-11 所示。

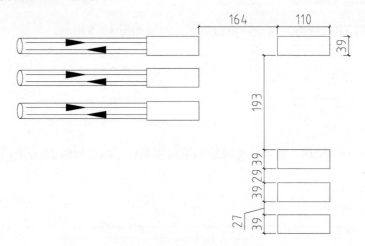

图 12-11 绘制模拟用户板图形

步骤 11 绘制省略符号。调用 C（圆）命令，绘制半径为 5 的圆形，如图 12-12 所示。

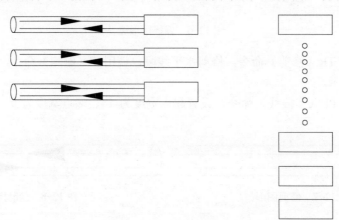

图 12-12 绘制圆形

步骤12 调用 H（图案填充）命令，对圆形填充 SOLID 图案，结果如图 12-13 所示。

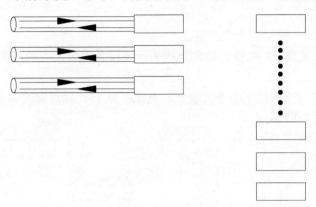

图 12-13 填充图案

步骤13 绘制楼层配线架、话务台等图形。调用 REC（矩形）命令，绘制尺寸为 221×68 的矩形，如图 12-14 所示。

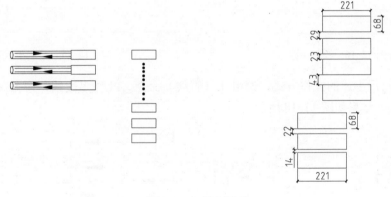

图 12-14 绘制结果

步骤14 绘制直流配电柜等图形。调用 REC（矩形）命令，绘制如图 12-15 所示的矩形来表示各设备图形。

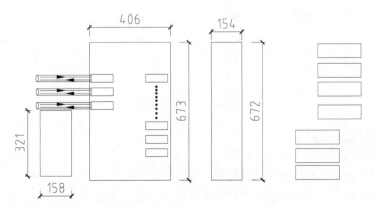

图 12-15 绘制设备图形

12.2.3 绘制电缆

步骤 1 将"线路"图层置为当前图层。

步骤 2 调用 L（直线）命令，绘制直线表示各设备图形之间的连接电缆，如图 12-16 所示。

步骤 3 调用 PL（多段线）命令，设置起点宽度为 15、端点宽度为 0，在电缆上绘制指示箭头，结果如图 12-17 所示。

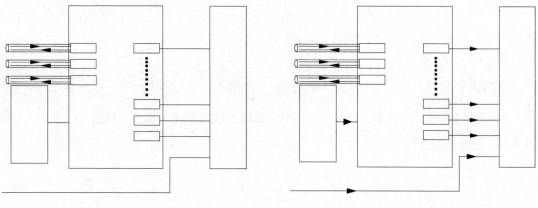

图 12-16　绘制电缆　　　　　　　　　　　　图 12-17　绘制指示箭头

步骤 4 沿用上述的操作方式，调用 L（直线）命令、PL（多段线）命令，继续绘制电缆及指示箭头，结果如图 12-18 所示。

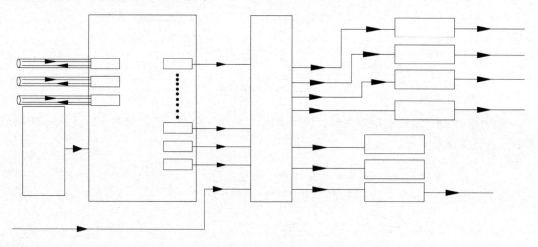

图 12-18　绘制结果

12.2.4 绘制文字标注

步骤 1 将"标注"图层置为当前图层。

步骤 2 调用 MT（多行文字）命令，为系统图绘制文字标注，如图 12-19 所示。

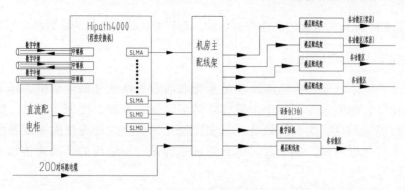

图 12-19　绘制文字标注

步骤 3 绘制图名标注。调用 MT（多行文字）命令，绘制系统图图名标注文字，调用 PL（多段线）命令，绘制宽度为 10 的粗实线，调用 L（直线）命令，绘制细实线，完成标注文字及下划线的绘制，结果如图 12-20 所示。

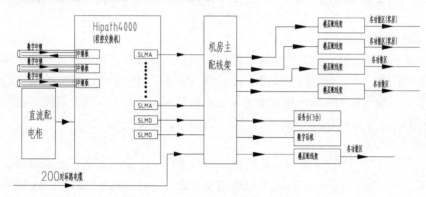

图 12-20　绘制图名标注

步骤 4 调用 MT（多行文字）命令，绘制如图 12-21 所示的说明文字，即可完成电话程控交换系统示意图的绘制。

说明：

SLMA：模拟用户板（普通电话线路板）

SLMO：数字用户板（话务台/数字话机专用线路板）

图 12-21　绘制说明文字

12.3　绘制综合布线系统图

综合布线系统是一种开放式的传输平台，还是各种多媒体通信业务网的最后 100m 传输

线路，目前能支持高于 600Hz 的高速数据传输，为智能化终端建筑的高效神经系统。

12.3.1　综合布线系统的组成

综合布线系统是以一种传输线路满足各种通信业务终端（如电话机、传真机、计算机、会议电视等）的要求，再加上多媒体终端集话音、数据、图像于一体，给用户带来了灵活便利的应用和良好的经济效益。只要传输频率符合相应等级的布线系统的要求，各种通信业务都可以应用。鉴于此，综合布线系统是一种通用的开放式传输平台，具有广泛的应用价值。

综合布线系统由 6 个子系统组成，下面分别介绍。

1．工作区子系统

工作区子系统由工作区内的终端设备连接到信息插座的连接线缆（3m 左右）所组成。它包括带有多芯插头的连接线缆和连接器（适配器），如 Y 形连接器、无源或有源连接器（适配器）等各种连接器（适配器），起到工作区的终端设备与信息插座插入孔之间的连接匹配作用。

2．水平布线子系统

水平布线子系统由每一个工作区的信息插座开始，经水平布置，一直到管理区的内侧配线架的线缆所组成。水平布线线缆均沿大楼的地面或吊平顶中布线，最大的水平线缆长度应为 90m。水平干线子系统布线应根据建筑物的结构特点，从路由（线）最短、造价最低、施工方便、布线规范等几个方面考虑，优先使用最佳水平布线方案。

3．管理子系统

管理子系统是综合布线系统区别于传统布线系统的一个重要方面，更是综合布线系统灵活性、可管理性的集中体现。管理区子系统由交叉连接、直接连接配线的（配线架）连接硬件等设备所组成。以提供干线接线间、中间（卫星）接线间、主设备中各个楼层配线架（箱）、总配线架（箱）、上水平线缆（铜缆和光缆）与（垂直）干线线缆（铜缆和光缆）之间通信线路连接通信、线路定位与移位的管理。

4．垂直干线子系统

垂直干线子系统是由连接主设备间（MDF）与各管理子系统（IDF）之间的干线光缆及多数电缆构成，只提供建筑物的主干电缆的路由，实现主配线架与分配线架的连接，以及计算机、交换机（PBX）、控制中心与各管理子系统间的连接。

垂直干线子系统的功能是通过建筑内部的传输电缆或光缆，把各接线间和二级接线间的信号传送到设备间，直至传送到最终接口，再通往外部网络。

5．建筑群子系统

建筑群子系统是将多个建筑物的数据通信信号连接为一体的布线系统。通常由电缆、光缆和入口处的电气保护设备等相关硬件所组成。

6．设备间子系统

设备间子系统由设备间中的线缆、连接器和相关支撑硬件所组成，它把公共系统的不同设备（如 PABX、HOST、BA 等通信或电子设备）互相连接起来。通常将计算机房、交换机房等设备设计在同一楼层中，这样做的原因是既方便管理，又节约投资。

本节以如图 12-22 所示的综合布线系统图为例，讲解其绘图步骤。

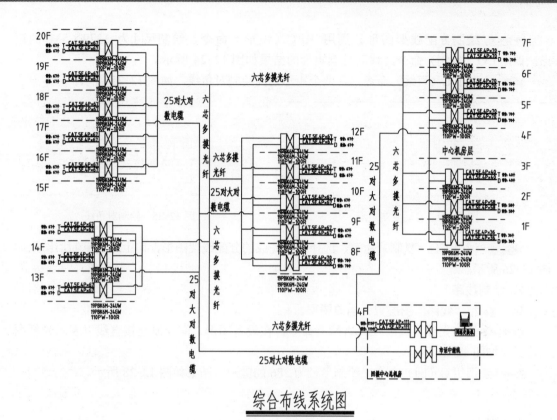

综合布线系统图

图 12-22　绘制说明文字

12.3.2　设置绘图环境

> **步骤 1** 新建文件。打开 AutoCAD 2016 应用程序，按下〈Ctrl+N〉组合键，在弹出的"选择样板"对话框中选择 acadiso 图形样板，单击"打开"按钮新建一个空白图形文件。

> **步骤 2** 保存文件。按下〈Ctrl+S〉组合键，在"图形另存为"对话框中设置文件名称为"综合布线系统图"，单击"保存"按钮。

> **步骤 3** 创建图层。调用 LA（图层特性）命令，在"图层特性管理器"选项板中分别创建"电气元件"（颜色：黄色）图层、"线路"（颜色：白色）图层、"标注"（颜色：绿色）图层，图层的其他属性保持默认即可。

12.3.3　绘制设备图形

1. 绘制分配线架

> **步骤 1** 将"电气元件"图层置为当前图层。

> **步骤 2** 绘制楼层间隔线。调用 L（直线）命令、O（偏移）命令，绘制并偏移线段，绘制层间线的结果如图 12-23 所示。

图 12-23　绘制楼层间隔线

步骤 3 绘制分配线架图形。调用 REC（矩形）命令，绘制尺寸为 1379×531 的矩形，调用 CO（复制）命令，移动复制矩形的结果如图 12-24 所示。

步骤 4 调用 L（直线）命令，在两个矩形之间绘制对角线，如图 12-25 所示。

图 12-24　移动复制矩形　　　　　　　　　　　图 12-25　绘制对角线

步骤 5 调用 CO（复制）命令，选择绘制完成的分配线架图形，向上移动复制，结果如图 12-26 所示。

2．绘制线路

步骤 1 将"线路"图层置为当前图层。

步骤 2 绘制光纤。调用 L（直线）命令，在设备图形之间绘制连接直线以表示光纤图形，结果如图 12-27 所示。

步骤 3 调用 C（圆）命令，绘制半径为 286 的圆形，结果如图 12-28 所示。

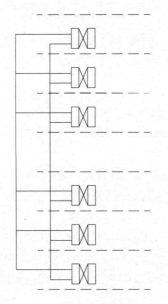

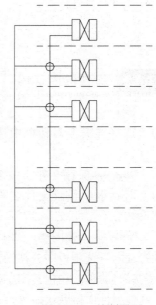

图 12-26　复制图形　　　　　　　　图 12-27　绘制光纤　　　　　　　　图 12-28　绘制圆形

步骤 4 调用 TR（修剪）命令，修剪光纤及圆形，结果如图 12-29 所示。

步骤 5 绘制双绞线。调用 PL（多段线）命令，设置多段线的起点宽度、端点宽度为 10，绘制双绞线的结果如图 12-30 所示。

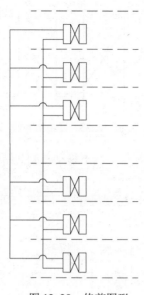

图 12-29 修剪图形

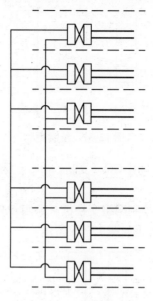

图 12-30 绘制双绞线

步骤 6 重复前面介绍的绘图方式，继续绘制其他系统图形，结果如图 12-31 所示。

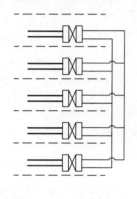
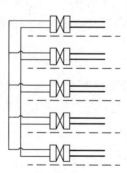
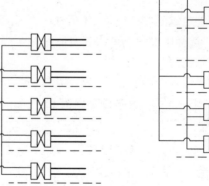
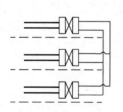

图 12-31 绘制结果

3．绘制总配线架及网络交换机

步骤 1 将"电气元件"图层置为当前图层。

步骤 2 绘制总配线架。调用 REC（矩形）命令，尺寸为 1416×416 的矩形，调用 CO（复制）命令，移动复制矩形，结果如图 12-32 所示。

步骤 3 调用 L（直线）命令，在矩形之间绘制对角线，如图 12-33 所示。

图 12-32 绘制矩形　　　　　　图 12-33 绘制对角线

步骤 4 调用 CO（复制）命令，选择绘制完成总配线架，向下移动复制的结果如图 12-34 所示。

步骤 5 绘制网络交换机。调用 REC（矩形）命令，绘制尺寸为 1777×598 的矩形来表示交换机，结果如图 12-35 所示。

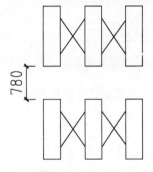

图 12-34 复制图形

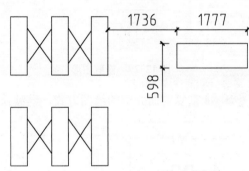

图 12-35 绘制网络交换机

步骤 6 布置电气元件。按下〈Ctrl+O〉组合键，打开配套光盘提供的"第 12 章\电气图例.dwg"文件，选择电气图例并将其复制粘贴至当前图形中，结果如图 12 36 所示。

4．绘制其他图形

步骤 1 将"线路"图层置为当前图层。

步骤 2 绘制双绞线、中继线。调用 PL（多段线）命令，设置线宽为 10，绘制线路的结果如图 12-37 所示。

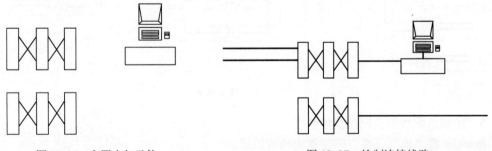

图 12-36 布置电气元件　　　　　图 12-37 绘制连接线路

步骤 3 调用 REC（矩形）命令，绘制矩形框选图形，并将矩形的线型设置为虚线，如图 12-38 所示。

步骤 4 至此系统图图形绘制完毕，结果如图 12-39 所示。

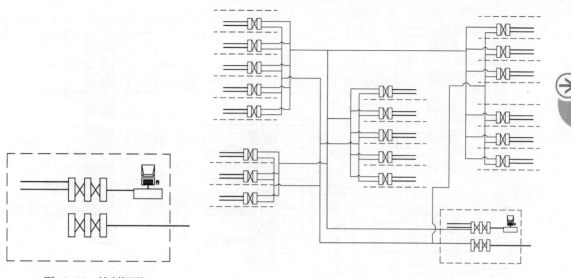

图 12-38 绘制矩形

图 12-39 绘制结果

12.3.4 绘制图形标注

步骤 1 将"标注"图层置为当前图层。

步骤 2 调用 MT（多行文字）命令，绘制设备、线缆的文字标注，如图 12-40 所示。

步骤 3 按下回车键重复调用 MT（多行文字）命令，绘制层数标注，如图 12-41 所示。

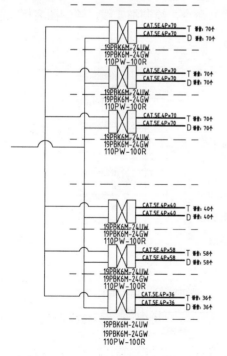

图 12-40 标注设备、线缆

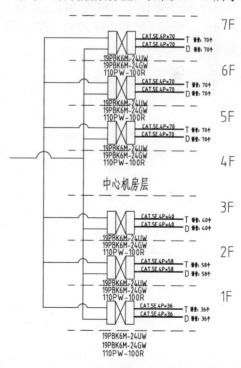

图 12-41 绘制层数标注

步骤 4 重复上述操作，继续为系统图绘制文字标注，结果如图 12-42 所示。

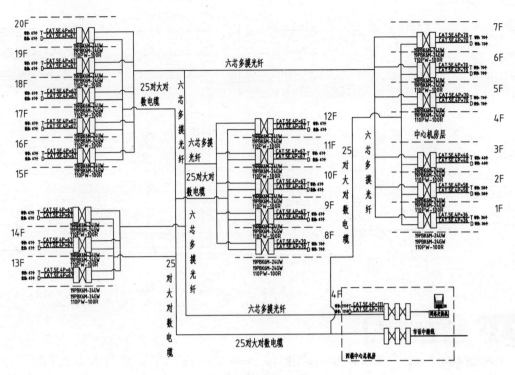

图 12-42　标注结果

步骤 5 图名标注。调用 MT（多行文字）命令，绘制图形名称标注，调用 PL（多段线）命令，绘制宽度为 100 的粗实线，调用 L（直线）命令，绘制细实线，绘制图名标注的结果如图 12-43 所示。

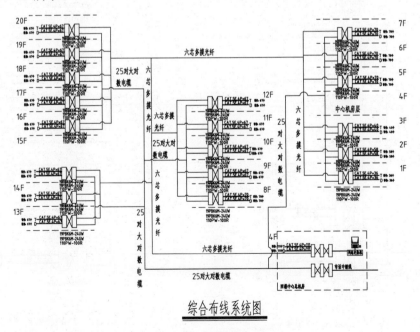

综合布线系统图

图 12-43　绘制图名标注

提示： 系统图绘制完成后应绘制图例表（如图 12-44 所示），以使读图者了解图中图例或标注文字的意义。

说明	
型号或图例	说明
〔X〕	总配线架
〔X〕	分配线架
19PBK6M-24UW	5类24口非屏蔽模块化配线架
110PW-100R	100对110配线架
CAT.5E.4P	五类非屏蔽双绞线
D	网络信息点
T	语音信息点
19PBK6M-24GW	5类24口光纤配线架

图 12-44 绘制图例表

12.4 设计专栏

12.4.1 上机实训

绘制如图 12-45 所示的住宅楼综合布线工程系统图。

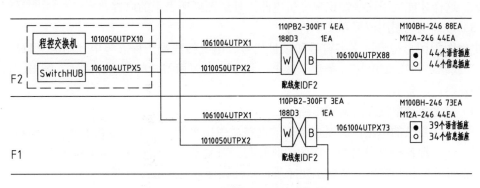

住宅楼综合布线工程系统图

图 12-45 住宅楼综合布线工程系统图

从图中可以看出，程控交换机引入外网电话，集线器（Switch HUB）引入计算机数据信息。电话语音信息使用 10 条 3 类 50 对非屏蔽双绞线电缆（1010050UTP×10），1010 是电缆型号。计算机数据信息使用 5 条 5 类 4 对非屏蔽双绞线电缆（1061004×5），1061 是电缆型号。主电缆引入各楼层配线架（FDFX），每层 1 对 5 类 4 对电缆、2 条 3 类 50 对电缆。配线架型号为 110PB2-300FT，是 300 对线 110P 型配线架，3EA 表示 3 个配线架。188D3 是 300 对线配线架背板，用来安装配线架。从配线架输出到各信息插座，使用 5 类 4 对非屏蔽双绞线电缆，按信息插座数量确定电缆条数，一层（F1）有 73 个信息插座，所以有 73 条电缆。M100BH-246 是模块信息插座型号，M12-246 是模块信息插座面板型号，面板为双插座型。

系统图的绘制步骤如下：

步骤 1 绘制楼层线。调用 L（直线）命令、O（偏移）命令，绘制楼层线。

步骤 2 绘制设备图形。调用 REC（矩形）命令、C（圆）命令、L（直线）命令、H（填充）命令来绘制各类电气设备。

步骤 3 绘制图形标注。调用 MT（多行文字）命令，绘制设备及线缆标注。

步骤 4 调用 MT（多行文字）命令、PL（多段线）命令，绘制图名标注。

12.4.2　绘图锦囊

电气识图的要求如下：

（1）由浅入深、循序渐进地识图

初学识图要遵循从易到难、从简单到复杂的原则。通常情况下，照明电路比电气控制电路简单，单项控制比系列控制电路简单。复杂电路都是简单电路的组合，应从识读简单电路开始，弄清楚每一个电气符号的含义，明确每一个电气元件的作用，理解电路的工作原理，为识读复杂电气图打下基础。

（2）应该具有电工电子技术的技术知识

在实际生产的各个领域中，所有的电路，如输变配电、建筑电气等，都是建立在电工电子技术理论基础上的，所以想要准确、迅速地读懂电气图，必须具备一定的电工电子技术基础知识，这样才能运用这些知识来分析电路，理解图纸所表示的内容。

（3）了解电气图用图形和文字符号

电气图用图形符号、文字符号和项目代号、电气接线端子标志等电气图的"象形文字""词汇"或者"句法及语法"，类似于读书、识字，还要懂得一些句法、语法。图形、符号很多，必须熟记、会用。

（4）熟悉各类电气图的典型电路

不管多么复杂的电路，总是由典型的电路派生出来的，或者是由若干典型电路组合而成的。所以，掌握各种典型电路，在识图时有利于对复杂电路的理解，可以较快地分清主次环节及其他部分的相互联系，抓住主要矛盾，从而读懂较复杂的电气图。

（5）掌握各类电气图的绘制特点

掌握电气图的主要特点及绘制电气图的一般原则，如电气图的布局、图形符号及文字符号的含义、图线的粗细等，并利用这些规律，就可以提高识图效率，进而也可以自己绘制电气设计图。

（6）将电气图与其他图对照来识读

电气施工往往与主体工程及其他工程配合进行，电气设备的布置与土建平面布置、立面布置有关；线路走向与建筑结构的梁、柱、门窗、楼梯的位置有关，还与管道的规格、用途、走向有关；安装方法又与墙体结构、楼板材料有关，特别是一些暗敷线路、电气设备基础及各种电气预埋件更与土建工程密切相关。所以，电气图还要与相关的土建图、管路图及安装图对应起来看。

（7）掌握涉及电气图的有关标准

电气图的目的是指导施工、安装，指导运行、维修和管理，一些技术要求不可能一一在图样上反映出来，也不可能一一标注清楚，由于这些技术要求在有关的国家标准或者技术规程、技术规范中都做了明确的规定，因此在识读电气图时，还必须了解这些相关的标准、规程、规范，才可以真正读懂图纸。

第 **13** 章

绘制控制电气工程图

本章要点

- 控制电气简介
- **AC703 型交流电动机控制装置线路图**
- 绘制水位控制电路图

众所周知，许多电器都是由电动机拖动的。这些设备的上升、下降、前进、后退、启动、停止等机械运动，均需要通过控制电动机的工作状态和运行方式来完成。对电动机及其他用电设备都需要对它的运行方式进行控制，因此便形成了各种控制系统。

本章介绍控制系统的相关知识及控制电气工程图的绘制方法。

13.1 控制电气简介

本节介绍控制电路的知识，如电路的概念、组成电路的设备元件。另外，还将介绍控制电路图的概念及电路图的绘制特点。

13.1.1 控制电路的概念

控制电路是用导线将电机、电器、仪表等电气元件连接起来，并且可实现某种要求的电气线路。在绘制电气控制电路时，应根据简明、易懂的原则，使用规定的方法及符号来绘制。

下面介绍在控制电路中常见到的电气元件的相关知识。

1. 行程开关

行程开关又被称为限位开关或者位置开关，可将机械信号（如行程、位移）转化为电气开关信号的电器，工作原理与按钮相类似，通过依靠机械的行程和位移碰撞，使其接点动作。行程开关通常情况下有一对常开触头和一对常闭触头。

按照其安装位置和作用的不同，可以分为 3 类，分别是限位开关、终点开关及方向开关。

行程开关图形符号的表示方法如图 13-1 所示。

常开接点　　　　　　常闭接点　　　　　　联动接点

图 13-1　行程开关的表示方法

2. 转换开关

转换开关又称为控制开关，是用在交、直流电路中的主要低压开关电器。适用于各种高低压开关（如油开关、隔离开关）的远距离控制、电器仪表的测量、切换控制回路中的各种工作状态、对小容量电动机执行启动/换向/变速开关的操作。

转换开关图形符号的表示方法如图 13-2 所示。

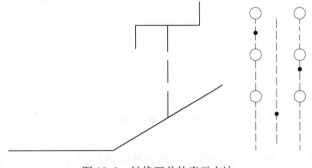

图 13-2　转换开关的表示方法

3．控制按钮

控制按钮由按钮帽、弹簧、静触点、动触点组成，是一种短时接通或断开小电流电路的电器。

控制按钮不直接控制主电路的通断，而是在控制电路中发出"指令"控制接触器，再由接触器控制主电路。

控制按钮图形符号的表示方法如图 13-3 所示。

动合型　　　　　　动断型　　　　　　复合型

图 13-3　控制按钮的表示方法

4．接触器

接触器由主触头、辅助触头、电磁结构（即电磁铁和线圈）、灭弧室及外壳组成，是用来接通或断开主电路的控制电器。

接触器是自动控制电路中的核心器件，控制电路各个环节的工作大多数是通过接触器的通断来实现的，特点是动作迅速、操作方便、方便远程控制；缺点是噪声大、寿命较短。

因为接触器只能接通和分断电流，并不具备断路保护功能，因此必须与熔断器、热继电器等保护电器配合使用。

接触器图形符号的表示方法如图 13-4 所示。

线圈　　　　　　　主接点　　　　　　辅助接点

图 13-4　接触器的表示方法

5．继电器

继电器是一种根据外界输入信号（电压、电流、时间等）来控制电路自动切换的电器，可以实现信号的转换、传输或者放大。在这些信号的作用之下，其输出均作为继电器触点的动作，即闭合或者断开。继电器作用是控制、放大和保护。

（1）热继电器

热继电器是由膨胀系数不同的金属片、热元件和动触点 3 个主要部分组成的，热元件有两相式和三相式，但是接点通常情况下只有一对或者两对。

热继电器是利用电流的热效应来反映被控制对象发热情况的电器。在连续运行的电动机电路中，为了保护电动机过载，一般都采用热继电器。

热继电器图形符号的表示方法如图 13-5 所示。

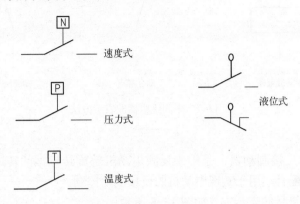

图 13-5 热继电器的表示方法

（2）时间继电器

时间继电器在自动控制系统中应用较多，在接受信号后其工作触头不立即工作，而是经过一定时间（延时）后工作触头才开始动作，延时的时间长短可以按照工作的需要进行调节。

时间继电器的种类有空气阻尼式、电磁式、电动式、晶体管式等，其中以空气阻尼式时间继电器应用范围较广。

时间继电器图形符号的表示方式如图 13-6 所示。

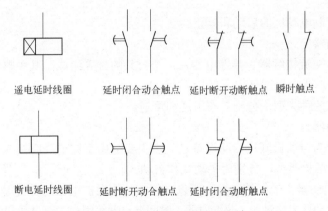

图 13-6 时间继电器的表示方法

（3）中间继电器

中间继电器由电磁线圈、动铁芯、静铁芯、触点系统、反作用弹簧和复位弹簧等组成，通常用来控制各种电磁线圈，使有关信号放大，也可将信号同时传送给几个件，它们互相配合起自动控制作用，工作原理与接触器一致。

中间继电器图形符号的表示方法如图 13-7 所示。

中间继电器　　　　　动合触点　　　　　动断触点

图 13-7　中间继电器的表示方法

（4）速度继电器

速度继电器又称反接制动器，是用来反映电动机等旋转机械的转速和转向变化的继电器，通常与接触器等配合，用于实现电动机的反接制动控制。

速度继电器图形符号的表示方式如图 13-8 所示。

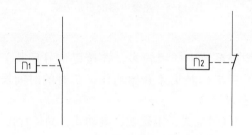

图 13-8　速度继电器的表示方法

6．启动器

启动器用来控制电动机的启动和停止。

（1）电磁启动器

电磁启动器由交流接触器、热继电器及一个公共的外壳组成，其中热继电器作为过载保护，接触器本身兼做失电压或低电压保护。

电磁启动器有两种类型，分别是不可逆和可逆。

（2）Y/△启动器

Y/△启动器作为电动机降压启动设备之一，主要适用于定子绕组接成三角形鼠笼式电动机的降压启动。有两种类型，分别为手动式和自动式。

手动式 Y/△启动器未带保护装置，所以必须与其他保护电器配合使用。

自动式 Y/△启动器由接触器、热继电器、时间继电器等组成，有过载和失压保护功能。

（3）自耦补偿启动器

自耦补偿启动器是笼形电动机的另一种常用减压启动设备，又称为补偿器，主要用于较大容量笼形电动机的启动，控制方式分为手动式和自动式两种。

为加强保护功能，在自耦补偿启动器内，备有过载和失电压保护装置。

7．低压断路器

低压断路器由触点、灭弧系统、脱扣器（如电流脱扣器、欠电压脱扣器等）、操作机构和自由脱口机构等组成，又称为空气开关，常用的低压断路器为塑料外壳式，操作方式为手动。

低压断路器图形符号的表示方法如图 13-9 所示。

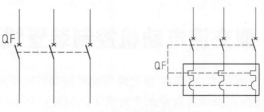

图 13-9　低压断路器的表示方法

8. 控制器

控制器广泛运用于起重、传输、冶金、造纸、机械制造等部门中，主要用于电力传动的控制设备中，通过变换主回路、励磁回路的接法，或者变换电路中的电阻接法，达到控制电动机的启动、换向、制动及调整的目的。

控制器的类型有平面控制器、鼓形控制器和凸轮控制器。

13.1.2　控制电路图的概念

在电气工程中为保证设备的正常、安全运行，对电动机和其他用电设备运行方式的控制是必不可少的，因为这是保证质量的关键。在这里，对电动机及其他用电设备的供电和运行方式进行控制的图纸，称为控制电路图。

其中，用来指导控制线路安装、接线和维修的图纸称为控制接线图，这是使用最多，也是最常见的电气工程图。

电动机控制系统电路图的特点有如下几点：

① 电路图一般使用两种方式绘制，即水平绘制和垂直绘制。在使用水平方式绘制时，电源线垂直绘制，其他电路水平绘制。有连接关系的交叉点，用小黑点（·）表示，无连接关系的交叉点，不绘制小黑点。

② 在电气控制电路图中，主电路和辅电路是相辅相成的，主电路用粗实线来表示，辅助电路用细实线来表示。对于较为简单的电路，主电路和辅助电路通常绘制在一张图上，通常辅助电路画在电路的最右端。

③ 由多个部件组成的电气元件和设备，通常采用集中表示法、半集中表示和分开表示法。对于较为复杂的电路通常采用分开表示法。同一电气元件的各个部分一般不绘制在一起，而是按照其所在电路中起的作用分别画在不同的电路中。属于同一电器上的各个部件都标注相同的文字符号。

④ 所有器件的状态在图中表示的是常态。如开关和触点的状态均以线圈未通电时的状态为准，行程开关、按钮等以不受力状态为准。

⑤ 电动机和电器的各个接线端子都有回路标号。元件在图中有位置编号，以便寻找对应的元件，将电路图划分成若干图区，并表明电路的用途、作用及区号。

⑥ 安装接线图是依据电路图绘制的。电路图主要用来表示各电器的实际位置，同一电器的各元件画在一起，并且常用虚线框起来，例如一个接触器是将其线圈、主触点、辅助触点绘制在一起用虚线框起来。

⑦ 接线图中各电器元件的图形符号、文字符号及端子的编号和电路图一致，可以对照查找。凡是导线走向相同的一般合并画成单线。控制板内和板外各元件之间的电气连接是通过接线端子来进行的。

13.2 AC703 型交流电动机控制装置线路图

本节介绍如图 13-10 所示的 AC703 型交流电动机控制装置线路图的绘制方法。图纸的绘制步骤为，首先确定线路在垂直方向及水平方向上的位置；接着绘制各类电气元件，例如线圈、端子，同时调用"移动"命令将元件移动至线路结构图中；第三步是从外部文件中调入其他电气元件，如开关、继电器等，这时候不要忘记调用"修剪"命令来编辑遮挡元件的线路；最后绘制图形标注可以完成线路图的绘制。

13.2.1 设置绘图环境

步骤 1 新建文件。打开 AutoCAD 2016 应用程序，按下〈Ctrl+N〉组合键，在弹出的"选择样板"对话框中选择 acadiso 图形样板，单击"打开"按钮新建一个空白图形文件。

步骤 2 保存文件。按下〈Ctrl+S〉组合键，在"图形另存为"对话框中设置文件名称为"AC730 型电动机控制装置线路图"，单击"保存"按钮。

步骤 3 创建图层。调用 LA（图层特性）命令，在"图层特性管理器"选项板中分别创建"电气元件"（颜色：黄色）图层、"线路"（颜色：白色）图层、"标注"（颜色：绿色）图层，图层的其他属性保持默认即可。

13.2.2 绘制线路结构图

步骤 1 将"线路"图层置为当前图层。

步骤 2 调用 REC（矩形）命令，绘制如图 13-11 所示的矩形。

步骤 3 调用 O（分解）命令，分解矩形，调用 O（偏移）命令，偏移矩形边的结果如图 13-12 所示。

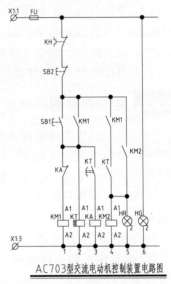

图 13-10 AC703 型交流电动机控制装置电路图

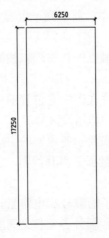

图 13-11 绘制矩形

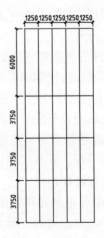

图 13-12 偏移矩形边

步骤 4 调用 TR（修剪）命令，修剪矩形边，结果如图 13-13 所示。

步骤 5 调用 L（直线）命令，绘制水平线段，如图 13-14 所示。

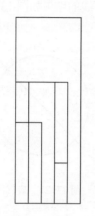

图 13-13 修剪矩形边

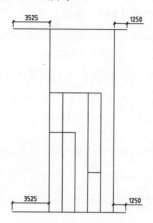

图 13-14 绘制水平线段

13.2.3 绘制电气元件

步骤 1 将"电气元件"图层置为当前图层。

步骤 2 绘制缓慢吸合继电器线圈。调用 REC（矩形）命令，绘制尺寸为 850×450 的矩形，如图 13-15 所示。

步骤 3 调用 X（分解）命令，分解矩形，调用 O（偏移）命令，设置偏移距离为 200，选择左侧的矩形边向内偏移，如图 13-16 所示。

图 13-15 绘制矩形

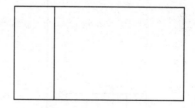

图 13-16 偏移矩形边

步骤 4 调用 L（直线）命令，绘制对角线，如图 13-17 所示。

步骤 5 按下回车键重复调用 L（直线）命令，以矩形上方边、下方边的中点为起点，分别绘制长度为 525 的垂直线段，结果如图 13-18 所示。

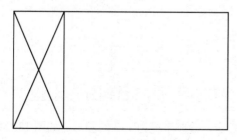

图 13-17 绘制对角线

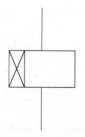

图 13-18 绘制线段

步骤 6 绘制可拆卸端子。调用 C（圆）命令，绘制半径为 225 的圆形，如图 13-19 所示。

步骤 7 调用 L（直线）命令，过圆心绘制垂直线段，如图 13-20 所示。

步骤 8 调用 RO（旋转）命令，设置旋转角度为-45°，旋转直线的结果如图 13-21 所示。

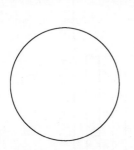

图 13-19 绘制圆形

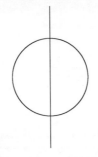

图 13-20 绘制线段

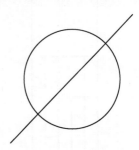

图 13-21 旋转线段

13.2.4 插入电气元件图块

步骤 1 调用 M（移动）命令，将上一小节绘制完毕的电气元件移至线路图中，如图 13-22 所示。

步骤 2 将"电气元件"图层置为当前图层。

步骤 3 调入其他电气图例。按下〈Ctrl+O〉组合键，打开配套光盘提供的"第 13 章\电气图例.dwg"文件，选择其中的开关、继电器等图例，复制粘贴至接线图中，调用 TR（修剪）命令，修剪遮挡电气元件的线路，结果如图 13-23 所示。

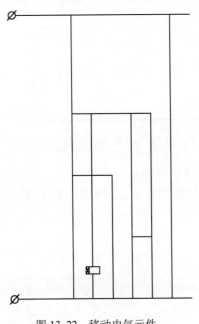

图 13-22 移动电气元件

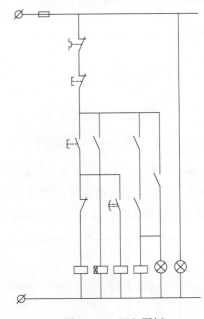

图 13-23 调入图例

步骤 4 绘制导体连接点。调用 C（圆）命令，绘制半径为 152 的圆形，如图 13-24 所示。

步骤 5 调用 H（图案填充）命令，对圆形填充 SOLID 图案，结果如图 13-25 所示。

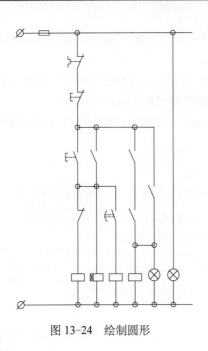

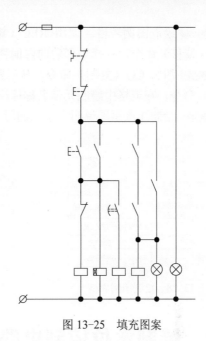

图 13-24　绘制圆形 　　　　　　　　图 13-25　填充图案

13.2.5　绘制文字标注

步骤 1　将"标注"图层置为当前图层。

步骤 2　调用 MT（多行文字）命令，绘制电气元件的名称标注，如图 13-26 所示。

步骤 3　图名标注。调用 MT（多行文字）命令，绘制图名标注文字，调用 PL（多段线）命令，设置起点线宽为 100、端点线宽为 100 来绘制粗实线，调用 L（直线）命令，绘制细实线，完成图标标注文字及下画线的绘制，结果如图 13-27 所示。

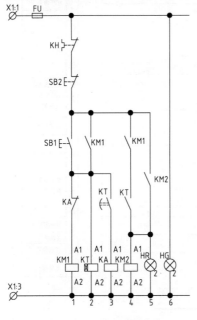

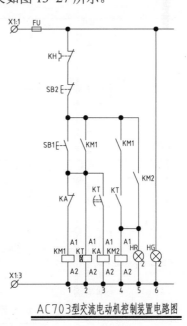

图 13-26　绘制名称标注 　　　　　　　图 13-27　图名标注

步骤 4 绘制图例表格。调用 REC（矩形）命令、X（分解）命令，绘制并分解矩形，调用 O（偏移）命令，选择矩形边向内偏移。

步骤 5 调用 CO（复制）命令，从线路图中移动复制电气元件至表格中，调用 MT（多行文字）命令，在表格中绘制元件名称标注文字，如图 13-28 所示。

步骤 6 绘制注意事项说明文字。调用 MT（多行文字）命令，绘制如图 13-29 所示的注释文字。

图例	说明	图例	说明
	动断（常闭）触点		动断（常闭）触点
	缓慢吸合继电器线圈		延时闭合的动合触点
⊗	灯		动合（常开）触点
∅	可拆卸端子		按钮开关
	熔断器		热继电器触点

注意：

1. 本图适用于Y系列电动机，其容量不超过55kW，手动(或自动)直接起动时间过长的各类传动设备。

2. 二次电路分二种形式供设计者根据工程要求选用。

3. 二次电路中点划线框内的触头来自外电路实现自动控制。

4. 控制装置中的接线端子X1-1.2号，3.4号短接，电流互感器及电流表由设计者根据工艺要求装设。

图 13-28　绘制图例表格　　　　　　　　　　图 13-29　绘制注释文字

13.3　绘制水位控制电路图

本节介绍如图 13-30 所示的水位控制电路图的绘制方法。该图的绘制步骤为，首先绘制线路的结构图，即线路的走向，通过调用"矩形"命令、"偏移"命令等来绘制；接着绘制各类电气元件，并将元件移至线路结构图上；第三步是从外部文件中调入其他类型的电气元件，最后绘制图形标注，即可完成电路图的绘制。

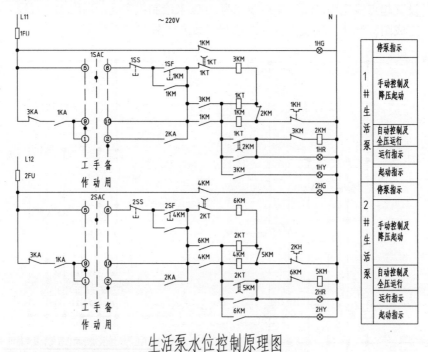

生活泵水位控制原理图

图 13-30　生活泵水位控制原理图

13.3.1 设置绘图环境

步骤 1 新建文件。打开 AutoCAD 2016 应用程序，按下〈Ctrl+N〉组合键，在弹出的"选择样板"对话框中选择 acadiso 图形样板，单击"打开"按钮新建一个空白图形文件。

步骤 2 保存文件。按下〈Ctrl+S〉组合键，在"图形另存为"对话框中设置文件名称为"水位控制电路图"，单击"保存"按钮。

步骤 3 创建图层。调用 LA（图层特性）命令，在"图层特性管理器"对话框中分别创建"电气元件"（颜色：黄色）图层、"线路"（颜色：白色）图层、"标注"（颜色：绿色）图层，图层的其他属性保持默认即可。

13.3.2 绘制线路结构图

步骤 1 将"线路"图层置为当前图层。

步骤 2 调用 L（直线）命令，绘制长度为 66 的垂直线段，并将线段的线型设置为虚线，如图 13-31 所示。

步骤 3 绘制 2#生活泵线路结构图。调用 REC（矩形）命令，绘制如图 13-32 所示的矩形。

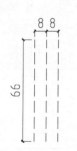

图 13-31 绘制线段

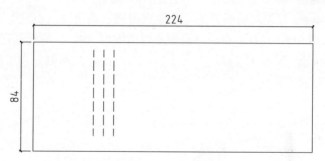

图 13-32 绘制矩形

步骤 4 调用 X（分解）命令，分解矩形，调用 O（偏移）命令，向内偏移矩形边，如图 13-33 所示。

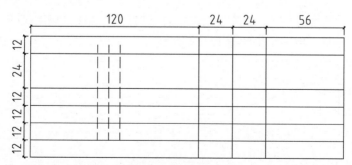

图 13-33 偏移矩形边

步骤 5 调用 TR（修剪）命令，修剪矩形边，调用 L（直线）命令，绘制垂直线段表示线路图形，如图 13-34 所示。

步骤 6 调用 CO（复制）命令，选择绘制完成的线路图向上复制，以作为 1#生活泵的线路结构图，结果如图 13-35 所示。

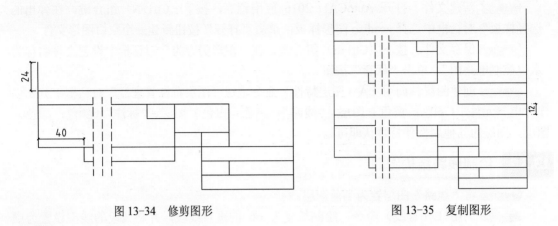

图 13-34 修剪图形　　　　　　　　　　　　　　图 13-35 复制图形

13.3.3 绘制电气元件图块

步骤 1 将"电气元件"图层置为当前图层。

步骤 2 绘制延时断开的动合触点图例。调用 L（直线）命令，绘制长度为 9 的水平线段，调用 RO（选择）命令，设置旋转角度为-19°，旋转线段的结果如图 13-36 所示。

步骤 3 调用 L（直线）命令，在斜线的左右两侧分别绘制长度为 4 的水平线段，结果如图 13-37 所示。

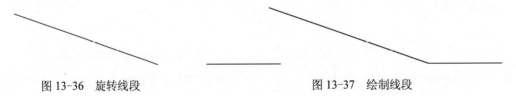

图 13-36 旋转线段　　　　　　　　　　　　　　图 13-37 绘制线段

步骤 4 按下回车键再次调用 L（直线）命令，绘制高度为 4 的垂直线段，如图 13-38 所示。

步骤 5 沿用上述绘制方法，继续绘制长度为 5 的水平线段，调用 O（偏移）命令，设置偏移距离为 1，偏移线段的结果如图 13-39 所示。

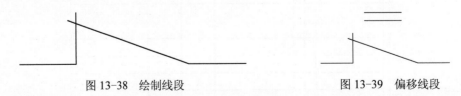

图 13-38 绘制线段　　　　　　　　　　　　　　图 13-39 偏移线段

步骤 6 调用 A（圆弧）命令，以上方直线左侧端点为圆弧的起点、下方直线的中点为圆弧的第二点、上方直线的右侧端点为圆弧的端点，绘制圆弧的结果如图 13-40 所示。

步骤 7 调用 E（删除）命令，删除线段保留圆弧，结果如图 13-41 所示。

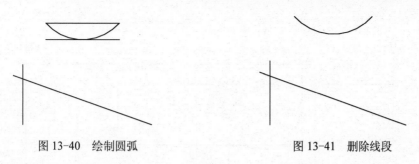

图 13-40　绘制圆弧　　　　　　　图 13-41　删除线段

步骤 8 调用 L（直线）命令，绘制垂直线段，调用 O（偏移）命令，设置偏移距离为 1，对线段执行偏移操作，最后将线段的线型设置为虚线，结果如图 13-42 所示。

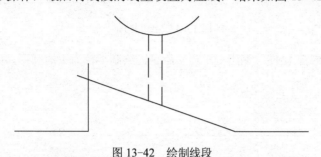

图 13-42　绘制线段

13.3.4　调入电气元件图块

步骤 1 调用 M（移动）命令，将绘制完成的电气图例移动至原理图中。

步骤 2 将"电气元件"图层置为当前图层。

步骤 3 调入其他电气图例。按下〈Ctrl+O〉组合键，打开配套光盘提供的"第 13 章\电气图例.dwg"文件，选择其中的开关、继电器等图例，复制粘贴至原理图中；调用 TR（修剪）命令，修剪遮挡电气图例的线路，结果如图 13-43 所示。

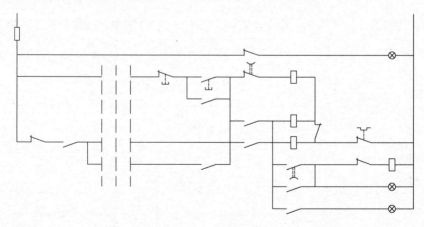

图 13-43　调入图例

步骤 4 调用 C（圆）命令，绘制半径为 2 的圆形，调用 MT（多行文字）命令，在圆形内绘制标注文字，调用 TR（修剪）命令，修剪遮挡圆形的线路，结果如图 13-44 所示。

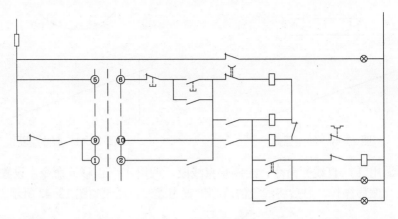

图 13-44　绘制结果

步骤 5 绘制导线连接件。调用 C（圆）命令，绘制半径为 1 的圆形，如图 13-45 所示。

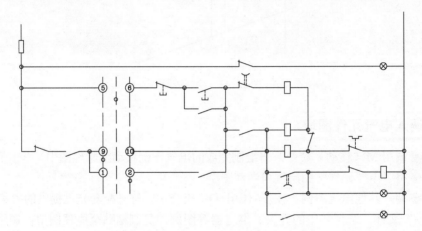

图 13-45　绘制圆形

步骤 6 调用 H（图案填充）命令，对圆形填充 SOLID 图案，结果如图 13-46 所示。

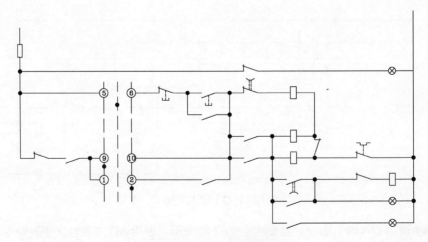

图 13-46　填充图案

步骤 7 调用 CO（复制）命令，选择电气元件图形向上移动复制，调用 TR（修剪）命令，修剪线路，操作结果如图 13-47 所示。

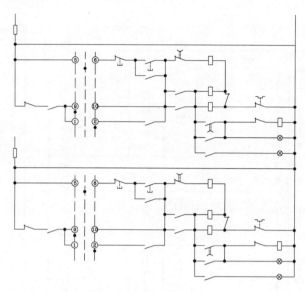

图 13-47 复制图形

13.3.5 绘制文字标注

步骤 1 将"标注"图层置为当前图层。

步骤 2 调用 MT（多行文字）命令，为原理图的电气原价绘制标注文字，结果如图 13-48 所示。

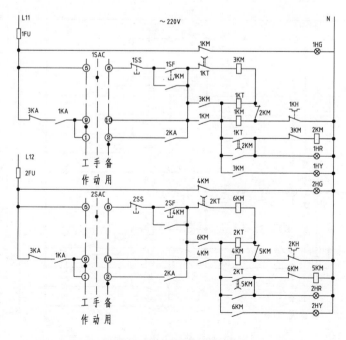

图 13-48 绘制标注文字

步骤 3 绘制表格。调用 L（直线）命令、O（偏移）命令，绘制并偏移直线，绘制表格的结果如图 13-49 所示。

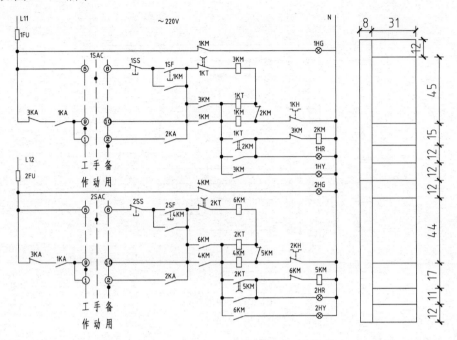

图 13-49　绘制表格

步骤 4 调用 MT（多行文字）命令，在表格内绘制标注文字，如图 13-50 所示。

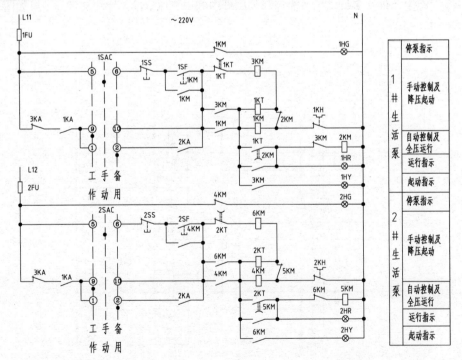

图 13-50　绘制表格标注文字

步骤 5 绘制图例表格。调用 L（直线）命令、O（偏移）命令，绘制并偏移线段，绘制表格的结果如图 13-51 所示。

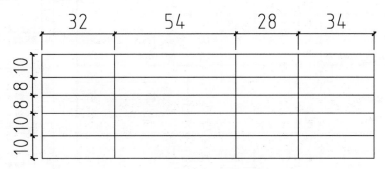

图 13-51　绘制表格

步骤 6 调用 CO（复制）命令，从原理图中移动复制电气图例至表格中，结果如图 13-52 所示。

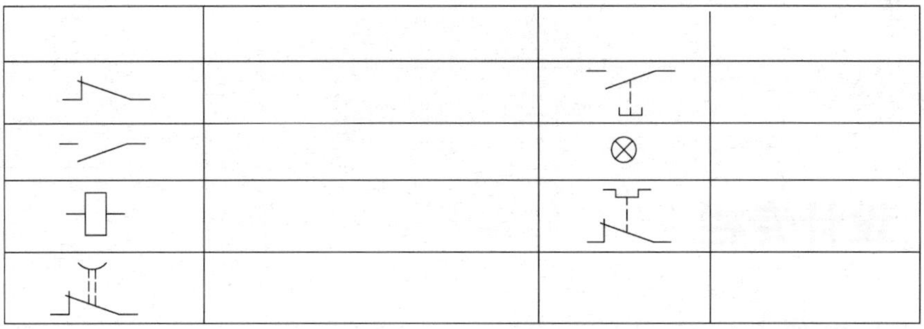

图 13-52　复制电气图例

步骤 7 调用 MT（多行文字）命令，在单元格内绘制标注文字，结果如图 13-53 所示。

图例	说明	图例	说明
	动断（常闭）触点		按钮开关
	动合（常开）触点	⊗	灯
	继电器		热继电器触点
	延时断开的动合触点		

图 13-53　绘制标注文字

步骤 8 图名标注。调用 MT（多行文字）命令，绘制图名标注文字，调用 PL（多段线）命令，绘制宽度为 1 的粗实线，调用 L（直线）命令，绘制细实线，完成图名标注及下划线的绘制，结果如图 13-54 所示。

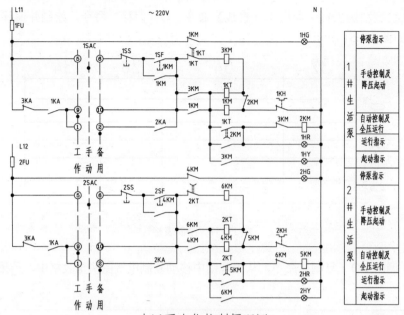

生活泵水位控制原理图

图 13-54　绘制图名标注

13.4　设计专栏

13.4.1　上机实训

绘制如图 13-55 所示的电动机间歇运行控制电路图。

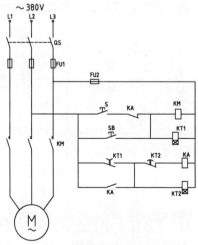

电动机间歇运行控制电路图

图 13-55　电动机间歇运行控制电路图

电路图的识读过程如下：

合上刀开关 QS，引入三相电源→按下启动按钮 S→交流接触器 KN 和时间继电器 KT1 得电吸合→电动机 M 启动运转→运行一段时间后，KT1 延时闭合触头闭合→接通继电器 KA 和时间继电器 KT2→继电器 KA 常闭触头断开→电动机 M 停止运转→再经过一段时间后，KT2 延时断开触头断开→继电器 KA 断电释放→KA 常闭触头闭合→KM 再次得电吸合→电动机 M 再次启动运转。

循环上述动作，可以实现电动机的间歇运行。

控制电路图的绘制步骤如下：

步骤 1 绘制线路结构图。调用 REC（矩形）命令、X（分解）命令，绘制并分解矩形。

步骤 2 调用 O（偏移）命令、TR（修剪）命令，偏移并修剪矩形边。

步骤 3 绘制或调入电气元件。调用 L（直线）命令、TR（修剪）命令等各类命令来绘制电气元件。

步骤 4 或者从本书所配套的"电气图例.dwg"文件中调入各类电气元件。

步骤 5 调用 TR（修剪）命令，修剪线路，避免遮挡电气元件。

步骤 6 绘制电气元件的名称代码标注文字。调用 MT（多行文字）命令来绘制文字标注。

步骤 7 绘制图名标注。调用 MT（多行文字）命令绘制图名标注，调用 PL（多段线）命令来绘制下画线。

13.4.2 绘图锦囊

电路图表示电流从电源到负载的传送情况和电气元件的工作原理，而不需要考虑其实体尺寸、形状或者位置。其目的是便于详细了解设备工作原理、分析和计算电路特性及参数，为测试和寻找故障提供必要的信息，为编制接线文件提供必要的依据，为安装和维修提供信息。

绘制电路图需要注意以下几点：

① 设备和元件的表示方法。在电路图中，设备和元件采用符号来表示，并且应该以适当形式标注其代号、名称、型号、规格、数量等。

② 注意设备和元件的工作状态。设备和元件的可动部分通常应该表示在非激励或者不工作的状态或位置。

③ 符号的布置。对于驱动部分和被驱动部分之间采用机械连接的设备和元件（如接触器的线圈、主触头、辅助触头），以及同一个设备的多个元件（如转换开关的各对触头），可在图上集中、半集中或者分开布置。

绘制机械电气设计图

机械电气图纸是电气工程图纸中一个非常重要的类别，本章以 **C616** 车床电气原理图、启动器接线原理图为例，介绍机械电气图纸的绘制方法。

14.1 机械电气简介

机械电气系统又称为机床电气系统，指应用在机床上的电气系统。其应用范围包括车床、磨床、钻床、铣床、镗床上的电气系统。此外，还包括机床的电气控制系统、伺服驱动系统及计算机控制系统等。

14.2 绘制 C616 车床电气原理图

本节介绍如图 14-1 所示的 C616 车床电气原理图的绘制方式。绘制步骤为，首先绘制主回路并布置线路上的电气元件，接着分别绘制控制回路、照明回路并调入相应的电气元件，最后绘制图形标注，即可完成原理图的绘制。

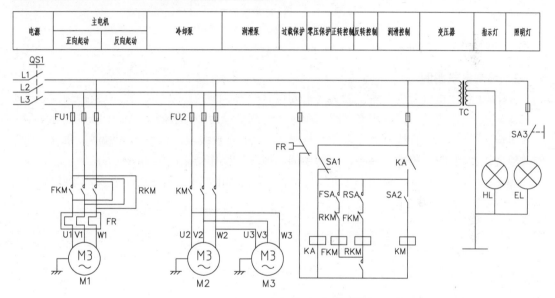

图 14-1　C616 型车床电气控制电路图

14.2.1 设置绘图环境

步骤 1 新建文件。打开 AutoCAD 2016 应用程序，按下〈Ctrl+N〉组合键，在弹出的【选择样板】对话框中选择 acadiso 图形样板，单击"打开"按钮新建一个空白图形文件。

步骤 2 保存文件。按下〈Ctrl+S〉组合键，在"图形另存为"对话框中设置文件名称为"C616 车床电气原理图"，单击"保存"按钮。

步骤 3 创建图层。调用 LA（图层特性）命令，在"图层特性管理器"选项板中分别创建"电气元件"（颜色：黄色）图层、"主回路"（颜色：青色）图层、"控制回路"（颜色：红色）图层、"照明回路"（颜色：蓝色）图层、"标注"（颜色：绿色）图层，图层的其他属性保持默认即可。

14.2.2 绘制主回路

1. 绘制主回路

（步骤1）将"主回路"图层置为当前图层。

（步骤2）调用 L（直线）命令，分别绘制垂直线段及水平线段，调用 O（偏移）命令、TR（修剪）命令，偏移并修剪线段，绘制主回路的结果如图 14-2 所示。

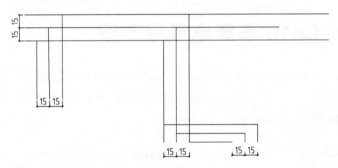

图 14-2 绘制主回路

2. 绘制电气图例

（步骤1）将"电气元件"图层置为当前图层。

（步骤2）绘制电动机。调用 C（圆）命令，绘制半径为 20 的圆形，如图 14-3 所示。

（步骤3）调用 L（直线）命令，绘制长度为 23 的垂直线段，调用 O（偏移）命令，向右偏移线段，调用 TR（修剪）命令，修剪中间的线段，操作结果如图 14-4 所示。

（步骤4）绘制接机壳。调用 L（直线）命令，绘制如图 14-5 所示的垂直及水平线段。

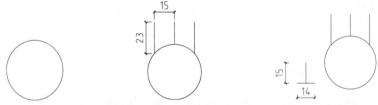

图 14-3 绘制圆形　　图 14-4 偏移并修剪线段　　图 14-5 绘制线段

（步骤5）按下回车键重复调用 L（直线）命令，绘制斜线，如图 14-6 所示。

（步骤6）调用 CO（复制）命令，向左移动复制斜线，如图 14-7 所示。

图 14-6 绘制斜线　　　　　　图 14-7 复制线段

（步骤7）调入其他电气图例。按下〈Ctrl+O〉组合键，打开配套光盘提供的"第 14 章\电气图例.dwg"文件，选择其中的开关、继电器等图例，复制粘贴至电路图中，调用 TR（修剪）命令，修剪线路，操作结果如图 14-8 所示。

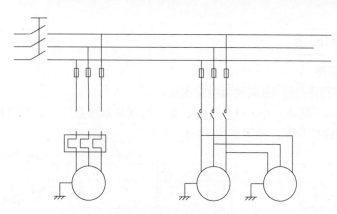

图 14-8　调入电气图例

14.2.3　绘制控制回路

步骤 1　将"控制回路"图层置为当前图层。

步骤 2　调用 L（直线）命令、O（偏移）命令、TR（修剪）命令，绘制控制回路的结果如图 14-9 所示。

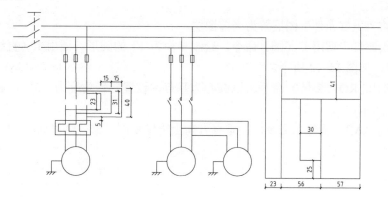

图 14-9　绘制控制回路

步骤 3　将"电气元件"图层置为当前图层。

步骤 4　调入相关电气图例。在"第 14 章\电气图例.dwg"文件，选择其中的开关、继电器等图例，复制粘贴到当前图形中，结果如图 14-10 所示。

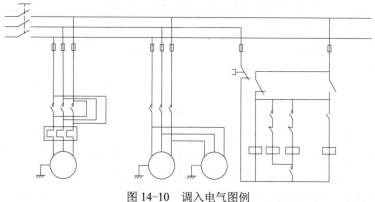

图 14-10　调入电气图例

14.2.4　绘制照明回路

1．绘制照明回路

步骤 1　将"照明回路"图层置为当前图层。

步骤 2　调用 L（直线）令、O（偏移）令，绘制并偏移直线，调用 TR（修剪）命令，修剪线段以完成线路的绘制，结果如图 14-11 所示。

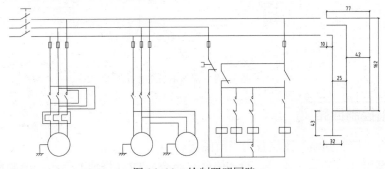

图 14-11　绘制照明回路

2．绘制灯

步骤 1　将"电气元件"图层置为当前图层。

步骤 2　绘制灯。调用 C（圆）命令，绘制半径为 17 的圆形，调用 L（直线）命令，过圆心绘制线段，如图 14-12 所示。

步骤 3　调用 RO（旋转）命令，以圆心为基点，设置旋转角度为 45°，旋转直线的结果如图 14-13 所示。

步骤 4　调用 MI（镜像）命令，在垂直方向上镜像复制对象，结果如图 14-14 所示。

图 14-12　绘制线段　　　图 14-13　旋转线段　　　图 14-14　复制线段

3．绘制线圈

步骤 1　绘制线圈。调用 C（圆）命令，绘制半径为 3 的圆形，调用 CO（复制）命令，向下移动复制圆形，结果如图 14-15 所示

步骤 2　调用 L（直线）命令，过圆形的圆心绘制垂直线段，结果如图 14-16 所示。

步骤 3　调用 TR（修剪）命令，修剪圆形，结果如图 14-17 所示。

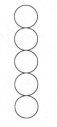　　　　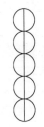　　　　

图 14-15　复制圆形　　　图 14-16　绘制线段　　　图 14-17　修剪圆形

步骤 4 调用 MI（镜像）命令，向左镜像复制半圆，结果如图 14-18 所示。

步骤 5 调用 PL（多段线）命令，设置起点线宽为 1、端点线宽为 1，绘制垂直多段线的结果如图 14-19 所示。

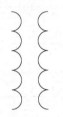

图 14-18　复制图形

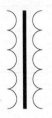

图 14-19　绘制线段

步骤 6 调用 M（移动）命令，将绘制完成的电气图例移动至电路图中，调用 TR（修剪）命令，修剪遮挡图例的线路。

步骤 7 调入其他电气图例。在"第 14 章\电气图例.dwg"文件中选择开关、继电器等图例，复制粘贴到电路图中，结果如图 14-20 所示。

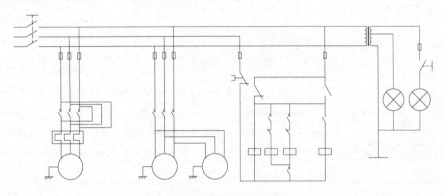

图 14-20　调入电气图例

14.2.5　绘制文字标注

步骤 1 将"标注"图层置为当前图层。

步骤 2 调用 MT（多行文字）命令，为电路图绘制标注文字，结果如图 14-21 所示。

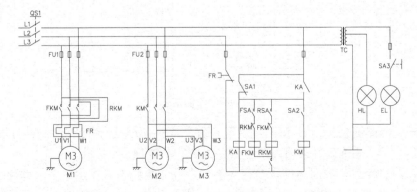

图 14-21　绘制标注文字

步骤 3 绘制表格。调用 L（直线）命令、O（偏移）命令，绘制并偏移直线，绘制表格的结果如图 14-22 所示。

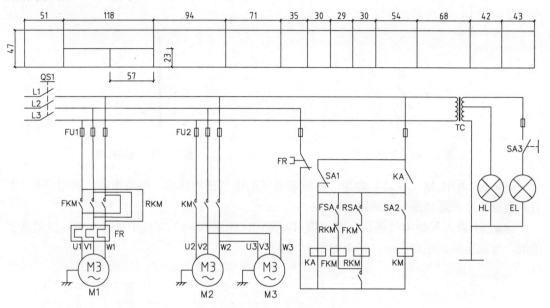

图 14-22 绘制表格

步骤 4 调用 MT（多行文字）命令，在表格内绘制标注文字，结果如图 14-23 所示。

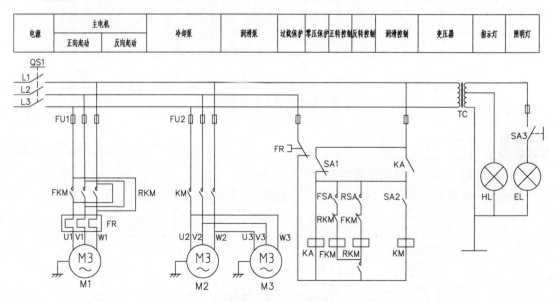

电源	主电机		冷却泵	润滑泵	过载保护	零压保护	正转控制	反转控制	润滑控制	变压器	指示灯	照明灯
	正向起动	反向起动										

图 14-23 绘制结果

步骤 5 绘制图例表。调用 REC（矩形）命令、X（分解）命令，绘制并分解矩形，调用 MT（多行文字）命令，在表格内绘制标注文字，如图 14-24 所示。

步骤 6 图名标注。调用 MT（多行文字）命令，绘制图名标注文字，调用 PL（多段线）命令，绘制宽度为 3 的粗实线，调用 L（直线）命令，绘制细实线，完成图名标注的绘制，结果如图 14-25 所示。

图例	说明	符号	说明	符号	说明
⌐	动断（常闭）触点	M	电动机	QS	隔离开关
⌐	动合（常开）触点	U	调制器	SA	控制开关
⊢☐⊣	继电器	V	电子管	KA	继电器
⌐	按钮开关	W	导线		
⊗	灯	FR	延时动作的限流保护器		
⌐	手动开关	KM	接触器		
⊪	线圈	FU	熔断器		
⏚	接机壳	TC	线圈		

图 14-24　绘制图例表

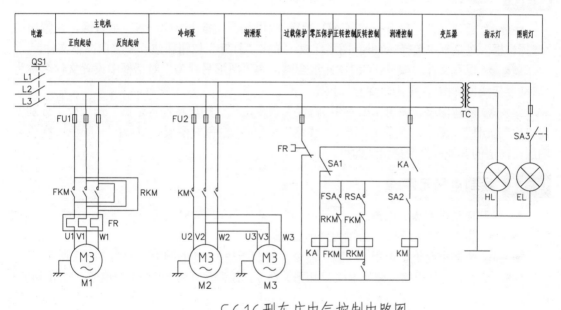

图 14-25　绘制图名标注

14.3　绘制启动器接线原理图

　　本节介绍如图 14-26 所示的电动机启动器接线原理图的绘制方式。鉴于电气元件是电气图中的重要组成部分，因此特意在第一小节讲解了各类电气元件的绘制方法，如电动机、热继电器、交流接触器等；第二小节介绍图形标注的绘制，包括电气元件的名称标注、图纸的名称标注及图例表格的绘制。

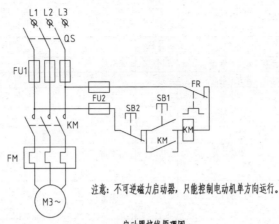

启动器接线原理图

图 14-26 启动器接线原理图

14.3.1 设置绘图环境

步骤 1 新建文件。打开 AutoCAD 2016 应用程序，按下〈Ctrl+N〉组合键，在弹出的"选择样板"对话框中选择 acadiso 图形样板，单击"打开"按钮新建一个空白图形文件。

步骤 2 保存文件。按下〈Ctrl+S〉组合键，在"图形另存为"对话框中设置文件名称为"启动器接线原理图"，单击"保存"按钮。

步骤 3 创建图层。调用 LA"图层特性"命令，在"图层特性管理器"选项板中分别创建"电气元件"（颜色：黄色）图层、"线路"（颜色：白色）图层、"标注"（颜色：绿色）图层，图层的其他属性保持默认即可。

14.3.2 绘制电气元件

1. 绘制电动机和热继电器

步骤 1 将"电气元件"图层置为当前图层。

步骤 2 绘制电动机。调用 C（圆）命令，绘制半径为 15 的圆形，如图 14-27 所示。

步骤 3 绘制热继电器。调用 REC（矩形）命令，绘制尺寸为 50×20 的矩形，如图 14-28 所示。

图 14-27 绘制电动机   图 14-28 绘制热继电器

2. 绘制交流接触器

步骤 1 绘制交流接触器。调用 L（直线）命令，绘制长度为 20 的垂直线段，调用 O（偏移）命令，设置偏移距离为 15，选择直线向右偏移，如图 14-29 所示。

步骤 2 调用 RO（旋转）命令，设置旋转角度为 27°，旋转直线的结果如图 14-30 所示。

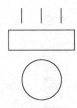 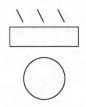

图 14-29　绘制并偏移直线　　　　图 14-30　　旋转直线

步骤 3 调用 L（直线）命令，绘制长度为 5 的垂直线段，如图 14-31 所示。

步骤 4 调用 L（直线）命令，绘制长度为 9 的垂直线段，调用 O（偏移）命令，设置偏移距离为 15，向右偏移线段，结果如图 14-32 所示。

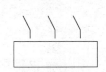

图 14-31　绘制直线 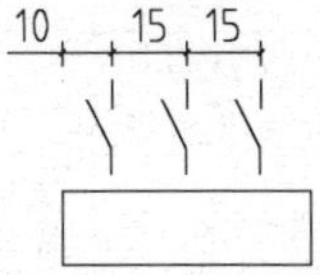　　　　　　　图 14-32　　偏移线段

步骤 5 调用 C（圆）命令，绘制半径为 2 的圆形，如图 14-33 所示。

步骤 6 调用 TR（修剪）命令，修剪圆形，结果如图 14-34 所示。

步骤 7 调用 L（直线）命令，绘制直线，并将直线的线型设置为虚线，完成交流接触器的绘制，结果如图 14-35 所示。

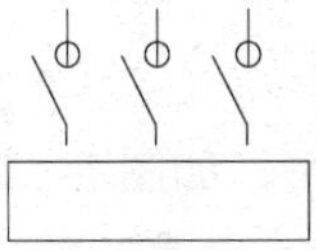

图 14-33　绘制圆形　　　图 14-34　修剪圆形 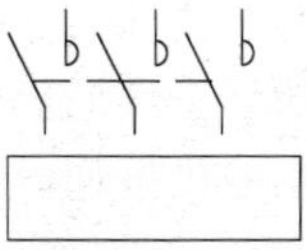　　　图 14-35　绘制结果

3．绘制熔断器和隔离开关

步骤 1 绘制熔断器。调用 REC（矩形）命令，尺寸为 20×10 的矩形，调用 L（直线）命令，过矩形中点绘制垂直线段，如图 14-36 所示。

步骤 2 绘制隔离开关。调用 L（直线）命令，以图中箭头所指示的点为起点绘制长度为 5 的垂直线段，接着再绘制长度为 20 的垂直线段，调用 RO（旋转）命令，设置旋转角度为 27°、旋转长度为 20 的线段，结果如图 14-37 所示。

步骤 3 调用 L（直线）命令，绘制长度为 5 的垂直线段，如图 14-38 所示。

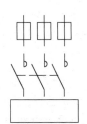 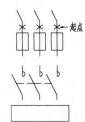 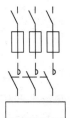

图 14-36　绘制熔断器　　　　图 14-37　旋转线段　　　　图 14-38　绘制线段

步骤 4 调用 C（圆）命令，绘制半径为 3 的圆形，如图 14-39 所示。

步骤 5 调用 L（直线）命令绘制垂直线段，调用 RO（旋转）命令，设置旋转角度为 45°，旋转直线的结果如图 14-40 所示。

图 14-39　绘制圆形

图 14-40　旋转线段

步骤 6 调用 L（直线）命令，绘制水平线段，并将线段的线型设置为虚线，完成隔离开关的绘制，结果如图 14-41 所示。

步骤 7 选择绘制完成的熔断器，调用 RO（旋转）命令，设置旋转角度为 90°，旋转图形的结果如图 14-42 所示。

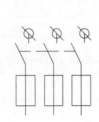

图 14-41　绘制直线

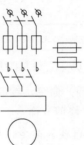

图 14-42　旋转图形

4．绘制按钮

步骤 1 绘制停止按钮。调用 L（直线）命令，绘制按钮图例，如图 14-43 所示。

步骤 2 绘制启动按钮。重复调用 L（直线）命令，参考上一步骤所给出的参数，继续绘制按钮图例，结果如图 14-44 所示。

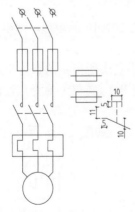

图 14-43　绘制停止按钮

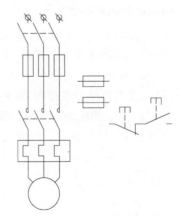

图 14-44　绘制启动按钮

5．绘制热继电器和交流接触器

步骤 1 绘制热继电器。调用 PL（多段线）命令，绘制图例轮廓线，并将其中的一根垂直线段的线型设置为虚线，如图 14-45 所示。

步骤 2 绘制交流接触器。调用 REC（矩形）命令、L（直线）命令，绘制如图 14-46 所示的电气图例。

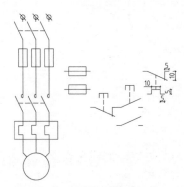
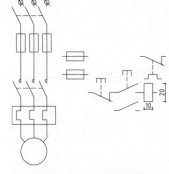

图 14-45 绘制继电器   图 14-46   绘制交流接触器

步骤 3 调用 L（直线）命令，绘制连接线路，结果如图 14-47 所示。

6．绘制导线连接件

步骤 1 调用 C（圆）命令，在线路的交点绘制半径为 1 的圆形，如图 14-48 所示。

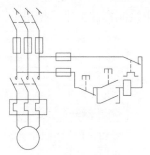
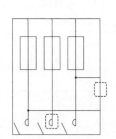

图 14-47 绘制线路   图 14-48 绘制圆形

步骤 2 调用 H（图案填充）命令，对圆形填充 SOLID 图案，结果如图 14-49 所示。

步骤 3 至此，接线原理图图形的绘制结果如图 14-50 所示。

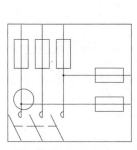
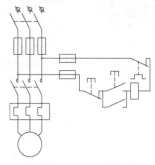

图 14-49 填充图案   图 14-50 绘制结果

14.3.3 绘制图形说明

步骤 1 将"标注"图层置为当前图层。

步骤 2 调用 MT（多行文字）命令，绘制图例文字说明，如图 14-51 所示。

步骤 3 图名标注。按下回车键重复调用 MT（多行文字）命令，绘制图名标注及说明文字，调用 PL（多段线）命令，绘制宽度为 1 的粗实线，调用 L（直线）命令，绘制细实线，完成图名标注及下画线的绘制，结果如图 14-52 所示。

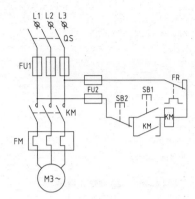

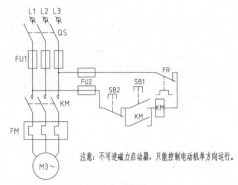

注意：不可逆磁力启动器，只能控制电动机单方向运行。

<u>启动器接线原理图</u>

图 14-51 绘制图例标注 　　　　　图 14-52 绘制标注文字

步骤 4 绘制图例表。调用 L（直线）命令、O（偏移）命令，绘制如图 14-53 所示的图例表格。

步骤 5 调用 MT（多行文字）命令，在表格中绘制标注文字，结果如图 14-54 所示。

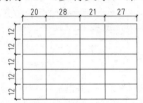

符号	说明	符号	说明
M3	电动机	FR	热继电器
QS	隔离开关	SB1	启动按钮
FU	熔断器	SB2	停止按钮
KM	交流接触器		

图 14-53 绘制图例表格 　　　　　图 14-54 绘制标注文字

14.4 设计专栏

14.4.1 上机实训

绘制如图 14-55 所示的 CA6140 型车床电气控制电路图。

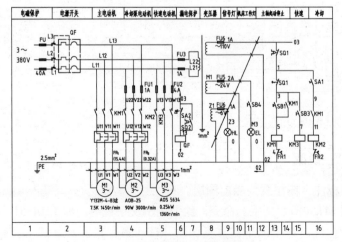

图 14-55 CA6140 型车床电气控制图

CA6140 型车床采用 3 台电动机控制，主轴电动机 M1，完成主轴的运动和刀具进给驱动；冷却泵电动机 M2，在加工时提供给工件切削液；刀架快速移动电动机 M3，完成刀架滑板箱的快速移动。

电气控制图的绘制步骤如下：

步骤 1 绘制线路结构图。调用 REC（矩形）命令、X（分解）命令，绘制并分解矩形，调用 O（偏移）命令、TR（修剪）命令，偏移并修剪矩形边。

步骤 2 绘制电气元件。调用 L（直线）命令、TR（修剪）命令等各类绘图或者编辑命令来绘制电气元件。

步骤 3 调用 TR（修剪）命令，修剪线路，避免线路遮挡电气元件。

步骤 4 调用 MT（多行文字）命令，为电气控制电路图绘制文字标注。

步骤 5 调用 REC（矩形）命令、L（直线）命令，绘制标注表格。

步骤 6 调用 MT（多行文字）命令、PL（多段线）命令，绘制图名标注及下画线。

14.4.2　绘图锦囊

识读机床电气原理图的步骤如下：

① 先机后电。了解生产机械的基本结构和工艺流程，明确生产机械对电力拖动的要求，为分析电路做好准备。

② 先主后辅。对于一个完整的电气控制图，首先要识读主电路。识读主电路要分清主电路的用电设备（消耗电能的用电器具或者电气设备，如电动机），分析它们的类别、用途、接线方式、使用电压等。根据主电路每台用电设备的控制要求，分析相应的控制内容，包括启动、制动、调速及保护方法等。

③ 化整为零。把一个完整的电气控制电路，根据主电路中各个电动机等执行机构电器的控制要求，分析找出各自的控制环节，按功能的不同，划分成几个相对独立的控制电路进行分析。逐个分析时，还应该分析各个控制电路之间的连锁关系，理解每个电气元件的作用。

电气原理图的绘制方法如下：

① 电路中的电气设备和电气元件必须按照标准规定的电气符号和文字符号来绘制。电路图中涉及大量的电气元件，如接触器、继电开关、熔断器等，为了表达控制系统的设计意图，便于分析系统工作原理，在绘制电气原理图时所有电气元件不画出实际外形，而选择采用统一的图形符号和文字符号来表示。

② 在电气控制系统的电路图中，主电路和辅电路应该分开绘制。电路中的主电路用粗实线画在图纸的左边和上部，而辅助电路用粗实线画在图纸的右边或下部。这样，主电路和辅助电路、回路与回路之间容易区别，醒目易懂。

③ 在电路图中，所有电器可动部分均按原始状态画出。对于继电器、接触器的触点，应按其线圈不通电时的状态画出；对于手动电器，应按其手柄处于零位时的状态画出；对于按钮、行程开关等主令电器，应按其未受外力作用时的状态画出。

④ 应尽量减少线条数量和避免线条交叉。各导线之间有电联系时，应在导线交叉处画实心圆点。根据图面布置需要，可以将图形符号旋转绘制，一般按逆时针方向旋转，但其文字符号不可倒置。

⑤ 在电气控制系统的主电路中，线号由文字符号和数字符号构成。文字符号用来标明主回路中电气元件和电路的种类和特征。

如三相电动机绕组用 U、V、W 表示。数字标号由二位数字构成，并遵循回路标号的一般原则。

⑥ 在电路图上一般还要标出各个电源电路的电压值、极性和频率及相数。对于某些元器件还应标注其特性，如电阻、电容的数值等。不常用的电器，如位置传感器、手动开关等，还要标注其操作方式和功能等。

⑦ 全部电气元件的型号、文字符号、用途、数量、安装技术数据，均应填写在元件明细表内。

第15章

绘制建筑电气图

本章要点

- 绘制建筑照明平面图
- 绘制建筑照明系统图
- 弱电工程基本知识
- 绘制建筑插座平面图
- 绘制建筑电话系统图
- 绘制建筑有线电视系统图

建筑电气图有多种类型，包括动力、照明、变配电装置、通信广播、火灾报警等。本章主要介绍照明平面图、照明系统图、插座平面图、电话系统图、有线电视系统图的相关知识及绘制方法。

15.1　绘制建筑照明平面图

照明平面图表现了建筑内配电线路、各种照明装置及其控制装置和插座的安装情况。本节介绍建筑照明平面图的绘制方法。首先需要整理建筑平面图。绘制完成的建筑平面图包含各类建筑构件，如楼梯、洁具等，为了方便表达灯具的安装、线路的连接情况，需要对一些无关的图形进行清理。接着就是在建筑平面图上的各区域布置各类照明设备，如各种灯具（吸顶灯、感应灯等）、箱柜，然后绘制连接线路，连接灯具与箱柜。最后绘制图形标注，即可完成照明平面图的绘制。

15.1.1　照明方式及种类

1．照明方式

（1）一般照明

为了使整个照明场所获得均匀明亮的水平照度，灯具在整个照明场所基本上均匀布置的照明方式为一般照明。有时候也可以根据工作面布置的实际情况及其对照度的不同要求，将灯具集中或分区集中均匀地布置在工作区的上方，使不同被照面上产生不同的照度。

（2）局部照明

为了满足照明范围内某些部位的特殊需要而设置的照明称为局部照明。该类照明仅限于照亮一个有限的工作区，通常从最适宜的方向装设台灯、射灯或反射型灯泡。优点是灵活、方便、省电，可以有效地突出重点。

2．照明种类

（1）正常照明

在正常情况下，使用的室内外照明称为正常照明。所有正在使用的房间及供工作、生活、运输、集会等公共场所均应设置正常照明。常用的工作照明均属于正常照明。正常照明一般单独使用，也可以与应急照明、值班照明同时使用，但是控制线路要分开。

（2）事故照明

事故照明是指在正常照明因故障熄灭后，供事故情况下暂时继续工作或疏散人员的照明。在由于工作中断或误操作容易引起爆炸、火灾和人身事故或将造成严重政治后果和经济损失的场所，应该设置事故照明。事故照明应布置在可能引起事故的工作场所及主要通道和入口。

暂时继续工作用的事故照明，其工作面上的照度不低于一般照明照度的 10%；疏散人员用的事故照明，主要通道上的照度不应低于 0.5lx。

（3）值班照明

在工作和非工作时间内供值班人员用的照明。值班照明可利用正常照明中能单独控制的一部分或全部，也可利用应急照明的一部分或全部作为值班照明使用。

（4）警卫照明

警卫照明是指用于警卫地区周围的照明。警卫照明可以根据警戒任务的需要，在厂区或仓库区等警卫范围内装设。

（5）障碍照明

障碍照明是指装设在飞机场四周的高建筑物上或有船舶航行的河流两岸建筑上表示障碍标志用的照明。障碍照明可以按照民航和交通部门的有关规定来装设。

15.1.2 照明的基本路线

1. 照明供电路线

① 220V 单相制。一般小容量（负荷电流为 15A～20A）照明负荷，可采用 220V 单相二线制交流电源，如图 15-1 所示。220V 单相制线路由外线路上一根相线和一根中性线组成。

② 380V/220V 三相四线制。大容量（负荷电流在 30A 以上）照明负荷，一般采用 380V/220V 三相四线制中性点直接接地的交流电源。这种供电方式先将各种单相负荷平均分配，再分别接在每一根相线和中性线之间，如图 15-2 所示。当三相负荷平衡时，中性线上没有电流，所以在设计电路时应尽可能使各相负荷平衡。

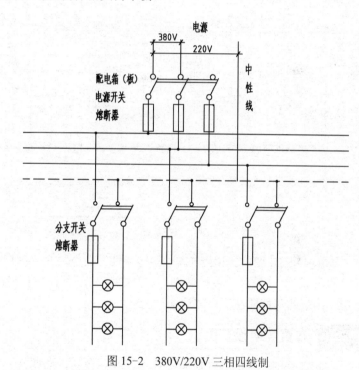

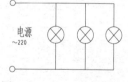

图 15-1　220V 单相制

图 15-2　380V/220V 三相四线制

2. 干线配线方式

由总配电箱到分配电箱的干线有放射式、树干式、混合式 3 种供电方式，如图 15-3 所示。

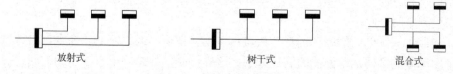

放射式　　　　树干式　　　　混合式

图 15-3　照明干线的配线方式

3. 照明支线

照明支线又称照明回路，是指分配电箱到用电设备这段线路，即将电能直接传递给用电设备的这段配电线路。

15.1.3 设置绘图环境

建筑照明平面图以建筑平面图为基础来绘制，首先要对建筑平面图进行清理，删除平面图上一些多余的图形，保留基本的建筑构件即可，如墙体、门窗、室内外设施等。

步骤1 调用建筑平面布置图。按下〈Ctrl+O〉组合键，打开配套光盘提供的"第15章\建筑平面布置图.dwg"文件。

步骤2 保存图形。单击快速访问工具栏上的"另存为"按钮，在弹出的"图形另存为"对话框中设置文件名称为"建筑照明平面图"，单击"保存"按钮，完成另存为图形的操作。

步骤3 整理图形。调用E"删除"命令，删除建筑平面图上多余的图形，如图15-4所示。

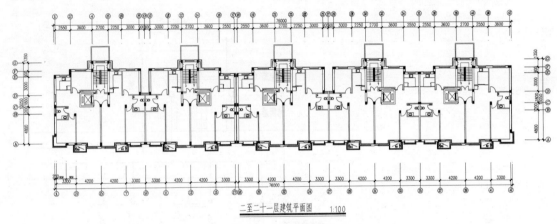

图 15-4 建筑平面图

步骤4 创建图层。调用LA"图层特性"命令，在"图层特性管理器"选项板中分别创建"电气元件"（颜色：黄色）图层、"线路"（颜色：白色）图层、"标注"（颜色：绿色）图层，图层的其他属性保持默认即可。

15.1.4 布置照明设备图例

在建筑平面图中的各区域布置灯具、开关设备，以明确各区域照明设备的使用情况。一般通过调用电气符号的方式来布置照明设备，而不采用逐个绘制的方法，因为逐个绘制会很浪费时间。

由于建筑楼开间为76000，限于书本页面范围，本节决定采用先绘制部分，再绘制整体的方式来绘制照明平面图。

首先绘制①～⑨轴间的照明图形，接着再调用"镜像"或"复制"命令，将该区域内的照明设备图形复制到建筑平面图的其他区域。这样绘制好处是，节省了制图时间，提高了制图效率。而且在绘制完成①～⑨轴间的照明图形后，可以先检查，确认无误后再对其进行移动复制，避免了全部绘制完成后再检查图形的庞大工作量。

步骤1 将"电气元件"图层置为当前图层。

步骤2 绘制辅助线。调用L（直线）命令，在建筑平面图左下角的卧室区域绘制对角线，如图 15-5 所示。

步骤 3 布置吸顶灯。按下〈Ctrl+O〉组合键，打开配套光盘提供的"第 15 章\电气图例.dwg"文件，选择其中的吸顶灯图例，复制粘贴至对角线的中点上，结果如图 15-6 所示。

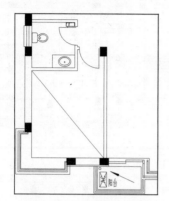

图 15-5　绘制辅助线

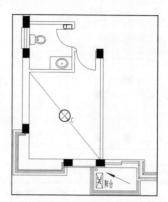

图 15-6　布置吸顶灯

提示： 绘制对角线的作用是为布置灯具设备图形提供辅助作用，一般将灯具布置于对角线的中点上。面积较小的区域可以不绘制对角线，将灯具布置在合适的位置也可。

步骤 4 调用 E（删除）命令，选择对角线，按下回车键将其删除，如图 15-7 所示。

步骤 5 调用 CO（复制）命令，将吸顶灯移动复制到平面图的其余房间（①～⑨轴），结果如图 15-8 所示。

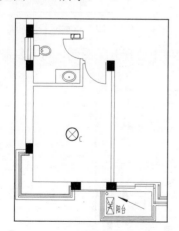

图 15-7　删除对角线

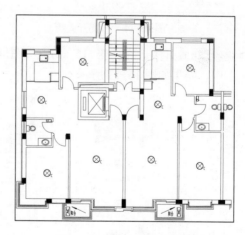

图 15-8　布置各区域的吸顶灯

步骤 6 布置楼梯感应灯。在"第 15 章\电气图例.dwg"文件中选择楼梯感应灯图例，复制粘贴至楼梯间，结果如图 15-9 所示。

步骤 7 布置防水防尘灯。在"第 15 章\电气图例.dwg"文件中选择防水防尘灯图例，将其复制粘贴至厨房及卫生间，结果如图 15-10 所示。

步骤 8 布置开关箱。在"第 15 章\电气图例.dwg"文件中选择开关箱图例，将其复制粘贴至平面图中，结果如图 15-11 所示。

步骤 9 布置应急照明灯。在"第 15 章\电气图例.dwg"文件中选择应急照明灯图例，将其复制粘贴至电梯间，结果如图 15-12 所示。

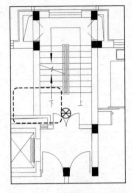

图 15-9 布置楼梯感应灯

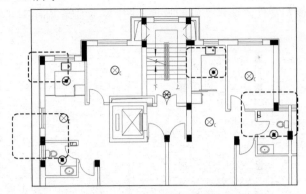

图 15-10 布置防水防尘灯

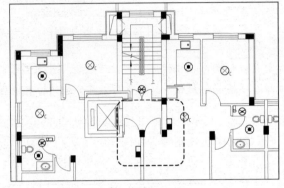

图 15-11 布置开关箱

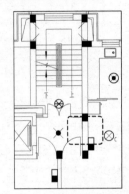

图 15-12 布置应急照明灯

步骤 10 布置开关。在"第 15 章\电气图例.dwg"文件中选择开关图例，将其复制粘贴至平面图中，结果如图 15-13 所示。

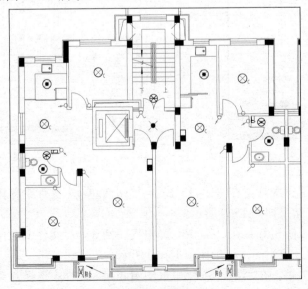

图 15-13 布置开关

步骤 11 布置引线标记。在"第 15 章\电气图例.dwg"文件中选择引线标记图例,将其复制粘贴至楼梯间中,结果如图 15-14 所示。

步骤 12 ①～⑨轴间照明设备图例布置结果如图 15-15 所示。

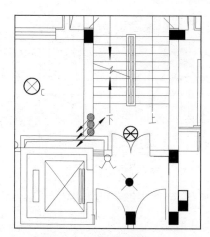

图 15-14 布置引线标记

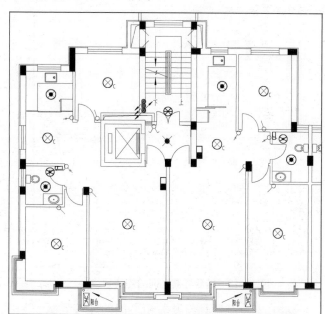

图 15-15 布置照明设备

15.1.5 绘制连接线路

步骤 1 将"线路"图层置为当前图层。

步骤 2 调用 PL(多段线)命令,在命令行中输入 W,选择"宽度"选项,设置其起点宽度、端点宽度均为 50,绘制灯具与开关之间的连接导线,如图 15-16 所示。

步骤 3 按下回车键重新调用 PL(多段线)命令,绘制其他各区域的连接导线,如图 15-17 所示。

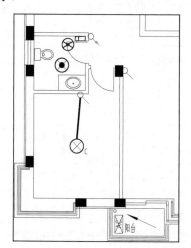

图 15-16 绘制灯具与开关之间的连接导线

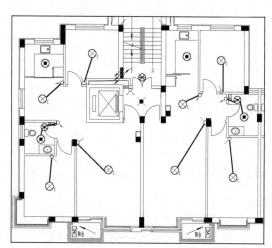

图 15-17 绘制导线

步骤 4 调用 PL（多段线）命令，绘制灯具之间的连接导线，如图 15-18 所示。

步骤 5 调用 PL（多段线）命令，绘制应急照明导线，并将导线的线型设置为虚线，如图 15-19 所示。

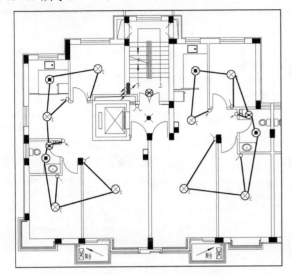

图 15-18 绘制灯具之间的连接导线　　　　图 15-19 绘制应急照明导线

步骤 6 绘制灯具与开关箱之间的连接导线，如图 15-20 所示。

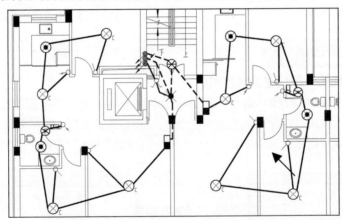

图 15-20 绘制灯具与开关箱的连接导线

步骤 7 调用 MI（镜像）命令、CO（复制）命令，选择①～⑨轴间电气设备、导线图形，将其复制到建筑平面图的其他区域，如图 15-21 所示。

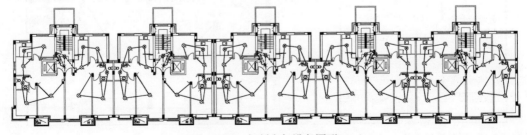

图 15-21 复制电气设备图形

15.1.6 绘制图形标注

步骤 1 将"标注"图层置为当前图层。

步骤 2 绘制导线图例。调用 PL（多段线）命令，分别绘制照明线及应急照明线图例，接着调用 MT（多行文字）命令，绘制文字标注，如图 15-22 所示。

- - - - - - - 应急照明线
———————— 照明线

图 15-22　绘制导线图例

步骤 3 绘制图名标注。调用 MT（多行文字）命令，绘制图名及比例标注，调用 PL（多段线）命令，绘制宽度为 200 的线段，调用 L（直线）命令，在多段线下方绘制细实线，结果如图 15-23 所示。

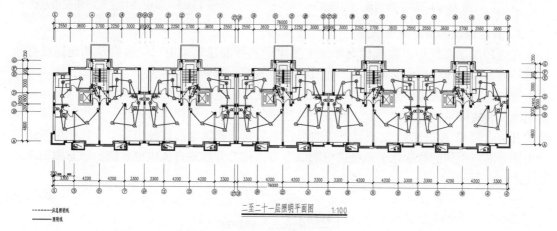

图 15-23　绘制图名标注

15.2　绘制建筑照明系统图

照明系统图主要用图形符号、文字符号来绘制，是用来简单表示建筑照明系统的基本组成及相互关系的电气工程图纸。通常使用单线来绘制，它能够集中反映动力及照明的电流、开关及熔断器、配电箱、导线和电缆的型号规格、保护管管径与敷设方式、用电设备名称、容量及配电方式等信息。

15.2.1 常用的照明配电系统

1. 住宅照明配电系统

如图 15-24 所示为典型的住宅照明配电系统。图中以每一层楼梯间作为一单元，进户线引至楼的总配电箱，再由干线引至每一单元的配电箱，各单元配电箱采用树干式（或者放射式）向各层用户的分配箱馈电。

为了方便管理，住宅楼的总配电箱和单元配电箱一般装在楼梯公共过道的墙面上。分配电箱可装设电能表，方便用户单独计算收费。

2. 多层公共建筑的照明配电系统

如图 15-25 所示为多层公共建筑（办公楼、教学楼等）的照明配电系统。其进户线直接进入大楼的传达室或配电间的总配电箱，由总配电箱采取干线立管式向各层分配电箱馈电，再经分配电箱引出支线向各房间的照明器和用电设备供电。

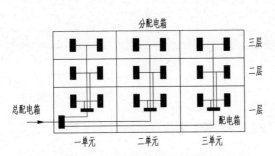

图 15-24　住宅照明配电系统图

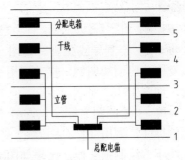

图 15-25　多层公共建筑照明配电系统

3. 智能建筑的直流配电系统

在这种配电系统中，直流供电系统主要用于向智能建筑的电话交换机及其他需要直流电源的设备和系统供电，供电电压一般为 48V、30V、24V 和 12V 等。

智能建筑中常采用半分散式供电方式，即将交流配电屏、高频开关电源、直流配电屏、蓄电池及其监控系统组合在一起，构成智能建筑的交直流一体化电源系统。也可以用多个架装的开关电源和 AC—DC 交换器组成的组合电源向负载供电。这种由多个一体化电源或组合电源分别向不同的智能化子系统供电的供电方式称为分散式直流供电系统，示意图的表示如图 15-26 所示。

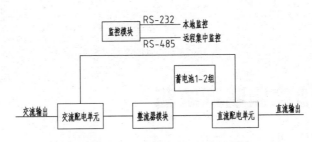

图 15-26　分散式直流供电系统

15.2.2　设置绘图环境

步骤 1　新建文件。打开 AutoCAD 2016 应用程序，按下〈Ctrl+N〉组合键，在弹出的"选择样板"对话框中选择 acadiso 图形样板，单击"打开"按钮新建一个空白图形文件。

步骤 2　保存文件。按下〈Ctrl+S〉组合键，在"图形另存为"对话框中设置文件名称为"建筑照明系统图"，单击"保存"按钮。

步骤 3　创建图层。调用 LA（图层特性）命令，在"图层特性管理器"选项板中分别创建"电气元件"（颜色：黄色）图层、"线路"（颜色：白色）图层、"标注"（颜色：绿色）图层，图层的其他属性保持默认即可。

15.2.3　布置开关箱及端子板

步骤 1　将"线路"图层置为当前图层。

步骤 2　调用 PL（多段线）命令，设置线宽参数为 30，绘制照明线路，如图 15-27 所示。

步骤 3 将"电气元件"图层置为当前图层。

步骤 4 调入电气符号图例。在"第 15 章\电气图例.dwg"文件中选择断路器、开关箱等图例，将其复制粘贴至导线上，结果如图 15-28 所示。

步骤 5 调用 TR（修剪）命令，修剪导线，结果如图 15-29 所示。

步骤 6 调入总等电位接地端子板。从"第 15 章\电气图例.dwg"文件中选择总等电位接地端子板图例，将其复制粘贴至系统图中，如图 15-30 所示。

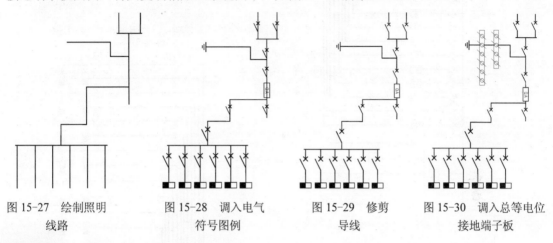

图 15-27　绘制照明　　　图 15-28　调入电气　　　图 15-29　修剪　　　图 15-30　调入总等电位

　　　　线路　　　　　　　　　符号图例　　　　　　　导线　　　　　　　接地端子板

15.2.4 绘制各层干线及分配电箱

步骤 1 将"线路"图层置为当前图层。

步骤 2 调用 PL（多段线）命令，绘制各层干线，如图 15-31 所示。

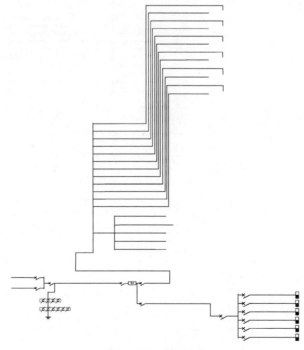

图 15-31　绘制干线

步骤 3　将"电气元件"图层置为当前图层。

步骤 4　调入电气图例。从"第 15 章\电气图例.dwg"文件中选择断路器、电路表等图例，将其复制粘贴至系统图中，如图 15-32 所示。

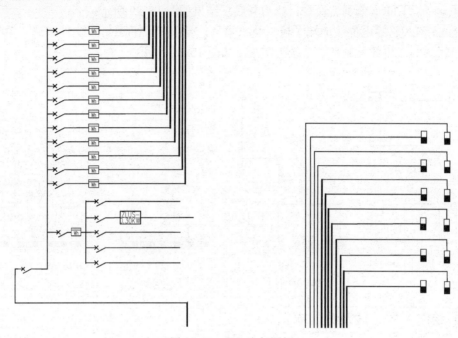

图 15-32　调入电气图例

步骤 5　重复上述操作，继续绘制导线及布置电气图例，结果如图 15-33 所示。

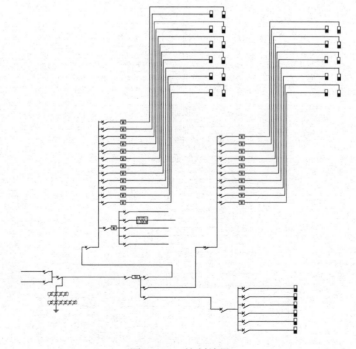

图 15-33　绘制结果

步骤 6 调用 REC（矩形）命令，在系统图上绘制矩形，并将矩形的线型设置为虚线，如图 15-34 所示。

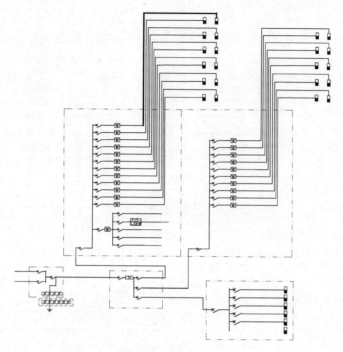

图 15-34 绘制矩形

15.2.5 绘制图形标注

步骤 1 将"标注"图层置为当前图层。

步骤 2 调用 MLD（多重引线）命令、MT（多行文字）命令，绘制图形标注，如图 15-35 所示。

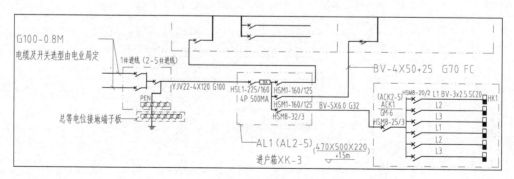

图 15-35 绘制标注

步骤 3 重复上述操作，继续为系统图绘制文字标注，如图 15-36 所示。

步骤 4 绘制图名标注。调用 MT（多行文字）命令，绘制图名标注，调用 PL（多段线）命令、L（直线）命令，分别绘制粗实线及细实线，完成图名标注的绘制，结果如图 15-37 所示。

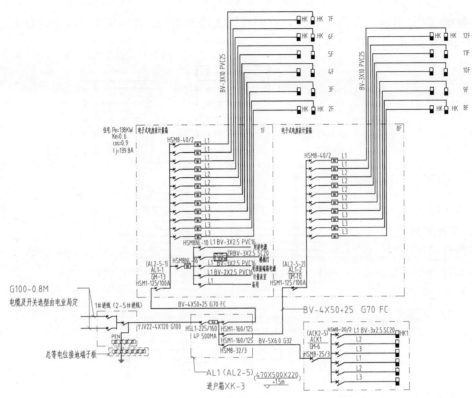

图 15-36　绘制结果

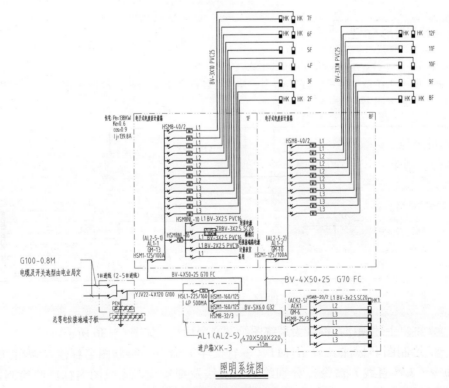

照明系统图

图 15-37　绘制图名标注

15.3 弱电工程基本知识

在电气工程中，一般将动力、照明这种基于"高电压、大电流"的输送能量的电力称为强电，把以传输信号、进行信息交换的"电"称之为弱电。

弱电工程的作用是进行信息传递，线路中输送的是各种电信号。弱电信号的电压低、电流小、功率小。

15.3.1 弱电工程图的种类

弱电工程图的种类有 3 种。

1. 弱电系统图

弱电系统图表示弱电系统中设备和元件的组成、元件之间相互的连接关系，以及它们的规格、型号、参数等。主要包括火灾自动报警联动控制系统图、电视监控系统图、共用天线系统图及电话系统图等。

2. 弱电平面图

弱电平面图是决定弱电装置、设备、元件和线路平面布置的图纸，与强电平面图类似，主要包括火灾自动报警平面图、防盗报警装置平面图、电视监控装置平面图、综合布线平面图、卫星接收及有线电视平面图等。

3. 弱电系统装置原理图

弱电系统装置原理图是说明弱电设备功能、作用、原理的图纸，通常用于系统调试，一般由设备厂家负责。主要有火灾自动报警联动控制原理结构图与电视监控系统结构框图等。

15.3.2 弱电工程图的内容

弱电工程图的内容如下：

1. 施工说明表述的内容

施工说明是工程设计图中的一部分，是图纸表述的补充。它概括了各弱电系统的规模、组成、功能、要求，以及保护监控及探测报警区域的划分和等级等。各系统的供电方式、接地方式，以及线路的敷设方式、施工细节、注意事项也是设计施工说明中的内容。

2. 初步设计阶段图纸的内容

① 各弱电项目的系统方框图。

② 主要弱电项目控制室设备平面布置图：比较简单的中、小型工程可以不绘制该类图纸。

③ 弱电总平面布置图：需要绘制各类弱电机房位置、用户设备分布、线路敷设方式及路由。

④ 大型或复杂子项宜绘制主要设备平面布置图。

⑤ 电话站内各设备连接系统图。

⑥ 电话交换机同市内电话局的中继接续方式和接口关系图：对于单一中继局的中、小容量电话交换机可以绘制该类图纸。

⑦ 电话电缆图：假如是用户电缆容量较小的系统可以不绘制该类图纸。

3．施工图设计阶段图纸的内容

各个分项弱电工程通常需要绘制下列图纸：

① 各弱电项目系统图。

② 各弱电项目控制室设备布置屏、剖面图。

③ 各弱电项目供电方式图。

④ 各弱电项目主要设备配线连接图。

⑤ 电话站中断方式图：小容量的电话站不出此图。

⑥ 各弱电项目管线敷设平面图。

⑦ 竖井或桥梁电缆排列断面或电缆布线图。

⑧ 线路网点总平面图：包括管道、架空、直埋线路。

⑨ 各设备间端子板外部接线图。

4．其他类型的图纸

① 各弱电项目有关联动、遥控、遥测等主要控制电气原理图。

② 线路敷设总配线箱、接线端子箱、各楼层或控制室主要接线端子板布置图，中、小型工程可以例外。

③ 安装大样及非标准部件大样。

④ 通信管道建筑图。

15.4 绘制建筑插座平面图

本节介绍建筑插座平面图的绘制方法。首先从图例文件中调入各类插座，如空调插座、电源插座等；接着绘制线路来连接插座与开关箱；最后绘制图形标注，即可完成插座平面图的绘制。

15.4.1 设置绘图环境

步骤 1 新建文件。打开 AutoCAD 2016 应用程序，按下〈Ctrl+N〉组合键，在弹出的"选择样板"对话框中选择 acadiso 图形样板，单击"打开"按钮新建一个空白图形文件。

步骤 2 保存文件。按下〈Ctrl+S〉组合键，在"图形另存为"对话框中设置文件名称为"建筑插座平面图"，单击"保存"按钮。

步骤 3 创建图层。调用 LA（图层特性）命令，在"图层特性管理器"选项板中分别创建"电气元件"（颜色：黄色）图层、"线路"（颜色：白色）图层、"标注"（颜色：绿色）图层，图层的其他属性保持默认即可。

15.4.2 布置电气元件

步骤 1 将"电气元件"图层置为当前图层。

步骤 2 布置暗装单相安全插座。按下〈Ctrl+O〉组合键，打开配套光盘提供的"第 15 章\电气图例.dwg"文件，选择其中的插座图例，复制粘贴至平面图中，结果如图 15-38 所示。

步骤 3 布置空调插座。在"第 15 章\电气图例.dwg"文件中选择空调插座图例，将其复制粘贴至平面图中，结果如图 15-39 所示。

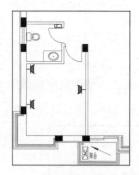

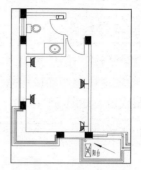

图 15-38　布置暗装单相安全插座　　　　　　　图 15-39　布置空调插座

步骤 4 布置卫生间插座。在"第 15 章\电气图例.dwg"文件中选择密闭型（防溅型）暗插座图例，将其复制粘贴至卫生间平面图中，结果如图 15-40 所示。

步骤 5 布置厨房插座。在"第 15 章\电气图例.dwg"文件中选择密闭型（防溅型）暗插座图例，将其复制粘贴至厨房平面图中，结果如图 15-41 所示。

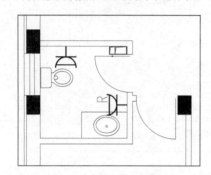

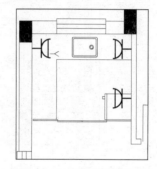

图 15-40　布置卫生间插座　　　　　　　　图 15-41　布置厨房插座

步骤 6 重复上述操作，继续为建筑平面图中的其他房间布置插座图例，结果如图 15-42 所示。

步骤 7 布置开关箱。在"第 15 章\电气图例.dwg"文件中选择开关箱图例，将其复制粘贴至平面图中，结果如图 15-43 所示。

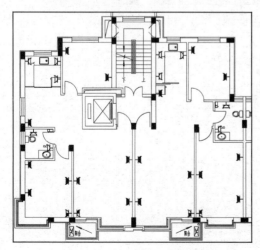

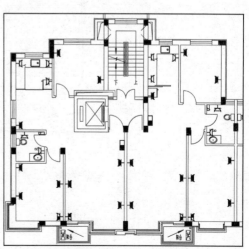

图 15-42　布置其他房间的插座　　　　　　图 15-43　布置开关箱

15.4.3 绘制连接线路

步骤 1 将"线路"图层置为当前图层。

步骤 2 绘制专用插座连接线路。调用 PL（多段线）命令，设置宽度参数为 50，在专用插座之间绘制线段，如图 15-44 所示。

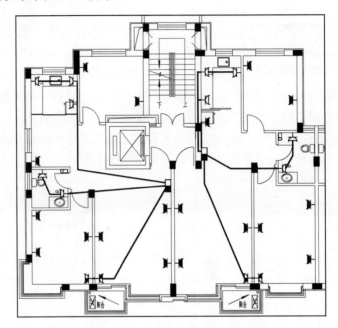

图 15-44 绘制专用插座连接线路

步骤 3 绘制电源插座连线。按下回车键重复调用 PL（多段线）命令，在电源插座之间绘制连接导线，并将导线的线型设置为虚线，结果如图 15-45 所示。

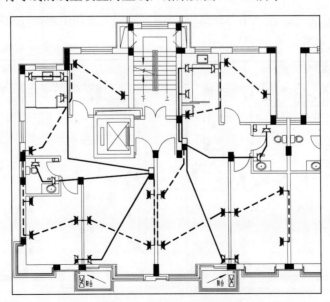

图 15-45 绘制电源插座连线

提示： 使用不同的线型来表示连接导线，是为了区别不同类型的插座之间的连线。

步骤 4 调用 MI（镜像）命令、CO（复制）命令，选择插座、导线图形向右移动复制，结果如图 15-46 所示。

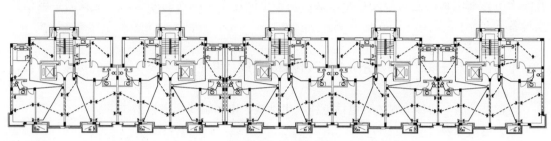

图 15-46 复制图形

15.4.4 绘制图形标注

通过调用 MT（多行文字）命令可以完成绘制图名标注及比例标注的操作，值得注意的是，图名标注与比例标注的字高应有所区别，即图名标注的字高值较之比例标注的字高值要大。

接着需要绘制宽度不同的实线。粗实线可以通过调用 PL（多段线）命令来绘制，在绘制的过程中需要设置线宽。调用 L（直线）命令，可以得到细实线。

绘制图名标注的结果如图 15-47 所示。

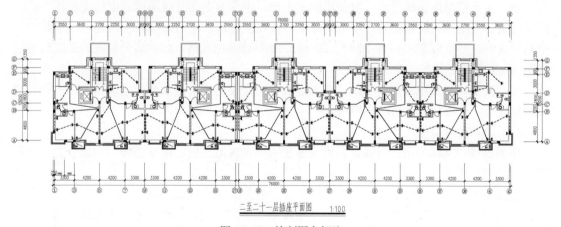

二至二十一层插座平面图 1:100

图 15-47 绘制图名标注

15.5 绘制建筑电话系统图

电话通信系统是各类建筑物内必须设置的系统，也是智能建筑工程的重要组成部分。本节介绍电话系统图的绘制方法。

15.5.1 电话通信系统概述

电话通信系统由 3 个部分组成，分别是电话交换设备、传输系统和用户终端设备。

1．电话交换设备

电话交换设备主要指电话交换机，是接通电话用户之间通信线路的专用设备。电话通信最初是在两点之间通过原始的收话器和导线的连接由电的传导来进行的。如果仅仅需要在两部电话之间进行通话，只要用一对导线将两部电话机连接起来就可以实现。但是如果有成千上万部电话机之间需要互相通话，则不可能用个个相连的办法，于是就需要电话交换设备了。

2．传输系统

电话传输系统按照传输媒介分为有线传输（明线、电缆、光纤等）和无线传输（短波、微波中继、卫星通信等）。

经常见到的电话传输媒体有电话电缆、电话线、电话组线和电话出线口。

（1）电话电缆

电话电缆是电话系统干线使用的导线。干线是指电话组线箱间的线路。电话电缆在室外埋地敷设时使用铠装电缆，架空敷设时使用钢丝绳悬挂普通电缆或使用全塑自承电话电缆，市内使用普通电缆。在建筑物内的电话干线常采用 HPVV 型塑料绝缘塑料护套通信电缆。

（2）电话线

电话线是连接用户电话机的导线。常用的电话线是 RVB 型塑料并形软导线或 RVS 型塑料双绞线，导线线芯横截面积为 $0.2mm^2 \sim 0.75mm^2$，也可以使用其他型号的双绞线。

（3）电话组线箱

电话组线箱是电话线缆连接时使用的配电箱，也称为电话分线箱或者电话交接箱。在一般的建筑物内电话组线箱安装在楼道墙体中，在高层建筑内电话组线箱安装在电缆竖井中。电话组线箱的型号为 STO，有 10 对、20 对、30 对等多种规格，按需要分接线的进线数量选择适当规格的电话组线箱。

电话组线箱只是用来连接导线，有一定数量的接线端子。在大型的建筑物内，一般设置落地配线架，作用与电话组线箱相同。

（4）电话出线口

电话出线口又称为用户出线盒，用来连接用户市内电话机。电话出线口面板分为无插座型和有插座型两类。

无插座型电话出线口面板是一个塑料面板，中央留直径 1cm 的圆孔。

有插座型电话出线口面板分为单插座型和双插座型，电话出线口面板上为通信设备专用 RJ-11 型插座，要使用带 RJ-11 型插头的专用导线与之连接。

3．用户终端设备

用户终端设备是指电话机、传真机、计算机终端等，随着通信技术与交换技术的发展，又出现了各种各样新的终端设备，如数字电话机、计算机等。

15.5.2 设置绘图环境

步骤 1 新建文件。打开 AutoCAD 2016 应用程序，按下〈Ctrl+N〉组合键，在弹出的"选择样板"对话框中选择 acadiso 图形样板，单击"打开"按钮新建一个空白图形文件。

步骤 ② 保存文件。按下〈Ctrl+S〉组合键，在"图形另存为"对话框中设置文件名称为"建筑电话系统图"，单击"保存"按钮。

步骤 ③ 创建图层。调用 LA（图层特性）命令，在"图层特性管理器"选项板中分别创建"电气元件"（颜色：黄色）图层、"线路"（颜色：白色）图层、"标注"（颜色：绿色）图层，图层的其他属性保持默认即可。

15.5.3 绘制楼层分隔线

楼层分隔线通过调用 L（直线）命令与 O（偏移）命令来绘制。

首先调用 L（直线）命令，绘制长度为 18654 的水平线段。接着调用 O（偏移）命令，设置偏移距离后选择线段向上偏移，即可完成楼层分隔线的绘制，如图 15-48 所示。

图 15-48　绘制楼层分隔线

15.5.4 绘制进户电话电缆及电话接线箱

步骤 ① 将"电气元件"图层置为当前图层。

步骤 ② 绘制首层电话接线箱。调用 REC（矩形）命令，绘制矩形来表示接线箱，结果如图 15-49 所示。

步骤 ③ 将"线路"图层置为当前图层。

步骤 ④ 绘制进户电话电缆。调用 PL（多段线）命令，设置起点线宽为 50、端点线宽为 50，绘制宽度为 50 的多段线来表示进户电话电缆，结果如图 15-50 所示。

步骤 ⑤ 将"电气元件"图层置为当前图层。

步骤 ⑥ 绘制其他各层电话接线箱。调用 REC（矩形）命令，绘制尺寸为 1455×2838 的矩形来表示接线箱，如图 15-51 所示。

步骤 ⑦ 调用 CO（复制）命令，选择在上一步骤中所绘制的接线箱，向上移动复制，结果如图 15-52 所示。

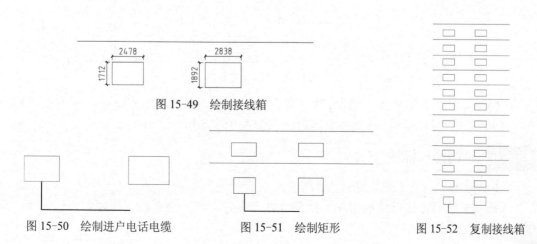

图 15-49　绘制接线箱

图 15-50　绘制进户电话电缆　　　　图 15-51　绘制矩形　　　　图 15-52　复制接线箱

15.5.5　绘制各层电话线

步骤 1 将"线路"图层置为当前图层。

步骤 2 绘制连接各层的电缆。调用 PL（多段线）命令，绘制多段线来连接各层的接线盒，结果如图 15-53 所示。

步骤 3 将"电气元件"图层置为当前图层。

步骤 4 布置电话插座。按下〈Ctrl+O〉组合键，打开配套光盘提供的"第 15 章\电气图例.dwg"文件，选择其中的电话插座图例，复制粘贴至系统图中，结果如图 15-54 所示。

步骤 5 将"线路"图层置为当前图层。

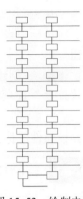

图 15-53　绘制电缆

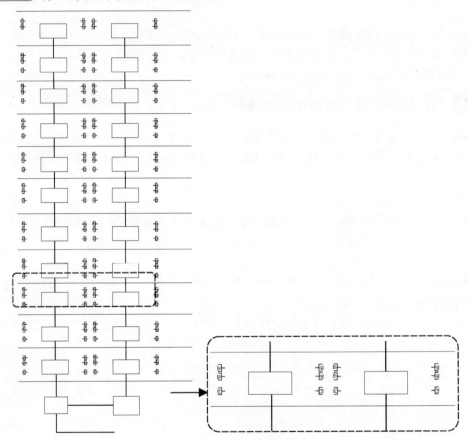

图 15-54　布置电话插座

步骤 6 绘制各层电缆。调用 PL（多段线）命令，修改其起点宽度、端点宽度均为30，绘制线段连接电话插座及接线箱，结果如图 15-55 所示。

15.5.6　绘制图形标注

步骤 1 将"标注"图层置为当前图层。

步骤 2 绘制接线箱标注文字。调用 MT（多行文字）命令，在接线箱内绘制文字标注，结果如图 15-56 所示。

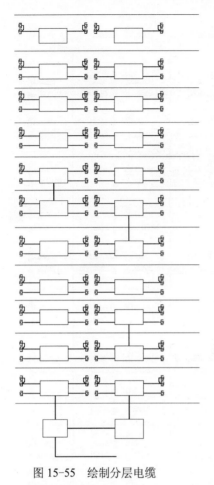

图 15-55 绘制分层电缆   图 15-56 绘制接线箱标注文字

步骤 3 调用 MLD（多重引线）命令，绘制电缆的引线标注文字，如图 15-57 所示。

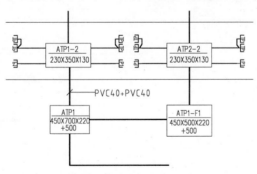

图 15-57 绘制引线标注

步骤 4 绘制电缆管径标注文字。调用 MT（多行文字）命令，在电缆上绘制标注其管径的文字，结果如图 15-58 所示。

步骤 5 绘制层数标注。按下回车键重复调用 MT（多行文字）命令，在楼层间隔线之间绘制层数标注。

步骤 6 沿用前面小节所介绍的绘制图名标注的方法，为电话系统图绘制图名标注，结果如图 15-59 所示。

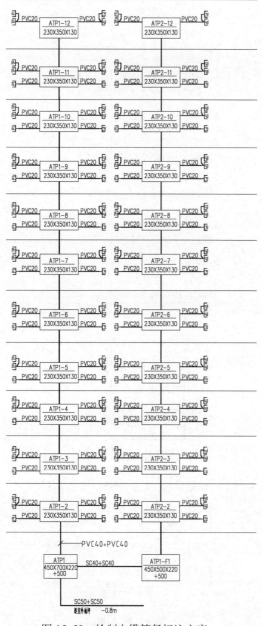

图 15-58　绘制电缆管径标注文字

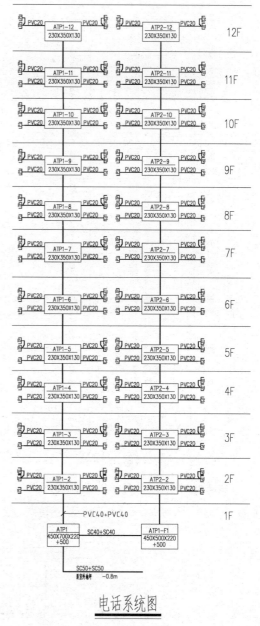

图 15-59　电话系统图

15.6　绘制建筑有线电视系统图

有线电视系统，简称 CCTV 系统，是多台电视接收机共用一套天线的设备。如今，CCTV 传输的不仅仅是模拟信号，还包括数字信号，并已朝综合信息网方向发展。

15.6.1　有线电视系统的组成

有线电视系统由接收天线、前端设备、传输干线、用户终端等组成。

1．接收天线

接收天线是接收空间电视信号无线电波的设备，它能接收电磁波能量，增加接收电视信号的距离，可以提高接收电视信号的质量。因此，接收天线的类型、加设高度、方位等，对电视信号的质量起着非常重要的作用。

接收天线的种类很多，按照结构形式来分，可以分为引向天线、环形天线、对数周期天线（即单元的长度、排列间隔按对数变化的天线）和抛物天线等。

CATV系统广泛采用引向天线及其组合天线，卫星电视接收则多使用抛物面天线。

2．前端设备

前端设备主要包括放大器、混合器、调制器、频道调制器、分配器等元件。前端设备的作用是将接收天线接收到的信号进行放大、混合，使其符合质量要求，前端设备质量的好坏，会影响整个系统的图像质量。

3．传输干线

传输干线主要包括干线放大器、线路延长放大器、分配放大器、分配器、传输线缆等元件。

（1）干线放大器

干线放大器安装于干线上，主要用于干线信号电平放大，以补偿干线电缆的损耗，增加信号的传输距离。

（2）线路延长放大器

通常用在支干线上，用来补偿同轴电缆传输损耗、分支插入损耗、分配器分配损耗等。

（3）分配放大器

通常应用于分配系统中，由于其直接服务于居民小区或整栋用户，因此放大器的增益应较高，一般为30dB~50dB。放大器输出电平较高，常为100dB～105dB。很多分配放大器有多个输出口，即在放大器内部的输出端设置分配器。

（4）分支器

分支器的功能是在高电平馈电线路传输中，以较小的插入损失，从干线上取出部分信号分送给各用户终端。

（5）传输线缆

传输线缆即系统中各种设备器件之间的连接线。

4．用户终端

用户终端是电视信号和调频广播的输出插座，有单孔盒和双孔盒之分。单孔盒仅仅输出电视信号，双孔盒既能输出电视信号，又能输出调频广播信号。

15.6.2　设置绘图环境

步骤 1 新建文件。打开 AutoCAD 2016 应用程序，按下〈Ctrl+N〉组合键，在弹出的"选择样板"对话框中选择 acadiso 图形样板，单击"打开"按钮新建一个空白图形文件。

步骤 2 保存文件。按下〈Ctrl+S〉组合键，在"图形另存为"对话框中设置文件名称为"建筑有线电视系统图"，单击"保存"按钮。

步骤 3 创建图层。调用 LA"图层特性"命令，在"图层特性管理器"选项板中分别创建"电气元件"（颜色：黄色）图层、"线路"（颜色：白色）图层、"标注"（颜色：绿色）图层，图层的其他属性保持默认即可。

15.6.3　绘制楼层分隔线

本节介绍有线电视系统图中楼层分隔线的绘制方式。

首先绘制水平线段，可以调用 L（直线）命令，参考图中所标注的尺寸来绘制。然后调用 O（偏移）命令，参考图中的距离参数，选择直线进行偏移，可以向上偏移，也可向下偏移。最后完成楼层分隔线的绘制，结果如图 15-60 所示。

图 15-60　楼层分隔线

15.6.4　布置电气元件

步骤 1　将"电气元件"图层置为当前图层。

步骤 2　布置分配器、放大器、天线等图例文件。按下〈Ctrl+O〉组合键，打开配套光盘提供的"第 15 章\电气图例.dwg"文件，选择其中的分配器、放大器、天线等电气图例，复制粘贴至系统图中，结果如图 15-61 所示。

步骤 3　布置分支器、匹配终端图例文件。在"第 15 章\电气图例.dwg"文件，选择分支器、匹配终端图例文件，将其复制粘贴至当前图形中，结果如图 15-62 所示。

图 15-61　布置分配器等图例文件

图 15-62　布置分支器等图例

步骤 4 将"线路"图层置为当前图层。

步骤 5 绘制接地干线。调用 PL（多段线）命令，设置线宽为 50，绘制接地干线，如图 15-63 所示。线段绘制完成后，应将其线型设置为虚线。

步骤 6 绘制入户电缆。按下回车键重复调用 PL（多段线）命令，绘制入户电缆的结果如图 15-64 所示。

步骤 7 绘制引入、配出标志。调用 PL（多段线）命令，设置起点宽度为 150、端点宽度为 0，在电缆上绘制如所示的指示箭头，如图 15-65 所示。

步骤 8 绘制分支线路。修改多段线的线宽为 30，绘制分支线路的结果如图 15-66 所示。

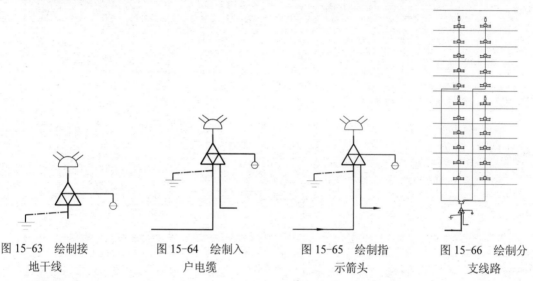

图 15-63 绘制接   图 15-64 绘制入   图 15-65 绘制指   图 15-66 绘制分
　　地干线 　　　　　　　户电缆 　　　　　　示箭头 　　　　　　支线路

步骤 9 调用 REC（矩形）命令、L（直线）命令，绘制矩形框选电气元件，如图 15-67 所示。

步骤 10 沿用前面介绍的方法，继续绘制建筑物其他单元的电视系统图图形，如图 15-68 所示。

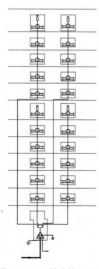

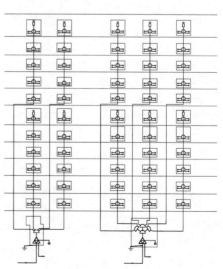

图 15-67 绘制矩形   图 15-68 绘制其他单元系统图图形

15.6.5 绘制图形标注

步骤 1 将"标注"图层置为当前图层。

步骤 2 绘制引线标注。调用 MLD（多重引线）命令，为系统图绘制引线标注，结果如图 15-69 所示。

步骤 3 调用 MT（多行文字）命令，绘制文字标注，如图 15-70 所示。

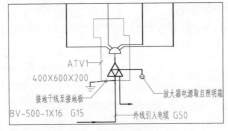

图 15-69 绘制引线标注

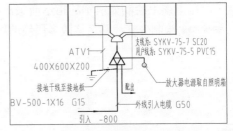

图 15-70 绘制文字标注

步骤 4 按下回车键重复调用 MT（多行文字）命令，为电气元件绘制文字标注，结果如图 15-71 所示。

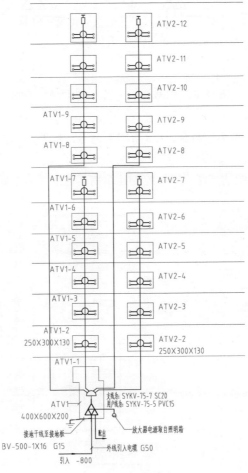

图 15-71 标注结果

步骤 5 重复上述操作，继续为系统图绘制引线标注及文字标注，结果如图 15-72 所示。

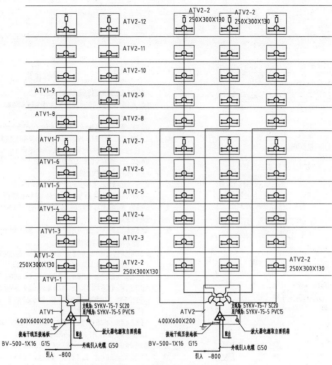

图 15-72　绘制标注文字

步骤 6 调用 MT（多行文字）命令，绘制层数标注、图名及比例标注，调用 PL（多段线）命令、L（直线）命令，绘制粗、细实线，绘制结果如图 15-73 所示。

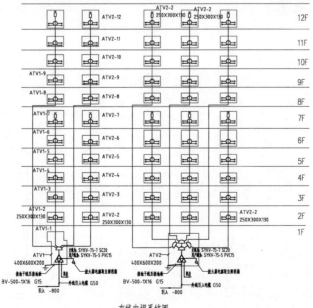

有线电视系统图

图 15-73　有线电视系统图

提示：电气图例表如图 15-74 所示。在查看电气图纸时应结合电气图例表，避免主观臆断某些图例的意义。需要了解电气工程设计细则，可以参阅如图 15-75 所示的设计说明。

序号	符号	设备名称	型号规格	备注
1		连接开关盒		底距地 1500mm 暗装
2		照明配电箱		
3		户界开关箱		底距地 1800mm 暗装
4	TBOX	等电位端子箱	MEB(LEB) 300×300×120	底距地 0.3m
5		吸顶灯		顶高
6		防水防尘灯	节能型	顶高
7		双管日光灯	2×40W	
8		壁挂装饰灯	15W 红外线感应点灯	顶高 楼梯间
9		防潮灯		卫生间
10		暗装单极安全插座		距地 300mm B6 系列暗座
11		暗装(防溅型)增插座	二级+三级	距地 1800mm B6 系列暗座
12		暗装(防溅型)增插座	二级+三级	距地 1500mm B6 系列 卫生间 暗座
13		暗装(防溅型)增插座	二级+三级	距地 2.0m B6 系列 厨房 暗座
14		空调插座	三级	距地 2200mm B6 系列暗座
15		漏电保护断路器		
16		暗装(防溅型)增插座	二级+三级	距地 1800mm B6 系列暗座 厨房排油烟机
17		暗装(防溅型)增插座	二级+三级	距地 2200mm B6 系列暗座 车库
18		暗装单极，双极及三联开关		
19		引下 引上 引上引下标记		
20		事故照明灯	25W	墙装 节能型
21		配电线盒		底距地 1500mm
22		有线电视接线盒		距地 1500mm 暗装
23		分支分配器盒		距地 1500mm 暗装
24		用户分支器	系列墙用	
25		进户电源电缆分线盒		距地 1500mm 暗装
26		楼层分线盒		距地 300mm 暗装
27		电话插座		距地 300mm B6 系列暗座
28		电视插座		距地 300mm B6 系列暗座
29		网络信息插座		距地 300mm B6 系列暗座

图 15-74 电气图例表

设计说明

1. 本设计依据《民用建筑电气设计规范》及甲方的要求进行。
2. 电源：本工程电源为三相四线 380/220，由市网低压变电亭埋地引入。每户用电负荷 6.0kw。面积大于 120m² ，用电负荷为 8.0kw。
3. 应急照明电源来自 ZLUS 智能化应急电源，其应能保证连续供电 30 分钟。
4. 三线缆选用敷设：进户线选用 YJV22-1KV 铜芯铠状等截面电力电缆，进户处穿钢管保护。分路开关后选用 BV-500V 铜芯导线穿钢管埋地敷设，室内导线均为 BV-500V，铜芯导线穿穿刚性阻燃 PVC 管沿墙或顶板内暗配。2-3 根穿 PVC16，4-5 根穿 PVC20。
5. 开关与集中来熔箱均为铁制定型箱暗箱。
6. 进线 N 线做重复接地，接地电阻不大于 1 欧姆。进线开关采用 TN-S 系统即电源墙中性点直接接地，进户后中性地 N 线与 PE 保护线分开接线。凡三根插座均要有单独的保护线。
7. 弱电系统：电话埋地引入，埋深 B00，施工中预埋管伸出室外离建筑物 2 米，各箱均为暗配，网络支线与电话支线共管敷设。
8. 有线电缆电视系统信号输出接入电缆埋均由埋地引入，施工中预埋管伸出室外离建筑物 2 米。每户两个终端设计，放大器集中、分支分配器箱均为定型铁制。
9. 对消为可视对讲，可视对讲，安全防盗。煤气报警与返馈，设计仅预留管，线路及系统由甲方定厂家，负责设计。电表集中与临近有线电视箱之间预留 PVC20 管道。
10. 等电位联结：为用电安全，本建筑物作总等电位联结。在住宅进线箱处安装一总等电位联结端子箱。把水管、暖管等所有进建筑物的金属体及建筑物的金属构件与总等电位连结端子箱连通。总等电位端子箱设置详见 "国标 02D501-2 等电位联结安装图集"。表，等电位端子板设置详见 "国标 02D501-2 等电位联结安装图集"。卫生间做局部等电位联结。
11. 防雷及接地系统：本工程采用联合接地系统，基础钢筋可靠焊接构成环网，并与管引下线可靠焊接。联合接地电阻不大于 1 欧姆。引下线利用柱内四根主钢筋≥12 做焊下线，且上下贯通焊接至屋面避雷网。
12. 施工中过伸缩缝做法见 "建筑电气安装工程图集" JD6-420。
13. 凡不带电的金属设备外壳，管皮等均做统一接地处理，焊接要牢固可靠。
14. 凡本设计未尽事宜均按国家有关规范或规定严格执行。

图 15-75 设计说明

15.7 设计专栏

15.7.1 上机实训

绘制如图 15-76 所示的闭路闯入警报系统接线图。

图 15-76 所示的闭路闯入警报系统适用于只有两个入口通道的商场或其他场所。S1 和 S2 为常闭磁簧开关，装在入口通道的门上，并接至阻挡接线板 TB-1，然后通过双线平行电缆接到警报控制装置附近的 TB-2。

S3 是位于前门的常闭开关，S4 是前门附近的常开键锁开关。它们接至 TB-3，并通过四线电缆（或一对双线电缆）将电路延长至 TB-2。

电铃、电笛和闪光信号灯全部接在 TB-3 上，位置应该较高，它们的引线用绝缘带绑在一起，从 TB-3 端子 3 和 4 引出线接至 TB-2。接线板 TB-2 和 TB-3 须装在金属盒内，以防触电。为了防止闯入者将 S1、S2 旁路拆掉，TB-1 也必须安装在金属盒内，或者装设在很隐秘的场所。

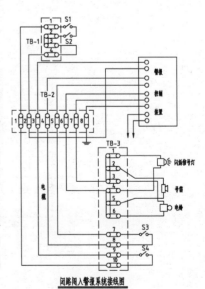

图 15-76 闭路闯入警报系统接线图

接线图的绘制步骤如下：

步骤 1 绘制线路结构图。调用 REC"矩形"命令、X"分解"命令，绘制并分解矩形。

步骤 2 调用 O（偏移）命令、TR（修剪）命令，偏移并修剪矩形边，可以完成线路结构图的绘制。

步骤 3 绘制元件图形。调用 REC（矩形）命令、C（圆）命令等，绘制各类电气元件。

步骤 4 调用 TR（修剪）命令，修剪线路，以免遮挡电气元件。

步骤 5 调用 REC（矩形）命令，绘制线框，并将线框的线型设置为虚线。

步骤 6 调用 MT（多行文字）命令，绘制图形标注，包括元件的标注、线路的标注及图名标注。

15.7.2 绘图锦囊

建筑照明平面图的绘制方法如下：

① 在绘制照明平面图时，应按照实际情况对各类建筑物的灯具布置、灯具的安装、回路分配、线路敷设方案进行深入分析、研究和比选，拟订出最佳的线路走向布置方案。

② 在建筑专业建筑图的基础上绘制照明平面图。根据工程需要，还应该绘制包括灯具、照明配电箱等的安装图。

③ 绘制照明平面图时，照明线路的路径应尽量短，并尽量减少转弯敷设。线路敷设还应考虑安装、维护方便。此外，灯具的安装与线路敷设应避免与管道、设备等发生干涉。

识读建筑电气工程图的方式如下：

① 熟悉电气图例符号，弄清图例、符号所代表的内容。

② 一套建筑电气工程图的阅读顺序如下：

a. 看标题栏及图纸目录，了解工程名称、项目内容、设计日期及图纸内容、数量等。

b. 看设计说明，了解工程概况、设计依据等，了解图纸中未能表达清楚的各有关事项。

c. 看设备材料表，了解工程中所使用的设备，以及材料的型号、规格和数量。

d. 看系统图，了解系统基本组成，主要电气设备、元件之间的连接关系，以及它们的规格、型号、参数等，掌握该系统的组成概况。

e. 看平面布置图，如照明平面图、防雷接地平面图等，了解电气设备的规格、型号、数量及线路的起始点、敷设部位、敷设方式和导线根数等。平面图的阅读顺序为：电源进线→总配电箱→干线→支线→分配电箱→电气设备。

f. 看控制原理图，了解系统中电气设备的电气自动控制原理，以指导设备的安装、调试工作。

g. 看安装接线图，了解电气设备的布置与接线。

h. 看安装大样图，了解电气设备的具体安装方法、安装部件的具体尺寸等。

③ 抓住建筑电气工程要点进行识读。

a. 在明确负荷等级的基础上，了解供电电源的来源、引入方式及路数。

b. 了解电源的进户方式是由室外低压架空引入还是由电缆直埋引入的。

c. 明确各配电回路的相序、路径、管线敷设部位、敷设方式以及导线的型号和根数。

d. 明确电气设备、器件的平面安装位置。

④ 结合土建施工图进行阅读。电气施工图与土建施工结合的非常紧密，施工中常常涉及各工种之间的配合问题。电气施工平面图只反映了电气设备的平面布置情况，结合土建施工图的阅读还可以连接电气设备的立体布设情况。

⑤ 熟悉施工顺序，便于阅读建筑电气工程图。如识读配电系统图、照明与插座平面图时，就应首先了解室内配线的施工顺序。

a. 根据建筑电气工程图确定设备的安装位置、导线敷设方式、敷设路径及导线穿墙或楼板的位置。

b. 结合土建施工进行各种预埋件、线管、接线盒、保护管的预埋。

c. 装设绝缘支持物、线夹等，敷设导线。

d. 安装灯具、开关、插座及电气设备。

e. 进行绝缘测试、检查及通电实验。

f. 工程验收。

⑥ 识读时，建筑电气工程图中各图纸应协调配合阅读。对于具体工程来说，为说明配电关系时需要有配电系统图；为说明电气设备、器件的具体安装位置时需要有平面布置图；为说明设备工作原理时需要有控制原理图；为表示元件连接关系时需要有安装接线图；为说明设备、材料的特性、参数时需要有设备材料表等。这些图纸各自的用途不同，但相互之间是有联系并协调一致的。在识读时应根据需要，将各图纸结合起来阅读，以达到对整个工程或分部项目全面了解的目的。

附录 A　常用电气图用图形符号

图 形 符 号	说　明	图 形 符 号	说　明
1. 符号要素、限定符号和其他常用符号			
	直流 说明：电压可标注在符号右边，系统类型可标注在符号左边		负脉冲
	交流（低频） 说明：频率或频率范围及电压数值可标注在符号右边，相数和中性线存在时标注在符号左边		正阶跃函数
	中频（音频）		负阶跃函数
	高频（超高频、载频或射频）		接地一般符号 注：如表示接地的状况或作用不够明显，可补充说明
	交直流		保护接地
N	中性（中性线）		接机壳或接底板
M	中间线		保护等电位联结
+	正极性		功能性等电位联结
—	负极性		正脉冲
2. 导体和连接件			
	导线、导线组、电线、电缆、电路、线路、母线（总线）一般符号 注：当用单线表示一组导线时，若需表示出导线数可加短斜线或画一条短斜线加数字表示	3	三根导线
	柔性连接		屏蔽导体
●	导体的连接体	○	端子 注：必要时圆圈可画成黑点
Ø	可拆卸端子	形式1　　形式2	导体的 T 形连接

（续）

图形符号	说　明	图形符号	说　明
形式1　形式2	导线的双重连接		导线或电缆的分支和合并
	导线的不连接（跨越）		导线的直接连接 导线接头
	接通的连接片		断开的连接片
	电缆密封终端头多线表示		电缆直通接线盒单线表示
3. 基本无源元件			
	电阻器的一般符号		可变电阻器 可调电阻器
	电容器的一般符号		电感器、绕阻 线圈、扼流圈 示例：带磁芯的电感器
4. 半导体和电子管			
	半导体二极管的一般符号		PNP型半导体管
5. 电能的发生与转换			
	两相绕组		V形（60°）联结的三相绕组
	中性点引出的四相绕组		T形联结的三相绕组
	三角形联结的三相绕组		开口三角形联结的三相绕组
	星形联结的三相绕组		中性点引出的星形联结的三相绕组
	电机一般符号 注：符号内星号必须用规定的字母代替		三相异步电动机
形式1　形式2	双绕组变压器，一般符号 注：瞬时电压的极性可以在形式2中表示 示例：表示出瞬时电压极性标记的双绕组变压器，流入绕组标记端的瞬时电流产生辅助磁通		三相绕组变压器，一般符号
	自耦变压器，一般符号		电抗器（扼流圈）一般符号
	电流互感器 脉冲变压器		具有两个铁心，每个铁心有一个次级绕组的电流互感器

（续）

图形符号	说　明	图形符号	说　明
	在一个铁心上具有两个次级绕组的电流互感器		电压互感器
	Y-△联结的三相变压器		整流器方框符号
	桥式全波整流器方框符号		原电池或蓄电池
6．开关、控制和保护器件			
	动合（常开）触点 注：本符号也可用做开关一般符号		动断（常开）触点
	中间断开的双向转换触点		（当操作器件被吸合时）延时闭合动合触点
	（当操作器件被释放时）延时断开的动合触点		延时闭合的动断触点
	延时断开的动断触点		手动开关的一般符号
	按钮开关		无自动复位的旋转开关、旋钮开关
	位置开关和限制开关的动合触点		位置开关和限制开关的动断触点
	开关		三极开关 单线表示 多线表示
	接触器，接触器的主动合触点		接触器，接触器的主动断触点
	断路器		隔离开关
	负荷开关		动作机构，一般符号 继电线圈，一般符号

（续）

图 形 符 号	说 明	图 形 符 号	说 明
	缓慢释放继电器线圈		缓慢吸合继电器线圈
	快速继电器（快吸和快放）线圈	~	交流继电器线圈
	热继电器驱动器件		瓦斯保护器件，气体继电器
	熔断器的一般符号		熔断器开关
	火花间隙		避雷器

7. 测量仪表、灯和信号器件

图 形 符 号	说 明	图 形 符 号	说 明
＊	指示仪表，一般符号 ＊ 被测量的量和单位的文字符号应从 IEC60027 中选择	＊	记录仪表，一般符号 ＊ 被测量的量和单位的文字应从 IEC60027 中选择
＊	积算仪表，一般符号 别名：能量仪表 ＊ 被测量的量和单位的文字符号应从 IEC60027 中选择	A	电流表
P	功率表	V	电压表
var	无功功率表	Hz	频率计
N	示波器	↑	检流计
n	转速表	Wh	电能表，瓦计时
varh	无功电能表	⊗	灯，一般符号 别名：灯，信号灯
	电喇叭		电铃；音响信号装置，一般符号
	报警器		蜂鸣器

（续）

图 形 符 号	说 明	图 形 符 号	说 明
	**8. 建筑、安装平面布置图**		
规划的	运行的		发电站
			发电站
			变电所、配电所
	地下线路		架空线路
	套管线路		挂在钢索上的线路
	事故照明线		50V 及以下电力照明线路
	控制及信号线路（电力及照明用）		用单线表示多种线路
	用单线表示多回路线路（或电缆管束）		母线一般符号
	滑触线		中性线
	保护线		保护线和中性线共线
	向上配线		向下配线
	垂直通过配线		盒，一般符号
	用户端，供电引入设备		配电中心（出示五路配线）
	连线盒，接线盒	a-b-Ad	带照明的电杆 a——编号 b——杆形 c——杆高 d——容量 A——联结相序
	电缆铺砖保护		电缆穿管保护
	母线伸缩接头		电缆分支接头盒
	展、台、箱、柜一般符号		动力或动力一般照明配电箱
	照明配电箱（屏）		事故照明配电箱（屏）
	按钮一般符号		单相电源 密闭（防水） 插座 安装 防爆
	带保护极的单相（电源）插座 暗装 密闭（防水） 防爆		带保护极的 暗装 三相插座 密闭（防水） 防爆

（续）

图形符号	说　明	图形符号	说　明
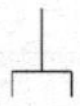 ⊥	电信插座，一般符号	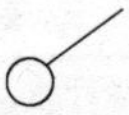 ○／	开关，一般符号
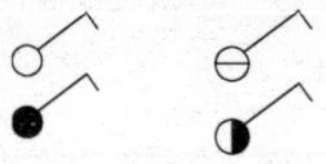	单极开关　　　　　暗装 密闭（防水）　　防爆	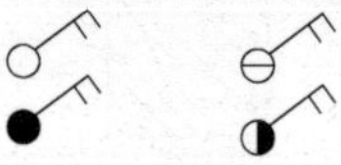	双极开关　　　　　暗装 密闭（防水）　　防爆
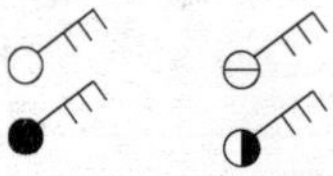	三极开关　　　　　暗装 密闭（防水）　　防爆	 ✕	照明引出线位置
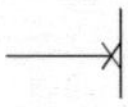	墙上照明引出线位置	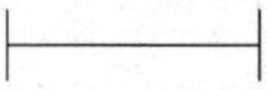 ├────┤	荧光灯，一般符号
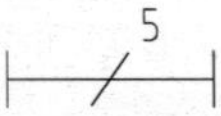 5	多管荧光灯（图示五管）	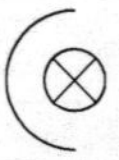 ⊗	投光灯，一般符号
 ⊠	自带电源的应急照明灯	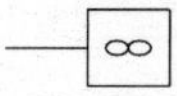 ∞	风扇

附录 B　常用电气设备用图形符号

序　号	名　　称	符　　号	尺寸比例 ($h \times b$)	应 用 范 围
1	直流电		$0.36a \times 1.40a$	适用于直流电设备的铭牌上，以及用于表示直流电的端子
2	交流电		$0.44a \times 1.46a$	适用于交流电设备的铭牌上，以及用于表示交流电的端子
3	正号、正极		$1.20a \times 1.20a$	表示使用或产生直流电设备的正端
4	负号、负极		$0.08a \times 1.20a$	表示使用或产生直流电设备的负端
5	电池检测		$0.08a \times 1.00a$	表示电池测试按钮和表明电池情况的灯或仪表
6	电池定位		$0.54a \times 1.40a$	表示电池盒（箱）本身和电池的极性和位置
7	整流器		$0.82a \times 1.46a$	表示整流设备及其有关接线端和控制设备
8	变压器		$1.48a \times 0.80a$	表示电气设备可通过变压器与电气线连接的开关、控制器、连接器或端子，也可用于变压器包封或外壳上
9	熔断器		$0.54a \times 1.46a$	表示熔断盒机及其位置
10	危险电压		$1.26a \times 0.50a$	表示危险电压引起的危险
11	II类设备		$1.04a \times 1.04a$	表示能满足第II类设备（双绝缘设备）安全要求的设备
12	接地		$1.30a \times 0.79a$	表示接地端子
13	保护接地		$1.16a \times 1.16a$	表示在发生故障时防止电击的外保护与导体相连接的端子，或与保护接地电极相连接的端子
14	接机壳、接机架		$1.25a \times 0.91a$	表示连接机壳、机架的端子
15	输入		$1.00a \times 1.46a$	表示输入端
16	输出		$1.00a \times 1.46a$	表示输出端
17	通		$1.12a \times 0.08a$	表示已接通电源，必须标在电源开关或开关的位置
18	断		$1.20a \times 1.20a$	表示已与电源断开，必须标在电源开关或开关的位置
19	可变性（可调性）		$0.40a \times 1.40a$	表示量的被控方式，被控量随图形的宽度而增加

（续）

序　号	名　　称	符　　号	尺寸比例 （$h \times b$）	应　用　范　围
20	调到最小		$0.60a \times 1.36a$	表示量值调到最小值的控制
21	调到最大		$0.58a \times 1.36a$	表示量值调到最大值的控制
22	灯、照明、照明设备		$1.32a \times 1.34a$	表示控制照明光源的开关
23	亮度、辉度		$1.40a \times 1.40a$	表示诸如亮度调节器、电视接收机等设备的亮度、辉度控制
24	对比度		$1.16a \times 1.16a$	表示诸如电视接收机等的对比度控制
25	色饱和度		$1.16a \times 1.16a$	表示彩色电视机等设备上的色彩饱和度控制

注：表中 a=50mm。

附录C 电气设备常用基本文字符号

设备、装置和元器件种类	名 称	单字母符号	双字母符号
组件 部件	结构单元	A	
	功能单元	A	
	功能组件	A	
	分离元件放大器	A	
	半导体放大器	A	AD
	集成电路放大器	A	AJ
	磁放大器	A	AM
	电子管放大器	A	AV
	印制电路板	A	AP
	其他地方未规定的组件、部件	A	
非电量到电量变换器或 电量到非电量变换器	热电传感器	B	
	热电池	B	
	测功计	B	
	送话器	B	
	拾音器	B	
	电喇叭	B	
	耳机	B	
	自整耳机	B	
	模拟和多级数字变换器或传感器	B	
	位置变换器	B	BQ
	旋转变换器（测速发电机）	B	BR
	温度变换器	B	BT
	速度变换器	B	BV
电容器	电容器	C	
二进制元件 延迟器件 存储器件	双稳态元件	D	
	单稳态元件	D	
	磁芯存储器	D	
	寄存器	D	
其他元器件	发热器件	E	EH
	照明灯	E	EL
	空气调节器	E	EV
保护器件	过压放电器件	F	
	避雷器	F	
	瞬时动作的限流保护器	F	FA
	延时动作的限流保护器	F	FR
	熔断器	F	FU
	限电压保护器	F	FV

（续）

设备、装置和元器件种类	名 称	单字母符号	双字母符号
发生器 发电机 电源	旋转发电机	G	
	发生器	G	GS
	同步发电机	G	GS
	异步发电机	G	GA
	蓄电池	G	GB
信号器件	声响指示器	H	HA
	光指示器	H	HL
	指示灯	H	HL
继电器 接触器	瞬时接触继电器	K	KA
	瞬时有或无继电器	K	KA
继电器 接触器	闭锁接触继电器	K	KL
	双稳态继电器	K	KL
	接触器	K	KM
	极化继电器	K	KP
	簧片继电器	K	KR
	延时有或无继电器	K	KT
电感器 电抗器	感应线圈	L	
	电抗器	L	
电动机	同步电动机	M	MS
	力矩电动机	M	MT
电力电路的开关器件	断路器	Q	QF
	电动机保护开关	Q	QM
	隔离开关	Q	QS
电阻器	电阻器	R	
	变阻器	R	
	电位器	R	RP
	测量分路器	R	RS
	热敏电阻器	R	RT
	压敏电阻器	R	RV
控制、记忆、信号电路的 开关器件选择器	连接极	S	
	控制开关	S	SA
	选择开关	S	SA
	按钮开关	S	SB
	压力传感器	S	SP
	位置传感器	S	SQ
	转数传感器	S	SR
	温度传感器	S	ST
变压器	电流互感器	T	TA
	电力变压器	T	TM
	电压互感器	T	TV

（续）

设备、装置和元器件种类	名　称	单字母符号	双字母符号
调制器 变换器	解调器	U	
	变频器	U	
	编码器	U	
	交流器	U	
	逆变器	U	
	整流器	U	
电子管 晶体管	气体放电管	V	
	二极管	V	VD
	晶体管	V	VT
电子管 晶体管	晶闸管	V	VT
	电子管	V	VE
传输通信 波导 天线	导线	W	
	电缆	W	
	母线	W	
	耦合天线	W	
	抛物天线	W	
端子 插头 插座	连接插头和插座	X	
	接线柱	X	
	电缆封端和接头	X	
	连接片	X	XB
	插头	X	XP
	插座	X	XS
	端子板	X	XT
电气操作的机械操作	电磁铁	Y	YA
	电磁制动器	Y	YB
	电磁离合器	Y	YC
	电磁吸盘	Y	YH
	电动阀	Y	YM
	电磁阀	Y	YV
终端设备 混合变压器 滤波器 均衡器 限幅器	压缩扩展器	Z	
	晶体滤波器	Z	
	网络	Z	

附录 D 电气设备常用辅助文字符号

文 字 符 号	代表的功能、状态	文 字 符 号	代表的功能、状态
A	电流	L	低
A	模拟	LA	闭锁
AC	交流	M	主
ACC	加速	M	中
ADD	附加	N	中性线
ADJ	可调	OFF	断开
AUX	辅助	ON	
ASY	异步	OUT	输出
B, BRK	制动	P	压力
BK	黑	P	保护
BL	蓝	PE	保护接地
BW	向后	PEN	保护接地与中性线公用
C	控制	PU	保护不接地
CW	顺时针	R	右
CCW	逆时针	R	反
D	延时	RD	红
D	差动	R, RST	复位
D	数字	RES	备用
DC	直流	RUN	运转
DEC	减	S	信号
E	接地	ST	起动
EM	紧急	S, SET	置位、定位
F	快速	STE	步进
FB	反馈	STP	停止
FW	正、向前	SYN	同步
GN	绿	T	温度
H	高	T	时间
IN	输入	TE	无噪声
INC	增	V	电压
IND	感应	V	速度
L	左	WH	白
L	限制	YE	黄

附录 E　AutoCAD 2016 常用快捷命令

快捷命令	执行命令	命令说明	快捷命令	执行命令	命令说明
A	ARC	圆弧	DR	DRAWORDER	显示顺序
ADC	ADCENTER	AutoCAD 设计中心	DRA	DIMRADIUS	半径标注
AA	AREA	区域	DRE	DIMREASSOCIATE	更新关联的标注
AR	ARRAY	阵列	DS	DSETTINGS	草图设置
AV	DSVIEWER	鸟瞰视图	DT	TEXT	单行文字
B	BLOCK	创建块	E	ERASE	删除对象
BH	BHATCH	绘制填充图案	ED	DDEDIT	编辑单行文字
BC	BCLOSE	关闭块编辑器	EL	ELLIPSE	椭圆
BE	BEDIT	块编辑器	EX	EXTEND	延伸
BO	BOUNDARY	创建封闭边界	EXP	EXPORT	输出数据
BR	BREAK	打断	F	FILLET	圆角
BS	BSAVE	保存块编辑	FI	FILTER	过滤器
C	CIRCLE	圆	G	GROUP	对象编组
CH	PROPERTIES	修改对象特征	GD	GRADIENT	渐变色
CHA	CHAMFER	倒角	GR	DDGRIPS	夹点控制设置
CHK	CHECKSTANDARD	检查图形 CAD 关联标准	H	HATCH	图案填充
CLI	COMMANDLINE	调入命令行	HE	HATCHEDIT	编修图案填充
CO 或 CP	COPY	复制	I	INSERT	插入块
COL	COLOR	对话框式颜色设置	IAD	IMAGEADJUST	图像调整
D	DIMSTYLE	标注样式设置	IAT	IMAGEATTACH	光删图像
DAL	DIMALIGNED	对齐标注	ICL	IMAGECLIP	图像裁剪
DAN	DIMANGULAR	角度标注	IM	IMAGE	图像管理器
DBA	DIMBASELINE	基线式标注	J	JOIN	合并
DCE	DIMCENTER	圆心标记	L	LINE	绘制直线
DCO	DIMCONTINUE	连续式标注	LA	LAYER	图层特性管理器
DDA	DIMDISASSOCIATE	解除关联的标注	LE	LEADER	快速引线
DDI	DIMDIAMETER	直径标注	LEN	LENGTHEN	调整长度
DED	DIMEDIT	编辑标注	LI	LIST	查询对象数据
DI	DIST	求两点之间的距离	LO	LAYOUT	布局设置
DIV	DIVIDE	定数等分	LS	LIST	查询对象数据
DLI	DIMLINEAR	线性标注	LT	LINETYPE	线型管理器
DO	DOUNT	圆环	LTS	LTSCALE	线型比例设置
DOR	DIMORDINATE	坐标式标注	LW	LWEIGHT	线宽设置
DOV	DIMOVERRIDE	更新标注变量	M	MOVE	移动对象

（续）

快捷命令	执行命令	命令说明	快捷命令	执行命令	命令说明
MA	MATCHPROP	线型匹配	S	STRETCH	拉伸
ME	MEASURE	定距等分	SC	SCALE	比例缩放
MI	MIRROR	镜像对象	SE	DSETTINGS	草图设置
ML	MLINE	绘制多线	SET	SETVAR	设置变量值
MO	PROPERTIES	对象特性修改	SN	SNAP	捕捉控制
MS	MSPACE	切换至模型空间	SO	SOLID	填充三角形或四边形
MT	MTEXT	多行文字	SP	SPELL	拼写
MV	MVIEW	浮动视口	SPE	SPLINEDIT	编辑样条曲线
O	OFFSET	偏移复制	SPL	SPLINE	样条曲线
OP	OPTIONS	选项	ST	STYLE	文字样式
OS	OSNAP	对象捕捉设置	STA	STANDARDS	规划 CAD 标准
P	PAN	实时平移	T	MTEXT	多行文字输入
PA	PASTESPEC	选择性粘贴	TA	TABLET	数字化仪
PE	PEDIT	编辑多段线	TB	TABLE	插入表格
PL	PLINE	绘制多段线	TI	TILEMODE	图纸空间和模型空间的设置切换
PO	POINT	绘制点	TO	TOOLBAR	工具栏设置
POL	POLYGON	绘制正多边形	TOL	TOLERANCE	形位公差
PR	OPTIONS	对象特征	TR	TRIM	修剪
PRE	PREVIEW	输出预览	TS	TABLESTYLE	表格样式
PRINT	PLOT	打印	UC	UCSMAN	UCS 管理器
PS	PSPACE	图纸空间	UN	UNITS	单位设置
PU	PURGE	清理无用的空间	V	VIEW	视图
QC	QUICKCALC	快速计算器	W	WBLOCK	写块
R	REDRAW	重画	X	EXPLODE	分解
RA	REDRAWALL	所有视口重画	XA	XATTACH	附着外部参照
RE	REGEN	重生成	XB	XBIND	绑定外部参照
REA	REGENALL	所有视口重生成	XC	XCLIP	剪裁外部参照
REC	RECTANGLE	绘制矩形	XL	XLINE	构造线
REG	REGION	2D 面域	XR	XREF	外部参照管理器
REN	RENAME	重命名	Z	ZOOM	缩放视口
RO	ROTATE	旋转			